普通高等教育“十二五”重点规划教材　公共课系列
中国科学院教材建设专家委员会规划教材

应用线性代数

陈伏兵　主编
陈学华　郭　嵩　副主编

科学出版社
北　京

内 容 简 介

本书根据普通高等院校线性代数课程的教学要求与考研大纲编写而成,包括行列式、线性方程组、矩阵、矩阵的特征值、二次型、线性空间与线性变换、线性经济模型、工程技术与管理中的线性模型等基本内容.选编的题型较为丰富,习题量适度,并在众多学科中广泛选用了一些实际应用的例子,体现了线性代数在解释基本原理、简化计算等方面所起到的重要作用.

在编写过程中,我们力求培养、提升学生的应用实践能力,在教材中以一系列应用实例激发学生的学习兴趣,使学生在掌握线性代数的基本概念、基本理论和基本方法的同时,能够了解线性代数这一数学工具在工程技术、经济管理等领域中的实际作用.

本书可作为经济类和部分工科类专业的教材,也可作为其他非数学专业大学生以及在职人员的参考用书.

图书在版编目(CIP)数据

应用线性代数/陈伏兵主编.—北京:科学出版社,2011
ISBN 978-7-03-031102-3

Ⅰ.①应… Ⅱ.①陈… Ⅲ.①线性代数-高等学校-教材 Ⅳ.①O151

中国版本图书馆 CIP 数据核字(2011)第 090772 号

责任编辑:赵丽欣 郭丽娜 杨 阳 / 责任校对:耿 耘
责任印制:吕春珉 / 封面设计:东方人华平面设计部

科 学 出 版 社 出版
北京东黄城根北街 16 号
邮政编码:100717
http://www.sciencep.com

新科印刷有限公司 印刷

科学出版社发行 各地新华书店经销

*

2011年6月第 一 版 开本:787×1092 1/16
2016年7月第六次印刷 印张:11
字数:246 000

定价:26.00 元

(如有印装质量问题,我社负责调换〈新科〉)

销售部电话 010-62142126 编辑部电话 010-62134021

普通高等教育“十二五”重点规划教材
公共课系列学术编审委员会

前　　言

线性代数(Linear Algebra)是一个研究有限维空间中线性关系的理论和方法的数学分支.由于科学研究中的非线性模型通常可以被近似为线性模型,使得线性代数被广泛地应用于自然科学和社会科学中.线性代数是理、工、农、管理和经济等专业重要的基础课程,也是全国硕士研究生入学统一考试课程"高等数学一"、"高等数学三"的重要组成内容.该课程所体现的几何观念与代数方法之间的联系、从具体概念抽象出来的公理化方法以及严谨的逻辑推证、巧妙的归纳综合等,对于强化学生的数学思维,培养学生的逻辑推理和抽象思维能力、应用知识解决线性模型问题的能力具有重要的作用.

本书根据普通高等院校线性代数课程的教学要求和当前高等院校线性代数教育教学改革的形势,由长期从事线性代数教学的教师在讲授线性代数的讲义的基础上编写而成.

在编写过程中,我们力求保持传统线性代数教材的结构严谨、逻辑性强等特点,同时,积极汲取近年来同类教材改革的成功经验,结合我们教学实践中的切身体会以及对历年全国硕士研究生入学考试线性代数考题的研究,在内容选取、结构安排、知识应用等方面作了一些探讨,力求做到系统完整、内容简练、语言准确、通俗适用.此外,我们力求提升学生的应用实践能力,以一系列应用实例激发学生的学习兴趣,使学生在掌握线性代数基本概念、理论和证明的同时,能够了解线性代数这一数学工具在工程技术、经济管理中的实际作用.教材每一章都配备了适量的习题,其中大部分是基础题,有助于读者掌握、巩固所学的基本概念、基本结论和基本方法;此外,还有一些习题选自于近年的考研真题,有一定的难度和技巧性,供读者选做.

本书共分为8章,分别介绍了行列式、线性方程组、矩阵、特征值、二次型、线性空间与线性变换、线性经济模型以及工程技术与管理中的线性模型等内容.其中第1~3章由陈伏兵执笔,第4~6章由陈学华执笔,第7~8章由郭嵩执笔.全书由陈伏兵负责统稿.

本书由陈伏兵任主编,陈学华、郭嵩任副主编.孙智宏教授认真审阅了书稿,并提出了许多建设性的建议,在此谨向孙智宏教授表示真诚的谢意;同时,感谢何光明、王程凌、王珊珊、陈海燕对我们提供的帮助.

在编写过程中,我们参阅了大量线性代数、高等代数和经济中的数学方法等书籍和资料,在此,谨向有关作者表示衷心的感谢.

本书可作为经济类和工科类专业线性代数课程的教学用书,也可供其他非数学专业大学生以及在职人员参考.

由于作者水平有限,书中定有不妥之处,恳请专家、同行和读者批评指正.

目　　录

第 1 章　行　列　式

行列式的理论起源于解线性方程组，17 世纪末已有了行列式的概念，19 世纪由德国数学家高斯(Gauss)等建立了行列式的系统理论，目前行列式在数学的许多分支及某些自然科学技术中有着广泛的应用.

本章主要介绍 n 阶行列式的定义、性质及其计算方法. 此外，还介绍用 n 阶行列式求解 n 元线性方程组的克莱姆(Cramer)法则.

1.1　二阶行列式与三阶行列式

1.1.1　二元线性方程组与二阶行列式

对二元一次线性方程组

$$\begin{cases} a_{11}x_1 + a_{12}x_2 = b_1 \\ a_{21}x_1 + a_{22}x_2 = b_2 \end{cases} \tag{1.1.1}$$

用加减消元法，当 $a_{11}a_{22}-a_{12}a_{21}\neq 0$ 时，可以求得方程组(1.1.1)的解为

$$x_1 = \frac{b_1a_{22}-a_{12}b_2}{a_{11}a_{22}-a_{12}a_{21}},\quad x_2 = \frac{a_{11}b_2-b_1a_{21}}{a_{11}a_{22}-a_{12}a_{21}} \tag{1.1.2}$$

式(1.1.2)中的分子、分母都是四个数分两对先相乘再相减而得，其中分母($a_{11}a_{22}-a_{12}a_{21}$)是由方程组(1.1.1)的四个系数确定的. 为了方便记忆，把这四个数按照它们在方程组(1.1.1)中的位置，排成二行二列(横排称行、竖排称列)的数表

$$\begin{matrix} a_{11} & a_{12} \\ a_{21} & a_{22} \end{matrix} \tag{1.1.3}$$

表达式($a_{11}a_{22}-a_{12}a_{21}$)称为数表(1.1.3)所确定的二阶行列式，并记作

$$\begin{vmatrix} a_{11} & a_{12} \\ a_{21} & a_{22} \end{vmatrix} \tag{1.1.4}$$

即

$$\begin{vmatrix} a_{11} & a_{12} \\ a_{21} & a_{22} \end{vmatrix} = a_{11}a_{22}-a_{12}a_{21}$$

数 $a_{ij}\,(i=1,2;j=1,2)$ 称为行列式(1.1.4)的元素. 元素 a_{ij} 的第一个下标 i 称为行标，表明该元素位于第 i 行；第二个下标 j 称为列标，表明该元素位于第 j 列.

上述定义的二阶行列式，可以用对角线法则来记忆. 参看图 1.1.1，把 a_{11} 到 a_{22} 的实联线称为主对角线，a_{12} 到 a_{21} 的虚联线称为副对角线，于是二阶行列式便是主对角线上的两个元素之积减去副对角线两个元素之积所得的差.

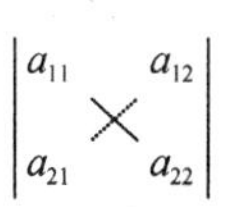

图 1.1.1

利用二阶行列式的定义，式(1.1.2)中 x_1、x_2 的分子也可以写成二阶行列式，即

$$b_1a_{22}-a_{12}b_2=\begin{vmatrix}b_1 & a_{12}\\ b_2 & a_{22}\end{vmatrix},\quad a_{11}b_2-b_1a_{21}=\begin{vmatrix}a_{11} & b_1\\ a_{21} & b_2\end{vmatrix}$$

若令

$$d=\begin{vmatrix}a_{11} & a_{12}\\ a_{21} & a_{22}\end{vmatrix},\quad d_1=\begin{vmatrix}b_1 & a_{12}\\ b_2 & a_{22}\end{vmatrix},\quad d_2=\begin{vmatrix}a_{11} & b_1\\ a_{21} & b_2\end{vmatrix}$$

那么式(1.1.2)也可以写成

$$x_1=\frac{d_1}{d}=\frac{\begin{vmatrix}b_1 & a_{12}\\ b_2 & a_{22}\end{vmatrix}}{\begin{vmatrix}a_{11} & a_{12}\\ a_{21} & a_{22}\end{vmatrix}},\quad x_2=\frac{d_2}{d}=\frac{\begin{vmatrix}a_{11} & b_1\\ a_{21} & b_2\end{vmatrix}}{\begin{vmatrix}a_{11} & a_{12}\\ a_{21} & a_{22}\end{vmatrix}}$$

注意这里的 d 是由方程组(1.1.1)的系数所确定的二阶行列式(称为系数行列式)，x_1 的分子 d_1 是用方程组(1.1.1)中方程的常数项 b_1、b_2 替换 d 中 x_1 的系数 a_{11}、a_{21} 所得到的行列式，x_2 的分子 d_2 是用方程组(1.1.1)中方程的常数项 b_1、b_2 替换 d 中 x_2 的系数 a_{12}、a_{22} 所得到的行列式.

根据二阶行列式定义和上面的叙述，如果一个二元一次方程组的系数行列式不等于零，那么可以方便地求出它的解.

【例 1.1.1】 求解二元一次方程组

$$\begin{cases}2x_1+x_2=1\\ 5x_1-x_2=13\end{cases}$$

解 由于

$$d=\begin{vmatrix}2 & 1\\ 5 & -1\end{vmatrix}=-7\neq 0,\quad d_1=\begin{vmatrix}1 & 1\\ 13 & -1\end{vmatrix}=-14,\quad d_2=\begin{vmatrix}2 & 1\\ 5 & 13\end{vmatrix}=21$$

因此，方程组的解为

$$x_1=\frac{d_1}{d}=\frac{-14}{-7}=2,\quad x_2=\frac{d_2}{d}=\frac{21}{-7}=-3$$

1.1.2 三元线性方程组与三阶行列式

与二元一次方程组类似，对三元一次线性方程组

$$\begin{cases}a_{11}x_1+a_{12}x_2+a_{13}x_3=b_1\\ a_{21}x_1+a_{22}x_2+a_{23}x_3=b_2\\ a_{31}x_1+a_{32}x_2+a_{33}x_3=b_3\end{cases}\tag{1.1.5}$$

令

$$d=\begin{vmatrix}a_{11} & a_{12} & a_{13}\\ a_{21} & a_{22} & a_{23}\\ a_{31} & a_{32} & a_{33}\end{vmatrix}\tag{1.1.6}$$

$$=a_{11}a_{22}a_{33}+a_{12}a_{23}a_{31}+a_{13}a_{21}a_{32}-a_{13}a_{22}a_{31}-a_{12}a_{21}a_{33}-a_{11}a_{23}a_{32}\tag{1.1.7}$$

这里式(1.1.6)称为方程组(1.1.5)中未知量 x_1、x_2 和 x_3 的系数所确定的 3 阶行列

式，式(1.1.7)为它的展开式，则当 d 不为零时，方程组有唯一解，并可以如下表示：

$$x_1=\frac{\begin{vmatrix} b_1 & a_{12} & a_{13} \\ b_2 & a_{22} & a_{23} \\ b_3 & a_{32} & a_{33} \end{vmatrix}}{\begin{vmatrix} a_{11} & a_{12} & a_{13} \\ a_{21} & a_{22} & a_{23} \\ a_{31} & a_{32} & a_{33} \end{vmatrix}},\quad x_2=\frac{\begin{vmatrix} a_{11} & b_1 & a_{13} \\ a_{21} & b_2 & a_{23} \\ a_{31} & b_3 & a_{33} \end{vmatrix}}{\begin{vmatrix} a_{11} & a_{12} & a_{13} \\ a_{21} & a_{22} & a_{23} \\ a_{31} & a_{32} & a_{33} \end{vmatrix}},\quad x_3=\frac{\begin{vmatrix} a_{11} & a_{12} & b_1 \\ a_{21} & a_{22} & b_2 \\ a_{31} & a_{32} & b_3 \end{vmatrix}}{\begin{vmatrix} a_{11} & a_{12} & a_{13} \\ a_{21} & a_{22} & a_{23} \\ a_{31} & a_{32} & a_{33} \end{vmatrix}}$$

上述定义表明三阶行列式含 6 项，每项均为不同行不同列的三个元素的乘积再冠以正负号，其规律遵循图 1.1.2 所示的对角线法则. 图中，三条实线看作是平行于对角线的联线，三条虚线看作是平行于副对角线的联线，实线上三元素乘积冠正号，虚线上三元素乘积冠负号.

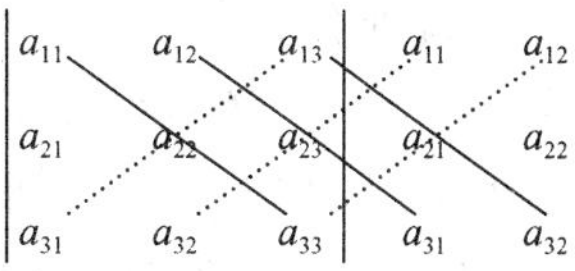

图 1.1.2

【例 1.1.2】 计算三阶行列式

$$d=\begin{vmatrix} 2 & 1 & -4 \\ 2 & -2 & 1 \\ 4 & -3 & -2 \end{vmatrix}$$

解　按对角线法则，有

$$\begin{aligned} d &= 2\times(-2)(-2)+1\times1\times4+(-4)\times2\times(-3) \\ &\quad -(-4)\times(-2)\times4-1\times2\times(-2)-2\times1\times(-3) \\ &= 8+4+24-32+4+6=14 \end{aligned}$$

【例 1.1.3】 解三元线性方程组

$$\begin{cases} 2x_1+3x_2-x_3=2 \\ 4x_1-2x_2+2x_3=1 \\ x_1-x_2=0 \end{cases}$$

解　由于

$$d=\begin{vmatrix} 2 & 3 & -1 \\ 4 & -2 & 2 \\ 1 & -1 & 0 \end{vmatrix}=13\neq0$$

因此方程组的解为

$$x_1=\frac{\begin{vmatrix} 2 & 3 & -1 \\ 1 & -2 & 2 \\ 0 & -1 & 0 \end{vmatrix}}{\begin{vmatrix} 2 & 3 & -1 \\ 4 & -2 & 2 \\ 1 & -1 & 0 \end{vmatrix}}=\frac{5}{13},\quad x_2=\frac{\begin{vmatrix} 2 & 2 & -1 \\ 4 & 1 & 2 \\ 1 & 0 & 0 \end{vmatrix}}{\begin{vmatrix} 2 & 3 & -1 \\ 4 & -2 & 2 \\ 1 & -1 & 0 \end{vmatrix}}=\frac{5}{13},\quad x_3=\frac{\begin{vmatrix} 2 & 3 & 2 \\ 4 & -2 & 1 \\ 1 & -1 & 0 \end{vmatrix}}{\begin{vmatrix} 2 & 3 & -1 \\ 4 & -2 & 2 \\ 1 & -1 & 0 \end{vmatrix}}=-\frac{1}{13}$$

1.2 排　　列

1.2.1 排列的相关概念

定义 1.2.1 由 n 个数码 $1,2,\cdots,n$ 组成的一个有序数组称为这 n 个数码的一个排列，简称为一个 n 元排列.

例如，312，213 都是 3 元排列. 用 1、2、3 三个数码，可以组成多少种不同的 3 元排列? 3 元排列有 3 个数码可放置三个位置：第一个位置可取 3 个数码中的任何一个，有 3 种放法；第二个位置仅能在剩下的两个数码中选取，有两种选法；第三个位置仅能在剩下的一个数码中选取，只有一种选法. 这样根据乘法原理，总共有 $3\times2\times1$ 种不同的选法，于是 3 元排列有 3! 种不同的排列，它们是

$$123,213,312,132,231,321$$

同样道理，对于 n 元排列的第一个位置有 n 种选法，第二个位置有 $n-1$ 种选法，……，第 $n-1$ 个位置有 2 种选法，第 n 个位置有 1 种选法，于是 n 元排列有 $n!$ 种不同的排列.

在 3 元排列中，除 123 是按自然顺序外，其余排列中都有较大数码排列在较小数码的前面. 例如，312 中，3 排在 1 的前面，此时说 3 与 1 构成一个逆序，同样 3 与 2 也构成一个逆序.

定义 1.2.2 在一个 n 元排列中，如果一对数的前后位置与大小顺序相反，即前面的数大于后面的数，那么它们就称为一个逆序. 一个排列中逆序的总数就称为这个排列的逆序数.

例如，4 元排列 3412 中，3 与 1，4 与 1，3 与 2，4 与 2 都构成逆序，于是 4 元排列 3412 的逆序数为 4，记为 $\tau(3412)=4$.

一般地，在 n 元排列 $i_1i_2\cdots i_n$ 中，设排在 1 前面的数码个数为 m_1，排在 2 前面且比 2 大的数码个数为 m_2，…，排在 $n-1$ 前面且比 $n-1$ 大的数码个数为 m_{n-1}，那么排列 $i_1i_2\cdots i_n$ 的逆序数为

$$\tau(i_1i_2\cdots i_n)=\sum_{i=1}^{n-1}m_i$$

例如，6 元排列 543162 中，$m_1=3,m_2=4,m_3=2,m_4=1,m_5=0$，故

$$\tau(543162)=\sum_{i=1}^{5}m_i=3+4+2+1+0=10$$

定义 1.2.3 逆序数为偶数的排列称为偶排列，逆序数为奇数的排列称为奇排列.

定义 1.2.4 把一个排列中某两个数的位置互换，而其余的数不动，就得到另一个排列. 对排列施行的这样一个变换称为一个对换.

在一个 n 元排列中，只交换数码 i 和 j，而其他数码位置不动，这样的对换记为 (i,j)，例如

$$543126\xrightarrow{(3,1)}541326\xrightarrow{(4,2)}521346$$

即 543126 经过两次对换 (3,1) 和 (4,2) 后变为 521346.

1.2.2 排列的性质

定理 1.2.1 任意一个 n 元排列 $i_1i_2\cdots i_n$，可以经过一系列对换变为自然排列 $12\cdots n$.

证明 对数码的个数 n 采用数学归纳法.

(1) $n=2$，结论显然成立.

(2) 假设 $n-1$ 元排列结论成立，考查 n 元排列 $i_1i_2\cdots i_n$，现分 $i_n=n$ 与 $i_n\neq n$ 两种情况讨论.

① 第一种情况，若 $i_n=n$，则由归纳假设，$i_1i_2\cdots i_{n-1}$ 可以经过一系列对换变为 $12\cdots(n-1)$，于是对 $i_1i_2\cdots i_n$ 施行同样的对换，可以把它变为自然排列 $12\cdots n$.

② 第二种情况，若 $i_n\neq n$，设 $i_k=n(1\leqslant k\leqslant n-1)$，我们有

$$i_1\cdots i_k\cdots i_n \xrightarrow{(i_k,i_n)} i_1\cdots i_n\cdots i_k = i_1\cdots i_n\cdots n$$

于是归结为第一种情况，因此对 n 元排列结论成立.

由对换的可逆性可得以下推论.

推论 1.2.1 自然排列 $12\cdots n$ 可以经过一系列对换变为任意一个 n 元排列 $i_1i_2\cdots i_n$.

推论 1.2.2 任意两个 n 元排列 $i_1i_2\cdots i_n$ 和 $j_1j_2\cdots j_n$ 都可以经过一系列对换互变.

定理 1.2.2 每一个对换改变排列的奇偶性.

证明 对所对换的两个数码是相邻或不相邻两种情况分别给予讨论.

1) 对换相邻两个数码

设 n 元排列

$$\overbrace{\cdots}^{A},j,k,\overbrace{\cdots}^{B} \tag{1.2.1}$$

对其施行对换 (j,k)，得

$$\overbrace{\cdots}^{A},k,j,\overbrace{\cdots}^{B} \tag{1.2.2}$$

比较对换前后两个 n 元排列(1.2.1)与(1.2.2)的逆序数，由于属于 A 与 B 部分数码的位置没有变化，因此，这些数码所构成的逆序数没有改变，同时，j 与 k 和 A 或 B 部分数码所构成的逆序数也没有变化，而 j 与 k 在排列(1.2.1)与(1.2.2)中的逆序数不同. 若 $j>k$，j 与 k 在排列(1.2.1)中构成一个逆序，但在排列(1.2.2)中不构成逆序. 反之，若 $j<k$，j 与 k 在排列(1.2.1)中不构成逆序，但在排列(1.2.2)中构成一个逆序. 无论哪一种情况，排列(1.2.1)与(1.2.2)的逆序数相差 1，因此对换改变排列的奇偶性.

2) 对换不相邻两个数码

设 n 元排列

$$\overbrace{\cdots}^{A},j,p_1,\cdots,p_s,k,\overbrace{\cdots}^{B} \tag{1.2.3}$$

对其施行对换 (j,k)，得

$$\overbrace{\cdots}^{A},k,p_1,\cdots,p_s,j,\overbrace{\cdots}^{B} \tag{1.2.4}$$

即对排列(1.2.3)直接施行对换 (j,k) 得到排列(1.2.4). 排列(1.2.4)也可经排列(1.2.3)连续施行 $2s+1$ 次相邻数码对换得到. 事实上，排列(1.2.3)中 j 与 k 之间有 s 个数码

$p_1,\cdots,p_s$，先让 j 向右移动，依次与 $p_1,\cdots,p_s$ 对换，经过 s 次相邻数码对换得排列

$$\overbrace{\cdots}^{A},p_1,\cdots,p_s,j,k,\overbrace{\cdots}^{B} \tag{1.2.5}$$

然后让排列(1.2.5)中的 k 向左移动，依次与 $j,p_s\cdots p_1$ 对换，这样施行 $s+1$ 次相邻数码的对换即可得到排列(1.2.4). 而由 1)知对换 1 次相邻数码排列奇偶性发生改变，因此，经过 $2s+1$ 次相邻数码对换，前后两个排列的奇偶性必定不同，即排列(1.2.3)与排列(1.2.4)奇偶性不同.

定理 1.2.3 当 $n>1$ 时，在全部 n 级排列中，奇、偶排列的个数相等各有$\frac{n!}{2}$个.

证明 假设在全部 n 级排列中共有 s 个奇排列，t 个偶排列. 将 s 个奇排列中前两个数字对换，得到 s 个不同的偶排列，因此 $s\leqslant t$. 同理可证 $t\leqslant s$，于是 $s=t$，即奇、偶排列的总数相等，各有$\frac{n!}{2}$个.

1.3 n 阶行列式

1.1 节定义了二、三阶行列式，本节先考查它们的结构规律，然后定义 n 阶行列式.

二阶行列式定义为

$$\begin{vmatrix} a_{11} & a_{12} \\ a_{21} & a_{22} \end{vmatrix} = a_{11}a_{22}-a_{12}a_{21} \tag{1.3.1}$$

二阶行列式(1.3.1)有如下规律：

(1) 共有 2! 项.

(2) 每一项都是两个元素的乘积，这两个元素位于行列式中不同行不同列，并且展开式恰恰就是由所有这种可能的乘积组成.

(3) 每一项都带有符号，当行下标按自然顺序排列时，列下标为偶排列时带正号，列下标为奇排列时带负号.

根据上述规律，二阶行列式又可以表示为

$$\begin{vmatrix} a_{11} & a_{12} \\ a_{21} & a_{22} \end{vmatrix} = \sum_{j_1j_2}(-1)^{\tau(j_1j_2)}a_{1j_1}a_{2j_2} \tag{1.3.2}$$

这里 $\sum\limits_{j_1j_2}$ 表示对所有二元排列求和.

三阶行列式定义为

$$\begin{vmatrix} a_{11} & a_{12} & a_{13} \\ a_{21} & a_{22} & a_{23} \\ a_{31} & a_{32} & a_{33} \end{vmatrix}$$

$$=a_{11}a_{22}a_{33}+a_{12}a_{23}a_{31}+a_{13}a_{21}a_{32}-a_{13}a_{22}a_{31}-a_{12}a_{21}a_{33}-a_{11}a_{23}a_{32} \tag{1.3.3}$$

通过观察，它类似于二阶行列式有如下规律：

(1) 共有 3! 项.

(2) 每一项都是 3 个元素的乘积，这 3 个元素位于行列式中不同行不同列，并且展开

式恰恰就是由所有这种可能的乘积组成.

(3) 每一项都带有符号,当行下标按自然顺序排列时,列下标为偶排列时带正号,列下标为奇排列时带负号.

因此三阶行列式可以表示为

$$\begin{vmatrix} a_{11} & a_{12} & a_{13} \\ a_{21} & a_{22} & a_{23} \\ a_{31} & a_{32} & a_{33} \end{vmatrix} = \sum_{j_1j_2j_3} (-1)^{\tau(j_1j_2j_3)} a_{1j_1}a_{2j_2}a_{3j_3} \tag{1.3.4}$$

这里 $\sum\limits_{j_1j_2j_3}$ 表示对所有三元排列求和.

根据上述二阶、三阶行列式结构规律,可定义一般 n 阶行列式.

定义 1.3.1　n 阶行列式

$$\begin{vmatrix} a_{11} & a_{12} & \cdots & a_{1n} \\ a_{21} & a_{22} & \cdots & a_{2n} \\ \vdots & \vdots & & \vdots \\ a_{n1} & a_{n2} & \cdots & a_{nn} \end{vmatrix} = \sum_{j_1j_2\cdots j_n} (-1)^{\tau(j_1j_2\cdots j_n)} a_{1j_1}a_{2j_2}\cdots a_{nj_n} \tag{1.3.5}$$

这里 $\sum\limits_{j_1j_2\cdots j_n}$ 表示对所有 n 元排列求和,a_{ij} 是数,称为 n 阶行列式元素.

从 n 阶行列式的定义知它表示的是一个数,且与二阶、三阶行列式的定义一致,同样满足以下规律:

(1) 共有 $n!$ 项.

(2) 每一项都是 n 个元素的乘积,这 n 个元素位于行列式中不同行不同列,并且展开式恰恰就是由所有这种可能的乘积组成.

(3) 每一项都带有符号,当行下标按自然顺序排列时,列下标为偶排列时带正号,列下标为奇排列时带负号.

【例 1.3.1】　计算 n 阶上三角行列式

$$d_n = \begin{vmatrix} a_{11} & a_{12} & \cdots & a_{1n} \\ 0 & a_{22} & \cdots & a_{2n} \\ \vdots & \vdots & & \vdots \\ 0 & 0 & \cdots & a_{nn} \end{vmatrix}$$

解　d_n 中共有 $n!$ 项,只需求出 d_n 中非零项的和. 由于 d_n 的一般项为 $(-1)^{\tau(j_1j_2\cdots j_n)}a_{1j_1}a_{2j_2}\cdots a_{nj_n}$,其中含有第 n 行元素,但第 n 行元素除 a_{nn} 外均为零,因此考查非零项时,第 n 行元素只能取 a_{nn},又 d_n 中每一项都是 n 个元素的乘积,这 n 个元素位于行列式中不同行不同列,于是第 $n-1$ 不能取 a_{n-1n},因而只能取 a_{n-1n-1},…,第二行只能取 a_{22},第一行只能取 a_{11},故 d_n 展开式只有一项不为零,即

$$\begin{aligned} d_n &= (-1)^{\tau(12\cdots n)} a_{11}a_{22}\cdots a_{nn} \\ &= a_{11}a_{22}\cdots a_{nn} \end{aligned}$$

换句话说,上三角行列式 d_n 等于主对角线(从左上角到右下角这条对角线)上元素的乘积. 作为例 1.3.1 的特殊情况,有

$$\begin{vmatrix} a_{11} & 0 & \cdots & 0 \\ 0 & a_{22} & \cdots & 0 \\ \vdots & \vdots & & \vdots \\ 0 & 0 & \cdots & a_{nn} \end{vmatrix} = a_{11}a_{22}\cdots a_{nn} \tag{1.3.6}$$

$$\begin{vmatrix} 1 & 0 & \cdots & 0 \\ 0 & 1 & \cdots & 0 \\ \vdots & \vdots & & \vdots \\ 0 & 0 & \cdots & 1 \end{vmatrix} = 1$$

主对角线以外的元素全为零的行列式称为对角形行列式.式(1.3.6)表明,对角形行列式等于主对角线上元素的乘积.

【例 1.3.2】 计算 5 阶行列式

$$d_5 = \begin{vmatrix} a_{11} & a_{12} & 0 & a_{14} & a_{15} \\ a_{21} & 0 & 0 & a_{24} & 0 \\ a_{31} & a_{32} & a_{33} & a_{34} & a_{35} \\ a_{41} & 0 & 0 & a_{44} & 0 \\ a_{51} & a_{52} & 0 & a_{54} & 0 \end{vmatrix}$$

解 d_5 中共有 5!(=120)项,只需求出 d_5 中非零项的和.由于每一项都含有第二行元素,但第二行元素除 a_{21} 和 a_{24} 外均为零,若第二行元素取 a_{21},这一项其他元素不能再取第一列元素,于是第四行只能取 a_{44},进而第五行元素只能取 a_{52},第一行元素只能取 a_{15},第三行元素只能取 a_{33};若第二行元素取 a_{24},第四行只能取 a_{41},第五行元素只能取 a_{52},第一行元素只能取 a_{15},第三行元素只能取 a_{33};于是 d_5 只是下面两项的和,即

$$\begin{aligned} d_5 &= (-1)^{\tau(51342)}a_{15}a_{21}a_{33}a_{44}a_{52} + (-1)^{\tau(54312)}a_{15}a_{24}a_{33}a_{41}a_{52} \\ &= a_{15}a_{21}a_{33}a_{44}a_{52} - a_{15}a_{24}a_{33}a_{41}a_{52} \end{aligned}$$

在行列式定义 1.3.1 中,为了确定每一项的符号,我们把 n 个元素的行标排为自然顺序.事实上数的乘法是可交换的,因而这 n 个元素的次序是可以任意写的,一般地,n 阶行列式的项可以写成

$$a_{i_1j_1}a_{i_2j_2}\cdots a_{i_nj_n} \tag{1.3.7}$$

其中 $i_1i_2\cdots i_n$,$j_1j_2\cdots j_n$ 是两个 n 元排列.利用排列的性质,不难证明,式(1.3.7)的符号为

$$(-1)^{\tau(i_1i_2\cdots i_n)+\tau(j_1j_2\cdots j_n)} \tag{1.3.8}$$

例如,$a_{32}a_{21}a_{14}a_{43}$是 4 阶行列式的一项,由于 $\tau(3214)=3$,$\tau(2143)=2$,所以它的符号为$(-1)^{\tau(3214)+\tau(2143)}=(-1)^{3+2}=-1$.如按行指标排列起来,就是 $a_{14}a_{21}a_{32}a_{43}$,由于 $\tau(4123)=3$,所以它的符号也是$(-1)^3=-1$.

按式(1.3.8)来确定行列式中每一项的符号的好处在于,行指标与列指标是对称的,因而为了确定每一项的符号,我们同样可以把每一项按列标排列起来,于是行列式定义又可以写成定义 1.3.1′.

定义 1.3.1′ n 阶行列式

$$\begin{vmatrix} a_{11} & a_{12} & \cdots & a_{1n} \\ a_{21} & a_{22} & \cdots & a_{2n} \\ \vdots & \vdots & & \vdots \\ a_{n1} & a_{n2} & \cdots & a_{nn} \end{vmatrix} = \sum_{i_1 i_2 \cdots i_n} (-1)^{\tau(i_1 i_2 \cdots i_n)} a_{i_1 1} a_{i_2 2} \cdots a_{i_n n}$$

1.4　行列式的性质

按定义计算一般行列式是很麻烦的，5 阶行列式就有 5! 项，况且还得利用排列的奇偶性来确定符号，若行列式的阶数再大一些，计算量则更庞大，因此我们需要讨论行列式的性质，并利用它来简化行列式的计算，同时我们也可以通过学习行列式的性质，对一般行列式作更进一步的认识.

首先说明转置行列式概念. 看一个 n 阶行列式

$$d = \begin{vmatrix} a_{11} & a_{12} & \cdots & a_{1n} \\ a_{21} & a_{22} & \cdots & a_{2n} \\ \vdots & \vdots & & \vdots \\ a_{n1} & a_{n2} & \cdots & a_{nn} \end{vmatrix}$$

如果把 d 的行变为列，就得到一个新的行列式

$$d^{\mathrm{T}} = \begin{vmatrix} a_{11} & a_{21} & \cdots & a_{n1} \\ a_{12} & a_{22} & \cdots & a_{n2} \\ \vdots & \vdots & & \vdots \\ a_{1n} & a_{2n} & \cdots & a_{nn} \end{vmatrix}$$

d^{T} 叫做 d 的转置行列式.

性质 1.4.1　行列式 d 与它的转置行列式 d^{T} 相等.

证明　记 $d=\det(a_{ij})$的转置行列式

$$d^{\mathrm{T}} = \begin{vmatrix} b_{11} & b_{12} & \cdots & b_{1n} \\ b_{21} & b_{22} & \cdots & b_{2n} \\ \vdots & \vdots & & \vdots \\ b_{n1} & b_{n2} & \cdots & b_{nn} \end{vmatrix}$$

即 d^{T} 的(i,j)元素为 b_{ij}，则 $b_{ij}=a_{ji}(i,j=1,2,\cdots,n)$. 按定义 1.3.1 有

$$\begin{aligned} d^{\mathrm{T}} &= \sum_{j_1 j_2 \cdots j_n} (-1)^{\tau(j_1 j_2 \cdots j_n)} b_{1j_1} b_{2j_2} \cdots b_{nj_n} \\ &= \sum_{j_1 j_2 \cdots j_n} (-1)^{\tau(j_1 j_2 \cdots j_n)} a_{j_1 1} a_{j_2 2} \cdots a_{j_n n} \end{aligned}$$

而由行列式定义 1.3.1′有

$$d = \sum_{j_1 j_2 \cdots j_n} (-1)^{\tau(j_1 j_2 \cdots j_n)} a_{j_1 1} a_{j_2 2} \cdots a_{j_n n}$$

故 $d=d^{\mathrm{T}}$.

性质 1.4.1 表明，在行列式中行与列是对称的，因此凡是有关行的性质，对列也同样成

立. 下面我们讨论的行列式的性质大多是对行来说的,对于列也有相同的性质,就不重复了.

性质 1.4.2 行列式中某行有公因子可以提到行列式符号外面,或者说以一个数乘行列式的一行相当于用这个数乘此行列式,即

$$\begin{vmatrix} a_{11} & a_{12} & \cdots & a_{1n} \\ \vdots & \vdots & & \vdots \\ ka_{i1} & ka_{i2} & \cdots & ka_{in} \\ \vdots & \vdots & & \vdots \\ a_{n1} & a_{n2} & \cdots & a_{nn} \end{vmatrix} = k \begin{vmatrix} a_{11} & a_{12} & \cdots & a_{1n} \\ \vdots & \vdots & & \vdots \\ a_{i1} & a_{i2} & \cdots & a_{in} \\ \vdots & \vdots & & \vdots \\ a_{n1} & a_{n2} & \cdots & a_{nn} \end{vmatrix}$$

证明 利用行列式的定义.

$$\begin{aligned} \text{左端} &= \sum_{j_1\cdots j_i\cdots j_n} (-1)^{\tau(j_1\cdots j_i\cdots j_n)} a_{1j_1}\cdots(ka_{ij_i})\cdots a_{nj_n} \\ &= k\Big[\sum_{j_1\cdots j_i\cdots j_n} (-1)^{\tau(j_1\cdots j_i\cdots j_n)} a_{1j_1}\cdots a_{ij_i}\cdots a_{nj_n}\Big] \\ &= \text{右端} \end{aligned}$$

性质 1.4.3 若行列式的某一行是两组数的和,那么这个行列式等于两个行列式的和,这两个行列式的这一行的元素分别为对应的两个加数之一,其余各行的元素与原行列式相同,即

$$\begin{vmatrix} a_{11} & a_{12} & \cdots & a_{1n} \\ \vdots & \vdots & & \vdots \\ b_{i1}+c_{i1} & b_{i2}+c_{i2} & \cdots & b_{in}+c_{in} \\ \vdots & \vdots & & \vdots \\ a_{n1} & a_{n2} & \cdots & a_{nn} \end{vmatrix} = \begin{vmatrix} a_{11} & a_{12} & \cdots & a_{1n} \\ \vdots & \vdots & & \vdots \\ b_{i1} & b_{i2} & \cdots & b_{in} \\ \vdots & \vdots & & \vdots \\ a_{n1} & a_{n2} & \cdots & a_{nn} \end{vmatrix} + \begin{vmatrix} a_{11} & a_{12} & \cdots & a_{1n} \\ \vdots & \vdots & & \vdots \\ c_{i1} & c_{i2} & \cdots & c_{in} \\ \vdots & \vdots & & \vdots \\ a_{n1} & a_{n2} & \cdots & a_{nn} \end{vmatrix}$$

证明

$$\begin{aligned} \text{左端} &= \sum_{j_1\cdots j_i\cdots j_n} (-1)^{\tau(j_1\cdots j_i\cdots j_n)} a_{1j_1}\cdots(b_{ij_i}+c_{ij_i})\cdots a_{nj_n} \\ &= \sum_{j_1\cdots j_i\cdots j_n} (-1)^{\tau(j_1\cdots j_i\cdots j_n)} a_{1j_1}\cdots b_{ij_i}\cdots a_{nj_n} \\ &\quad + \sum_{j_1\cdots j_i\cdots j_n} (-1)^{\tau(j_1\cdots j_i\cdots j_n)} a_{1j_1}\cdots c_{ij_i}\cdots a_{nj_n} \\ &= \text{右端} \end{aligned}$$

性质 1.4.4 若行列式中有两行相同,那么行列式为零. 所谓两行相同就是说两行的对应元素都相等.

证明 设行列式 $d=\det(a_{ij})$ 中第 p 行与第 q 行相同,即

$$a_{pk} = a_{qk}, \quad (k = 1,2,\cdots,n)$$

只需证明 $d=\det(a_{ij})$ 展开式所出现的项全能两两相消就行了. 事实上,与项

$$(-1)^{\tau(j_1\cdots j_p\cdots j_q\cdots j_n)} a_{1j_1}\cdots a_{pj_p}\cdots a_{qj_q}\cdots a_{nj_n}$$

同时出现的还有

$$(-1)^{\tau(j_1\cdots j_q\cdots j_p\cdots j_n)} a_{1j_1}\cdots a_{pj_q}\cdots a_{qj_p}\cdots a_{nj_n}$$

但 $a_{pj_p} = a_{qj_p}$, $a_{qj_q} = a_{pj_q}$, 又 $(-1)^{\tau(j_1\cdots j_p\cdots j_q\cdots j_n)} = -(-1)^{\tau(j_1\cdots j_q\cdots j_p\cdots j_n)}$, 于是上述两项相互消去. 行列式 d 中所有项都两两相互消去,因此 $d=0$.

由性质 1.4.2 与性质 1.4.4 可得以下推论.

推论 1.4.1　若行列式中有两行元素对应成比例,那么行列式为零.

性质 1.4.5　若行列式的某一行元素乘以同一个数后加到另一行的对应元素上,那么行列式不变.

证明

$$
\begin{vmatrix} \cdots & \cdots & \cdots & \cdots \\ a_{i1}+ka_{j1} & a_{i2}+ka_{j2} & \cdots & a_{in}+ka_{jn} \\ \vdots & \vdots & & \vdots \\ a_{j1} & a_{j2} & \cdots & a_{jn} \\ \cdots & \cdots & \cdots & \cdots \end{vmatrix}
$$

$$
= \begin{vmatrix} \cdots & \cdots & \cdots & \cdots \\ a_{i1} & a_{i2} & \cdots & a_{in} \\ \vdots & \vdots & & \vdots \\ a_{j1} & a_{j2} & \cdots & a_{jn} \\ \cdots & \cdots & \cdots & \cdots \end{vmatrix} + \begin{vmatrix} \cdots & \cdots & \cdots & \cdots \\ ka_{j1} & ka_{j2} & \cdots & ka_{jn} \\ \vdots & \vdots & & \vdots \\ a_{j1} & a_{j2} & \cdots & a_{jn} \\ \cdots & \cdots & \cdots & \cdots \end{vmatrix}
$$

$$
= \begin{vmatrix} \cdots & \cdots & \cdots & \cdots \\ a_{i1} & a_{i2} & \cdots & a_{in} \\ \vdots & \vdots & & \vdots \\ a_{j1} & a_{j2} & \cdots & a_{jn} \\ \cdots & \cdots & \cdots & \cdots \end{vmatrix}
$$

这里,第一步用性质 1.4.3,第二步用推论 1.4.1.

性质 1.4.6　若交换行列式中两行元素,那么行列式改变符号,即

$$
\begin{vmatrix} \cdots & \cdots & \cdots & \cdots \\ a_{i1} & a_{i2} & \cdots & a_{in} \\ \vdots & \vdots & & \vdots \\ a_{j1} & a_{j2} & \cdots & a_{jn} \\ \cdots & \cdots & \cdots & \cdots \end{vmatrix} = - \begin{vmatrix} \cdots & \cdots & \cdots & \cdots \\ a_{j1} & a_{j2} & \cdots & a_{jn} \\ \vdots & \vdots & & \vdots \\ a_{i1} & a_{i2} & \cdots & a_{in} \\ \cdots & \cdots & \cdots & \cdots \end{vmatrix}
$$

证明

$$
\begin{vmatrix} \cdots & \cdots & \cdots & \cdots \\ a_{i1} & a_{i2} & \cdots & a_{in} \\ \vdots & \vdots & & \vdots \\ a_{j1} & a_{j2} & \cdots & a_{jn} \\ \cdots & \cdots & \cdots & \cdots \end{vmatrix} = \begin{vmatrix} \cdots & \cdots & \cdots & \cdots \\ a_{i1}+a_{j1} & a_{i2}+a_{j2} & \cdots & a_{in}+a_{jn} \\ \vdots & \vdots & & \vdots \\ a_{j1} & a_{j2} & \cdots & a_{jn} \\ \cdots & \cdots & \cdots & \cdots \end{vmatrix}
$$

$$
= \begin{vmatrix} \cdots & \cdots & \cdots & \cdots \\ a_{i1}+a_{j1} & a_{i2}+a_{j2} & \cdots & a_{in}+a_{jn} \\ \vdots & \vdots & & \vdots \\ -a_{i1} & -a_{i2} & \cdots & -a_{in} \\ \cdots & \cdots & \cdots & \cdots \end{vmatrix}
$$

$$
=\begin{vmatrix} \cdots & \cdots & \cdots & \cdots \\ a_{j1} & a_{j2} & \cdots & a_{jn} \\ \vdots & \vdots & & \vdots \\ -a_{i1} & -a_{i2} & \cdots & -a_{in} \\ \cdots & \cdots & \cdots & \cdots \end{vmatrix} = -\begin{vmatrix} \cdots & \cdots & \cdots & \cdots \\ a_{j1} & a_{j2} & \cdots & a_{jn} \\ \vdots & \vdots & & \vdots \\ a_{i1} & a_{i2} & \cdots & a_{in} \\ \cdots & \cdots & \cdots & \cdots \end{vmatrix}
$$

这里第一步是把第 j 行加到第 i 行，第二步是把第 i 行乘以 -1 加到第 j 行，第三步是把第 j 行加到第 i 行，最后把第 j 行的公因子 -1 提出.

下面给出 3 个利用行列式的性质来简化行列式计算的例子. 为了叙述方便，我们采用一些符号，用 $[i,j]$ 表示互换行列式第 i 行与第 j 行，用 $[i(k)]$ 表示行列式第 i 行乘以数 k，用 $[j(k)+i]$ 表示把行列式第 j 行乘以 k 加到第 i 行；用 $\{i,j\}$ 表示互换行列式第 i 列与第 j 列，用 $\{i(k)\}$ 表示行列式第 i 列乘以数 k，用 $\{j(k)+i\}$ 表示把行列式第 j 列乘以 k 加到第 i 列.

【例 1.4.1】 计算 4 阶行列式

$$
d=\begin{vmatrix} -2 & -1 & 5 & 3 \\ 1 & 13 & -9 & 7 \\ 3 & 5 & -1 & -5 \\ 2 & -7 & 8 & -10 \end{vmatrix}
$$

解

$$
d \xlongequal{[1,2]} -\begin{vmatrix} 1 & 13 & -9 & 7 \\ -2 & -1 & 5 & 3 \\ 3 & 5 & -1 & -5 \\ 2 & -7 & 8 & -10 \end{vmatrix} \xlongequal[{[1(2)+2]}]{\substack{[1(-2)+4] \\ [1(-3)+3]}} -\begin{vmatrix} 1 & 13 & -9 & 7 \\ 0 & 25 & -13 & 17 \\ 0 & -34 & 26 & -26 \\ 0 & -33 & 26 & -24 \end{vmatrix}
$$

$$
\xlongequal{\substack{[3(1)+2] \\ [3(-1)+4]}} -\begin{vmatrix} 1 & 13 & -9 & 7 \\ 0 & -9 & 13 & -9 \\ 0 & -34 & 26 & -26 \\ 0 & 1 & 0 & 2 \end{vmatrix} \xlongequal{[2,4]} \begin{vmatrix} 1 & 13 & -9 & 7 \\ 0 & 1 & 0 & 2 \\ 0 & -34 & 26 & -26 \\ 0 & -9 & 13 & -9 \end{vmatrix}
$$

$$
\xlongequal{\substack{[2(9)+4] \\ [2(34)+3]}} \begin{vmatrix} 1 & 13 & -9 & 7 \\ 0 & 1 & 0 & 2 \\ 0 & 0 & 26 & 42 \\ 0 & 0 & 13 & 9 \end{vmatrix} = 2\begin{vmatrix} 1 & 13 & -9 & 7 \\ 0 & 1 & 0 & 2 \\ 0 & 0 & 13 & 21 \\ 0 & 0 & 13 & 9 \end{vmatrix}
$$

$$
\xlongequal{[3(-1)+4]} 2\begin{vmatrix} 1 & 13 & -9 & 7 \\ 0 & 1 & 0 & 2 \\ 0 & 0 & 13 & 21 \\ 0 & 0 & 0 & -12 \end{vmatrix}
$$

$$
= 2\times 1\times 1\times 13\times(-12) = -312
$$

我们计算行列式时，经常利用行列式的性质把它变为上三角形行列式(主对角线下方元素全为零)或下三角形行列式(主对角线上方元素全为零)，这种方法称为**三角形法**. 例 1.4.1 就是用三角形法来计算的，下面两个例子也如此.

【例 1.4.2】 计算 4 阶行列式

$$d=\begin{vmatrix} a & b & c & d \\ a & a+b & a+b+c & a+b+c+d \\ a & 2a+b & 3a+2b+c & 4a+3b+2c+d \\ a & 3a+b & 6a+3b+c & 10a+6b+3c+d \end{vmatrix}$$

解

$$d=\begin{vmatrix} a & b & c & d \\ a & a+b & a+b+c & a+b+c+d \\ a & 2a+b & 3a+2b+c & 4a+3b+2c+d \\ a & 3a+b & 6a+3b+c & 10a+6b+3c+d \end{vmatrix}$$

$$\xlongequal[\substack{[2(-1)+3]\\ [3(-1)+4]}]{[1(-1)+2]}\begin{vmatrix} a & b & c & d \\ 0 & a & a+b & a+b+c \\ 0 & a & 2a+b & 3a+2b+c \\ 0 & a & 3a+b & 6a+3b+c \end{vmatrix}\xlongequal[{[3(-1)+4]}]{[2(-1)+3]}\begin{vmatrix} a & b & c & d \\ 0 & a & a+b & a+b+c \\ 0 & 0 & a & 2a+b \\ 0 & 0 & a & 3a+b \end{vmatrix}$$

$$\xlongequal{[3(-1)+4]}\begin{vmatrix} a & b & c & d \\ 0 & a & a+b & a+b+c \\ 0 & 0 & a & 2a+b \\ 0 & 0 & 0 & a \end{vmatrix}=a^4$$

【例 1.4.3】 计算 n 阶行列式

$$d=\begin{vmatrix} a & b & b & \cdots & b \\ b & a & b & \cdots & b \\ b & b & a & \cdots & b \\ \vdots & \vdots & \vdots & & \vdots \\ b & b & b & \cdots & a \end{vmatrix}$$

解　这个行列式的特点是每一行的元素有一个是 a，其余 $n-1$ 个都是 b，于是从第二列起到第 n 列，每一列乘以 1 加到第一列可得

$$d\xlongequal[j=2,3,\cdots,n]{\{j(1)+1\}}\begin{vmatrix} a+(n-1)b & b & b & \cdots & b \\ a+(n-1)b & a & b & \cdots & b \\ a+(n-1)b & b & a & \cdots & b \\ \vdots & \vdots & \vdots & & \vdots \\ a+(n-1)b & b & b & \cdots & a \end{vmatrix}=[a+(n-1)b]\begin{vmatrix} 1 & b & b & \cdots & b \\ 1 & a & b & \cdots & b \\ 1 & b & a & \cdots & b \\ \vdots & \vdots & \vdots & & \vdots \\ 1 & b & b & \cdots & a \end{vmatrix}$$

$$\xlongequal[i=2,3,\cdots,n]{[1(-1)+i]}[a+(n-1)b]\begin{vmatrix} 1 & b & b & \cdots & b \\ 0 & a-b & 0 & \cdots & 0 \\ 0 & 0 & a-b & \cdots & 0 \\ \vdots & \vdots & \vdots & & \vdots \\ 0 & 0 & 0 & \cdots & a-b \end{vmatrix}=[a+(n-1)b](a-b)^{n-1}$$

1.5 行列式按行(列)展开

上一节里我们已经学过利用行列式的性质把行列式化为上(或下)三角形行列式进行计算,在这一节我们学习另一种方法,就是将较高阶行列式先化为较低阶行列式然后进行计算.为此,先介绍行列式的余子式和代数余子式的概念.

1.5.1 余子式与代数余子式

定义 1.5.1 在 n 阶行列式 d 中划去元素 a_{ij} 所在的第 i 行与第 j 列,剩下的元素按原来的排法构成一个 $n-1$ 阶行列式称为元素 a_{ij} 的余子式,记为 M_{ij}. 即

$$A_{ij}=(-1)^{i+j}M_{ij}$$

则称 A_{ij} 为元素 a_{ij} 的代数余子式.

例如,四阶行列式

$$\begin{vmatrix} a_{11} & a_{12} & a_{13} & a_{14} \\ a_{21} & a_{22} & a_{23} & a_{24} \\ a_{31} & a_{32} & a_{33} & a_{34} \\ a_{41} & a_{42} & a_{43} & a_{44} \end{vmatrix}$$

中(2,3)位置元素 a_{23} 的余子式和代数余子式分别为

$$M_{23}=\begin{vmatrix} a_{11} & a_{12} & a_{14} \\ a_{31} & a_{32} & a_{34} \\ a_{41} & a_{42} & a_{44} \end{vmatrix}$$

$$A_{23}=(-1)^{2+3}M_{23}=-M_{23}$$

引理 1.5.1 将 n 阶行列式

$$d=\begin{vmatrix} a_{11} & a_{12} & \cdots & a_{1n} \\ \vdots & \vdots & & \vdots \\ a_{i1} & a_{i2} & \cdots & a_{in} \\ \vdots & \vdots & & \vdots \\ a_{n1} & a_{n2} & \cdots & a_{nn} \end{vmatrix}$$

中第 i 行换为 $b_{i1},b_{i2},\cdots,b_{in}$,并记为 d_1,即

$$d_1=\begin{vmatrix} a_{11} & a_{12} & \cdots & a_{1n} \\ \vdots & \vdots & & \vdots \\ b_{i1} & b_{i2} & \cdots & b_{in} \\ \vdots & \vdots & & \vdots \\ a_{n1} & a_{n2} & \cdots & a_{nn} \end{vmatrix}$$

则 d 中(i,j)位置元素 a_{ij} 与 d_1 中(i,j)位置元素 b_{ij} 有相同的余子式和代数余子式($j=1,2,\cdots,n$).

请读者自己证明.

引理 1.5.2 若 n 阶行列式

$$d=\begin{vmatrix} a_{11} & a_{12} & \cdots & a_{1n-1} & a_{1n} \\ a_{21} & a_{22} & \cdots & a_{2n-1} & a_{21n} \\ \vdots & \vdots & & \vdots & \vdots \\ a_{n-11} & a_{n-12} & \cdots & a_{n-1n-1} & a_{n-1n} \\ 0 & 0 & \cdots & 0 & a_{nn} \end{vmatrix}$$

中第 n 行除 a_{nn} 外其余元素全为零,则 $d=a_{nn}A_{nn}$,这里 A_{nn} 为 d 中元素 a_{nn} 的代数余子式.

证明 按行列式定义有

$$d=\sum_{j_1j_2\cdots j_n}(-1)^{\tau(j_1j_2\cdots j_n)}a_{1j_1}a_{2j_2}\cdots a_{nj_n}$$

当 $j_n\neq n$ 时,$a_{nj_n}=0$,于是

$$\begin{aligned} d&=\sum_{j_1j_2\cdots j_{n-1}n}(-1)^{\tau(j_1j_2\cdots j_{n-1}n)}a_{1j_1}a_{2j_2}\cdots a_{n-1j_{n-1}}a_{nn} \\ &=a_{nn}\Big[\sum_{j_1j_2\cdots j_{n-1}}(-1)^{\tau(j_1j_2\cdots j_{n-1})}a_{1j_1}a_{2j_2}\cdots a_{n-1j_{n-1}}\Big]=a_{nn}A_{nn} \end{aligned}$$

引理 1.5.3 若 n 阶行列式

$$d=\begin{vmatrix} a_{11} & \cdots & a_{1j-1} & a_{1j} & a_{1j+1} & \cdots & a_{1n} \\ \vdots & \vdots & \vdots & \vdots & \vdots & & \vdots \\ a_{i-11} & \cdots & a_{i-1j-1} & a_{i-1j} & a_{i-1j+1} & \cdots & a_{i-1n} \\ 0 & 0 & 0 & a_{ij} & 0 & \cdots & 0 \\ a_{i+11} & \cdots & a_{i+1j-1} & a_{i+1j} & a_{i+1j+1} & \cdots & a_{i+1n} \\ \vdots & \vdots & \vdots & \vdots & \vdots & & \vdots \\ a_{n1} & \cdots & a_{nj-1} & a_{nj} & a_{nj+1} & \cdots & a_{nn} \end{vmatrix}$$

中第 i 行除 a_{ij} 外其余元素全为零,则 $d=a_{ij}A_{ij}$,这里 A_{ij} 为 d 中元素 a_{ij} 的代数余子式.

证明 先把 d 中第 i 行元素依次与第 $i+1$ 行、第 $i+2$ 行、…、第 n 行元素交换,共交换 $n-i$ 次,然后再把第 j 列元素依次与第 $j+1$ 列、第 $j+2$ 列、…、第 n 列元素交换,共交换 $n-j$ 次,这里总共交换 $n-i+n-j(=2n-(i+j))$次,于是有

$$d=\begin{vmatrix} a_{11} & \cdots & a_{1j-1} & a_{1j} & a_{1j+1} & \cdots & a_{1n} \\ \vdots & \vdots & \vdots & \vdots & \vdots & & \vdots \\ a_{i-11} & \cdots & a_{i-1j-1} & a_{i-1j} & a_{i-1j+1} & \cdots & a_{i-1n} \\ 0 & 0 & 0 & a_{ij} & 0 & \cdots & 0 \\ a_{i+11} & \cdots & a_{i+1j-1} & a_{i+1j} & a_{i+1j+1} & \cdots & a_{i+1n} \\ \vdots & \vdots & \vdots & \vdots & \vdots & & \vdots \\ a_{n1} & \cdots & a_{nj-1} & a_{nj} & a_{nj+1} & \cdots & a_{nn} \end{vmatrix}$$

$$=(-1)^{n-i}\begin{vmatrix} a_{11} & \cdots & a_{1j-1} & a_{1j} & a_{1j+1} & \cdots & a_{1n} \\ \vdots & \vdots & \vdots & \vdots & \vdots & & \vdots \\ a_{i-11} & \cdots & a_{i-1j-1} & a_{i-1j} & a_{i-1j+1} & \cdots & a_{i-1n} \\ a_{i+11} & \cdots & a_{i+1j-1} & a_{i+1j} & a_{i+1j+1} & \cdots & a_{i+1n} \\ \vdots & \vdots & \vdots & \vdots & \vdots & & \vdots \\ a_{n1} & \cdots & a_{nj-1} & a_{nj} & a_{nj+1} & \cdots & a_{nn} \\ 0 & \cdots & 0 & a_{ij} & 0 & \cdots & 0 \end{vmatrix}$$

$$
= (-1)^{(n-i)+(n-j)} \begin{vmatrix} a_{11} & \cdots & a_{1j-1} & a_{1j+1} & \cdots & a_{1n} & a_{1j} \\ \vdots & \vdots & \vdots & \vdots & & \vdots & \vdots \\ a_{i-11} & \cdots & a_{i-1j-1} & a_{i-1j+1} & \cdots & a_{i-1n} & a_{i-1j} \\ a_{i+11} & \cdots & a_{i+1j-1} & a_{i+1j+1} & \cdots & a_{i+1n} & a_{i+1j} \\ \vdots & \vdots & \vdots & \vdots & & \vdots & \vdots \\ a_{n1} & \cdots & a_{nj-1} & a_{nj+1} & \cdots & a_{nn} & a_{nj} \\ 0 & \cdots & 0 & 0 & \cdots & 0 & a_{ij} \end{vmatrix}
$$

$$
= (-1)^{2n-(i+j)} a_{ij} M_{ij} = (-1)^{2n-2(i+j)} a_{ij} [(-1)^{(i+j)} M_{ij}] = a_{ij} A_{ij}
$$

这里倒数第三个等式利用了引理 1.5.2.

1.5.2 行列式依行(列)展开法则

定理 1.5.1 $n(n>1)$阶行列式 $d=\det(a_{ij})$等于行列式任意一行(列)元素与它们对应的代数余子式的乘积之和,即

$$
d = a_{i1}A_{i1} + a_{i2}A_{i2} + \cdots + a_{in}A_{in} \quad (1 \leqslant i \leqslant n) \tag{1.5.1}
$$

$$
= a_{1j}A_{1j} + a_{2j}A_{2j} + \cdots + a_{nj}A_{nj} \quad (1 \leqslant j \leqslant n) \tag{1.5.2}
$$

这里 A_{ij} 为 d 中元素 a_{ij} 的代数余子式.

证明 这里仅给出依行展开法则(式(1.5.1))的证明,列的情形(式(1.5.2))留给读者证明.

设 $n(n>1)$阶行列式

$$
d = \begin{vmatrix} a_{11} & a_{12} & \cdots & a_{1n} \\ \vdots & \vdots & & \vdots \\ a_{i1} & a_{i2} & \cdots & a_{in} \\ \vdots & \vdots & & \vdots \\ a_{n1} & a_{n2} & \cdots & a_{nn} \end{vmatrix}
$$

把 d 中第 i 行各个元素改写为 n 个数的和,即

$$
d = \begin{vmatrix} a_{11} & a_{12} & \cdots & a_{1n} \\ \vdots & \vdots & & \vdots \\ a_{i1}+0+\cdots+0 & 0+a_{i2}+0+\cdots+0 & \cdots & 0+\cdots+0+a_{in} \\ \vdots & \vdots & & \vdots \\ a_{n1} & a_{n2} & \cdots & a_{nn} \end{vmatrix}
$$

利用性质 1.4.3,将它拆成 n 个行列式之和,即

$$
d = \begin{vmatrix} a_{11} & a_{12} & \cdots & a_{1n} \\ \vdots & \vdots & & \vdots \\ a_{i1} & 0 & \cdots & 0 \\ \vdots & \vdots & & \vdots \\ a_{n1} & a_{n2} & \cdots & a_{nn} \end{vmatrix} + \begin{vmatrix} a_{11} & a_{12} & \cdots & a_{1n} \\ \vdots & \vdots & & \vdots \\ 0 & a_{i2} & \cdots & 0 \\ \vdots & \vdots & & \vdots \\ a_{n1} & a_{n2} & \cdots & a_{nn} \end{vmatrix} + \cdots + \begin{vmatrix} a_{11} & a_{12} & \cdots & a_{1n} \\ \vdots & \vdots & & \vdots \\ 0 & 0 & \cdots & a_{in} \\ \vdots & \vdots & & \vdots \\ a_{n1} & a_{n2} & \cdots & a_{nn} \end{vmatrix}
$$

再利用引理 1.5.1 和引理 1.5.3 可得

$$d = a_{i1}A_{i1} + a_{i2}A_{i2} + \cdots + a_{in}A_{in}$$

定理 1.5.1 叫做行列式依行(列)展开法则. 利用这一法则并结合行列式的性质,可以简化行列式的计算,下面举例加以说明.

【例 1.5.1】 计算行列式的值

$$d = \begin{vmatrix} 5 & 1 & 0 & 0 & 0 \\ 3 & 7 & -2 & -4 & 2 \\ -1 & 2 & 3 & -1 & 3 \\ 2 & 5 & 1 & 4 & 5 \\ 0 & 2 & 0 & 0 & 0 \end{vmatrix}$$

解 d 中第 5 行零最多,先依此行展开有

$$d = 2(-1)^{5+2}\begin{vmatrix} 5 & 0 & 0 & 0 \\ 3 & -2 & -4 & 2 \\ -1 & 3 & -1 & 3 \\ 2 & 1 & 4 & 5 \end{vmatrix}$$

再依第 1 行展开有

$$d = -2(-1)^{1+1}5\begin{vmatrix} -2 & -4 & 2 \\ 3 & -1 & 3 \\ 1 & 4 & 5 \end{vmatrix}$$

$$\xlongequal[\{1(-2)+2\}]{\{1(1)+3\}} -10\begin{vmatrix} -2 & 0 & 0 \\ 3 & -7 & 6 \\ 1 & 2 & 6 \end{vmatrix}$$

最后 3 阶行列式依第 1 行展开有

$$\begin{aligned} d &= (-10)\times(-2)(-1)^{1+1}\begin{vmatrix} -7 & 6 \\ 2 & 6 \end{vmatrix} \\ &= 20\times[(-7)\times 6 - 6\times 2] = -1080 \end{aligned}$$

在行列式计算中,我们经常利用行列式的展开把 n 阶行列式转化为 $n-1$ 阶行列式,通过降阶逐步变为低阶行列式后进行计算,但行列式按某一行或列展开时,只有在该行或列有较多的零时,才能起到减少计算量的作用. 如果不具备这个条件,我们往往先运用“化零”后进行降阶. 利用行列式性质降低行列式阶数,然后计算行列式的值的方法叫做降阶法,例 1.5.1 就是降阶法的一例.

【例 1.5.2】 计算 n 阶范德蒙德(Vandermonde)行列式

$$d_n = \begin{vmatrix} 1 & 1 & \cdots & 1 & 1 \\ a_1 & a_2 & \cdots & a_{n-1} & a_n \\ a_1^2 & a_2^2 & \cdots & a_{n-1}^2 & a_n^2 \\ \vdots & \vdots & & \vdots & \vdots \\ a_1^{n-1} & a_2^{n-1} & \cdots & a_{n-1}^{n-1} & a_n^{n-1} \end{vmatrix}$$

解 从 d_n 的第 $n-1$ 行起到第一行止,每行乘以 $-a_n$ 加到下一行,可得

$$d_n = \begin{vmatrix} 1 & 1 & \cdots & 1 & 1 \\ a_1 - a_n & a_2 - a_n & \cdots & a_{n-1} - a_n & 0 \\ a_1(a_1 - a_n) & a_2(a_2 - a_n) & \cdots & a_{n-1}(a_{n-1} - a_n) & 0 \\ \vdots & \vdots & & \vdots & \vdots \\ a_1^{n-2}(a_1 - a_n) & a_2^{n-2}(a_2 - a_n) & \cdots & a_{n-1}^{n-2}(a_{n-1} - a_n) & 0 \end{vmatrix}$$

依第 n 列展开，有

$$d_n = (-1)^{1+n} \begin{vmatrix} a_1 - a_n & a_2 - a_n & \cdots & a_{n-1} - a_n \\ a_1(a_1 - a_n) & a_2(a_2 - a_n) & \cdots & a_{n-1}(a_{n-1} - a_n) \\ a_1^2(a_1 - a_n) & a_2^2(a_2 - a_n) & \cdots & a_{n-1}^2(a_{n-1} - a_n) \\ \vdots & \vdots & & \vdots \\ a_1^{n-2}(a_1 - a_n) & a_2^{n-2}(a_2 - a_n) & \cdots & a_{n-1}^{n-2}(a_{n-1} - a_n) \end{vmatrix}$$

提取各列公因子后，得

$$d_n = (-1)^{1+n}(a_1 - a_n)(a_2 - a_n)\cdots(a_{n-1} - a_n) \begin{vmatrix} 1 & 1 & \cdots & 1 & 1 \\ a_1 & a_2 & \cdots & a_{n-2} & a_{n-1} \\ a_1^2 & a_2^2 & \cdots & a_{n-2}^2 & a_{n-1}^2 \\ \vdots & \vdots & & \vdots & \vdots \\ a_1^{n-2} & a_2^{n-2} & \cdots & a_{n-2}^{n-2} & a_{n-1}^{n-2} \end{vmatrix}$$

右端行列式结构与 d_n 一样，用 d_{n-1} 表示，于是有

$$d_n = (a_n - a_1)(a_n - a_2)\cdots(a_n - a_{n-1})d_{n-1}$$

这个式子叫做递推关系式. 对 d_{n-1} 同样方法可得到

$$d_{n-1} = (a_{n-1} - a_1)(a_{n-1} - a_2)\cdots(a_{n-1} - a_{n-2})d_{n-2}$$

依次类推，得

$$d_{n-2} = (a_{n-2} - a_1)(a_{n-2} - a_2)\cdots(a_{n-2} - a_{n-3})d_{n-3}$$

$$\vdots$$

$$d_3 = (a_3 - a_1)(a_3 - a_2)d_2$$

而

$$d_2 = (a_2 - a_1)$$

故有

$$\begin{aligned} d_n &= (a_n - a_1)(a_n - a_2)\cdots(a_n - a_{n-1}) \cdot \\ &\quad (a_{n-1} - a_1)(a_{n-1} - a_2)\cdots(a_{n-1} - a_{n-2}) \cdot \\ &\quad (a_{n-2} - a_1)(a_{n-2} - a_2)\cdots(a_{n-2} - a_{n-3}) \cdot \\ &\quad \vdots \\ &\quad (a_3 - a_1)(a_3 - a_2) \cdot (a_2 - a_1) \\ &= \prod_{1 \leqslant i < j \leqslant n} (a_j - a_i) \end{aligned}$$

这里 $\prod$ 是连乘符号，上式表示满足 $1 \leqslant i < j \leqslant n$ 所有因子 $a_j - a_i$ 的连乘积.

定理 1.5.2　行列式某一行(列)的元素与另一行相应元素的代数余子式的乘积之和为零,即

$$a_{k1}A_{i1}+a_{k2}A_{i2}+\cdots+a_{kn}A_{in}=0,k\neq i\quad(1\leqslant k,i\leqslant n)\tag{1.5.3}$$

或

$$a_{1l}A_{1j}+a_{2l}A_{2j}+\cdots+a_{nl}A_{nj}=0,l\neq j\quad(1\leqslant l,j\leqslant n)\tag{1.5.4}$$

这里 A_{ij} 为 d 中元素 a_{ij} 的代数余子式.

证明　这里只是证明行的情形,列的情形留给读者证明.

把 n 阶行列式 $d=\det(a_{ij})$ 按第 i 行展开,有

$$a_{i1}A_{i1}+a_{i2}A_{i2}+\cdots+a_{in}A_{in}=\begin{vmatrix}a_{11}&\cdots&a_{1n}\\ \vdots&&\vdots\\ a_{k1}&\cdots&a_{kn}\\ \vdots&&\vdots\\ a_{i1}&\cdots&a_{in}\\ \vdots&&\vdots\\ a_{n1}&\cdots&a_{nn}\end{vmatrix}$$

在上式中把 a_{ij} 换成 $a_{kj}(j=1,2,\cdots,n)$,可得

$$a_{k1}A_{i1}+a_{k2}A_{i2}+\cdots+a_{kn}A_{in}=\begin{vmatrix}a_{11}&\cdots&a_{1n}\\ \vdots&&\vdots\\ a_{k1}&\cdots&a_{kn}\\ \vdots&&\vdots\\ a_{k1}&\cdots&a_{kn}\\ \vdots&&\vdots\\ a_{n1}&\cdots&a_{nn}\end{vmatrix}\begin{matrix}\\ \\ \leftarrow \text{第 }k\text{ 行}\\ \\ \leftarrow \text{第 }i\text{ 行}\\ \\ \\ \end{matrix}$$

当 $k\neq i$ 时,上式右端行列式第 k 行与第 i 行相同,故行列式等于零,因此

$$a_{k1}A_{i1}+a_{k2}A_{i2}+\cdots+a_{kn}A_{in}=0\quad(k\neq i)$$

综合定理 1.5.1 和定理 1.5.2 得到下面的推论.

推论 1.5.1　设 $d=\det(a_{ij})$则

$$a_{k1}A_{i1}+a_{k2}A_{i2}+\cdots+a_{kn}A_{in}=\begin{cases}d & k=i\\ 0 & k\neq i\end{cases}\quad(1\leqslant k,i\leqslant n)\tag{1.5.5}$$

$$a_{1l}A_{1j}+a_{2l}A_{2j}+\cdots+a_{nl}A_{nj}=\begin{cases}d & l=j\\ 0 & l\neq j\end{cases}\quad(1\leqslant l,j\leqslant n)\tag{1.5.6}$$

这里 A_{ij} 为 d 中元素 a_{ij} 的代数余子式.

1.6　行列式的计算

计算行列式,已经学过三角形法与降阶法. 这一节再介绍 n 阶行列式计算的一些常用方法.

1.6.1 数学归纳法

可以利用数学归纳法计算行列式.

【例 1.6.1】 证明

$$\begin{vmatrix} a_{11} & \cdots & a_{1k} & 0 & \cdots & 0 \\ \vdots & & \vdots & \vdots & & \vdots \\ a_{k1} & \cdots & a_{kk} & 0 & \cdots & 0 \\ c_{11} & \cdots & c_{1k} & b_{11} & \cdots & b_{1r} \\ \vdots & & \vdots & \vdots & & \vdots \\ c_{r1} & \cdots & c_{rk} & b_{r1} & \cdots & b_{rr} \end{vmatrix} = \begin{vmatrix} a_{11} & \cdots & a_{1k} \\ \vdots & & \vdots \\ a_{k1} & \cdots & a_{kk} \end{vmatrix} \cdot \begin{vmatrix} b_{11} & \cdots & b_{1r} \\ \vdots & & \vdots \\ b_{r1} & \cdots & b_{rr} \end{vmatrix} \tag{1.6.1}$$

证明 对 k 用数学归纳法.

当 $k=1$ 时,式(1.6.1)左端为

$$\begin{vmatrix} a_{11} & 0 & \cdots & 0 \\ c_{11} & b_{11} & \cdots & b_{1r} \\ \vdots & \vdots & & \vdots \\ c_{r1} & b_{r1} & \cdots & b_{rr} \end{vmatrix}$$

依第一行展开,就得到所要的结论.

假设式(1.6.1)对 $k=m-1$,即左端行列式的左上角是 $m-1$ 阶时已经成立,现在来看$k=m$ 的情形,依第一行展开,有

$$\begin{vmatrix} a_{11} & \cdots & a_{1m} & 0 & \cdots & 0 \\ \vdots & & \vdots & \vdots & & \vdots \\ a_{m1} & \cdots & a_{mm} & 0 & \cdots & 0 \\ c_{11} & \cdots & c_{1m} & b_{11} & \cdots & b_{1r} \\ \vdots & & \vdots & \vdots & & \vdots \\ c_{r1} & \cdots & c_{rm} & b_{r1} & \cdots & b_{rr} \end{vmatrix} = a_{11} \begin{vmatrix} a_{21} & \cdots & a_{2m} & 0 & \cdots & 0 \\ \vdots & & \vdots & \vdots & & \vdots \\ a_{m1} & \cdots & a_{mm} & 0 & \cdots & 0 \\ c_{11} & \cdots & c_{1m} & b_{11} & \cdots & b_{1r} \\ \vdots & & \vdots & \vdots & & \vdots \\ c_{r1} & \cdots & c_{rm} & b_{r1} & \cdots & b_{rr} \end{vmatrix} + \cdots$$

$$+(-1)^{1+i} a_{1i} \begin{vmatrix} a_{21} & \cdots & a_{2i-1} & a_{2i+1} & \cdots & a_{2m} & 0 & \cdots & 0 \\ \vdots & & \vdots & \vdots & & \vdots & \vdots & & \vdots \\ a_{m1} & \cdots & a_{mi-1} & a_{mi+1} & \cdots & a_{mm} & 0 & \cdots & 0 \\ c_{11} & \cdots & c_{1i-1} & c_{1i+1} & \cdots & c_{1m} & b_{11} & \cdots & b_{1r} \\ \vdots & & \vdots & \vdots & & \vdots & \vdots & & \vdots \\ c_{r1} & \cdots & c_{ri-1} & c_{ri+1} & \cdots & c_{rm} & b_{r1} & \cdots & b_{rr} \end{vmatrix} + \cdots$$

$$+(-1)^{1+m} a_{1m} \begin{vmatrix} a_{21} & \cdots & a_{2m-1} & 0 & \cdots & 0 \\ \vdots & & \vdots & \vdots & & \vdots \\ a_{m1} & \cdots & a_{mm-1} & 0 & \cdots & 0 \\ c_{11} & \cdots & c_{1m-1} & b_{11} & \cdots & b_{1r} \\ \vdots & & \vdots & \vdots & & \vdots \\ c_{r1} & \cdots & c_{rm-1} & b_{r1} & \cdots & b_{rr} \end{vmatrix}$$

$$=\left[a_{11}\begin{vmatrix}a_{21} & \cdots & a_{2m}\\ \vdots & & \vdots\\ a_{m1} & \cdots & a_{mm}\end{vmatrix}+\cdots+(-1)^{1+i}a_{1i}\begin{vmatrix}a_{21} & \cdots & a_{2i-1} & a_{2i+1} & \cdots & a_{2m}\\ \vdots & & \vdots & \vdots & & \vdots\\ a_{m1} & \cdots & a_{mi-1} & a_{mi+1} & \cdots & a_{mm}\end{vmatrix}\right.$$

$$\left.+\cdots+(-1)^{1+m}a_{1m}\begin{vmatrix}a_{21} & \cdots & a_{2m-1}\\ \vdots & & \vdots\\ a_{m1} & \cdots & a_{mm-1}\end{vmatrix}\right]\cdot\begin{vmatrix}b_{11} & \cdots & b_{1r}\\ \vdots & & \vdots\\ b_{r1} & \cdots & b_{rr}\end{vmatrix}$$

$$=\begin{vmatrix}a_{11} & \cdots & a_{1k}\\ \vdots & & \vdots\\ a_{k1} & \cdots & a_{kk}\end{vmatrix}\cdot\begin{vmatrix}b_{11} & \cdots & b_{1r}\\ \vdots & & \vdots\\ b_{r1} & \cdots & b_{rr}\end{vmatrix}$$

这里第二个等号是用了归纳法假定，最后一步是根据依第一行展开的法则.

根据归纳法原理，式(1.6.1)普遍成立.

1.6.2 递推法

利用高阶行列式和结构相同的低阶行列式的关系式，求得行列式值的方法叫做递推法. 例 1.5.2 就是递推法的一个例子，这里再举一例加以说明.

【例 1.6.2】 计算 n 级行列式

$$d_n=\begin{vmatrix}\alpha+\beta & \alpha\beta & 0 & \cdots & 0 & 0\\ 1 & \alpha+\beta & \alpha\beta & \cdots & 0 & 0\\ 0 & 1 & \alpha+\beta & \cdots & 0 & 0\\ \vdots & \vdots & \vdots & & \vdots & \vdots\\ 0 & 0 & 0 & \cdots & \alpha+\beta & \alpha\beta\\ 0 & 0 & 0 & \cdots & 1 & \alpha+\beta\end{vmatrix} \tag{1.6.2}$$

解　将 d_n 依第一行展开，可以得到

$$d_n=(\alpha+\beta)d_{n-1}-\alpha\beta d_{n-2} \tag{1.6.3}$$

于是有递推关系式

$$d_n-\beta d_{n-1}=\alpha(d_{n-1}-\beta d_{n-2}) \tag{1.6.4}$$

递推得到

$$d_n-\beta d_{n-1}=\alpha^{n-3}(d_3-\beta d_2)=\alpha^n \tag{1.6.5}$$

进而有关系式

$$d_n-\beta d_{n-1}=\alpha^n \tag{1.6.6}$$

利用 α 与 β 的对称性有

$$d_n-\alpha d_{n-1}=\beta^n \tag{1.6.7}$$

若 $\alpha=\beta$，则由式(1.6.6)递推得到

$$d_n=\alpha^n+\alpha d_{n-1}=(n+1)\alpha^n \tag{1.6.8}$$

若 $\alpha\neq\beta$，则由式(1.6.6)、式(1.6.7)解得

$$d_n=\frac{\alpha^{n+1}-\beta^{n+1}}{\alpha-\beta}$$

一般地，对形如

$$d_n=\begin{vmatrix}\alpha&\beta&0&0&\cdots&0&0\\\gamma&\alpha&\beta&0&\cdots&0&0\\0&\gamma&\alpha&\beta&\cdots&0&0\\0&0&\gamma&\alpha&\cdots&0&0\\&&\vdots&\vdots&&\vdots&\\0&0&0&0&\cdots&\alpha&\beta\\0&0&0&0&\cdots&\gamma&\alpha\end{vmatrix}\tag{1.6.9}$$

的三对角行列式,可求得如下递推关系式:

$$d_n=\alpha d_{n-1}-\beta\gamma d_{n-2}\tag{1.6.10}$$

取 a 与 b 是一元二次方程 $x^2-\alpha x+\beta\gamma=0$ 的两个根,则必有

$$a+b=\alpha,\quad ab=\beta\gamma\tag{1.6.11}$$

从而有

$$d_n=(a+b)d_{n-1}-abd_{n-2}\tag{1.6.12}$$

故

$$d_n=\begin{cases}\dfrac{a^{n+1}-b^{n+1}}{a-b}&(a\neq b)\\(n+1)a^n&(a=b)\end{cases}\tag{1.6.13}$$

【例 1.6.3】 计算 n 级行列式

$$d_n=\begin{vmatrix}7&5&0&\cdots&0&0\\2&7&5&\cdots&0&0\\0&2&7&\cdots&0&0\\&\vdots&\vdots&&\vdots&\\0&0&0&\cdots&7&5\\0&0&0&\cdots&2&7\end{vmatrix}$$

解 将 d_n 依第一行展开,可以得到关系式

$$d_n=7d_{n-1}-10d_{n-2}\tag{1.6.14}$$

解一元二次方程

$$x^2-7x+10=0\tag{1.6.15}$$

求得两个不同的根 $a=2,b=5$,于是利用(1.6.13)式有

$$d_n=\frac{2^{n+1}-5^{n+1}}{2-5}=\frac{5^{n+1}-2^{n+1}}{3}$$

1.6.3 乘法法则

下面介绍两个行列式乘法法则,并举出通过乘法法则进行行列式计算的例子.

定理 1.6.1(乘法法则)

$$\begin{vmatrix}a_{11}&a_{12}&\cdots&a_{1n}\\a_{21}&a_{22}&\cdots&a_{2n}\\\vdots&\vdots&&\vdots\\a_{n1}&a_{n2}&\cdots&a_{nn}\end{vmatrix}\begin{vmatrix}b_{11}&b_{12}&\cdots&b_{1n}\\b_{21}&b_{22}&\cdots&b_{2n}\\\vdots&\vdots&&\vdots\\b_{n1}&b_{n2}&\cdots&b_{nn}\end{vmatrix}=\begin{vmatrix}c_{11}&c_{12}&\cdots&c_{1n}\\c_{21}&c_{22}&\cdots&c_{2n}\\\vdots&\vdots&&\vdots\\c_{n1}&c_{n2}&\cdots&c_{nn}\end{vmatrix}\tag{1.6.16}$$

其中

$$c_{ij}=a_{i1}b_{1j}+a_{i2}b_{2j}+\cdots+a_{in}b_{nj},\quad 1\leqslant i,j\leqslant n$$

证明略.

【例 1.6.4】 计算 $n(n>2)$级行列式

$$d_n=\begin{vmatrix}\cos(\alpha_1-\beta_1) & \cos(\alpha_1-\beta_2) & \cdots & \cos(\alpha_1-\beta_n)\\ \cos(\alpha_2-\beta_1) & \cos(\alpha_2-\beta_2) & \cdots & \cos(\alpha_2-\beta_n)\\ \vdots & \vdots & & \vdots\\ \cos(\alpha_n-\beta_1) & \cos(\alpha_n-\beta_2) & \cdots & \cos(\alpha_n-\beta_n)\end{vmatrix}$$

解　利用乘法法则有

$$d_n=\begin{vmatrix}\cos(\alpha_1-\beta_1) & \cos(\alpha_1-\beta_2) & \cdots & \cos(\alpha_1-\beta_n)\\ \cos(\alpha_2-\beta_1) & \cos(\alpha_2-\beta_2) & \cdots & \cos(\alpha_2-\beta_n)\\ \vdots & \vdots & & \vdots\\ \cos(\alpha_n-\beta_1) & \cos(\alpha_n-\beta_2) & \cdots & \cos(\alpha_n-\beta_n)\end{vmatrix}$$

$$=\begin{vmatrix}\cos\alpha_1 & \sin\alpha_1 & 0 & \cdots & 0\\ \cos\alpha_2 & \sin\alpha_2 & 0 & \cdots & 0\\ \vdots & \vdots & \vdots & & \vdots\\ \cos\alpha_n & \sin\alpha_n & 0 & \cdots & 0\end{vmatrix}\cdot\begin{vmatrix}\cos\beta_1 & \cos\beta_2 & \cdots & \cos\beta_n\\ \sin\beta_1 & \sin\beta_2 & \cdots & \sin\beta_n\\ 0 & 0 & & 0\\ \vdots & \vdots & \vdots & \vdots\\ 0 & 0 & 0 & 0\end{vmatrix}$$

$$=0(n>2)$$

【例 1.6.5】 计算四阶行列式

$$D=\begin{vmatrix}a & b & c & d\\ -b & a & -d & c\\ -c & d & a & -b\\ -d & -c & b & a\end{vmatrix}$$

这里 a,b,c,d 是不全为零的实数.

解　由于行列式与其转置行列式相等,所以

$$D^2=DD^{\mathrm{T}}$$

利用行列式乘法法则,有

$$DD^{\mathrm{T}}=\begin{vmatrix}a & b & c & d\\ -b & a & -d & c\\ -c & d & a & -b\\ -d & -c & b & a\end{vmatrix}\cdot\begin{vmatrix}a & -b & -c & -d\\ b & a & d & -c\\ c & -d & a & b\\ d & c & -b & a\end{vmatrix}$$

$$=\begin{vmatrix}a^2+b^2+c^2+d^2 & 0 & 0 & 0\\ 0 & a^2+b^2+c^2+d^2 & 0 & 0\\ 0 & 0 & a^2+b^2+c^2+d^2 & 0\\ 0 & 0 & 0 & a^2+b^2+c^2+d^2\end{vmatrix}$$

$$=(a^2+b^2+c^2+d^2)^4$$

于是

$$D^2=(a^2+b^2+c^2+d^2)^4$$

由于 a^4 前应是正号(为什么? 请读者思考),故 $D=(a^2+b^2+c^2+d^2)^2$.

1.7 克莱姆法则

作为行列式的应用,这节介绍克莱姆法则.与第一节里二、三元线性方程组相类似,含有 n 个未知量 $x_1,x_2,\cdots,x_n$,n 个方程的线性方程组

$$\begin{cases}a_{11}x_1+a_{12}x_2+\cdots+a_{1n}x_n=b_1\\a_{21}x_1+a_{22}x_2+\cdots+a_{2n}x_n=b_2\\\qquad\vdots\\a_{n1}x_1+a_{n2}x_2+\cdots+a_{nn}x_n=b_n\end{cases}$$

它的解可以用行列式表示.

定理 1.7.1(克莱姆法则) 如果线性方程组

$$\begin{cases}a_{11}x_1+a_{12}x_2+\cdots+a_{1n}x_n=b_1\\a_{21}x_1+a_{22}x_2+\cdots+a_{2n}x_n=b_2\\\qquad\vdots\\a_{n1}x_1+a_{n2}x_2+\cdots+a_{nn}x_n=b_n\end{cases}\tag{1.7.1}$$

的系数行列式

$$d=\begin{vmatrix}a_{11}&a_{12}&\cdots&a_{1n}\\a_{21}&a_{22}&\cdots&a_{2n}\\\vdots&\vdots&&\vdots\\a_{n1}&a_{n2}&\cdots&a_{nn}\end{vmatrix}$$

不为零,那么线性方程组(1.7.1)有解,并且解是唯一的

$$x_1=\frac{d_1}{d},\quad x_2=\frac{d_2}{d},\quad\cdots,\quad x_n=\frac{d_n}{d}\tag{1.7.2}$$

这里 $d_j(j=1,2,\cdots,n)$是把 d 中第 j 列换成方程组的常数项 $b_1,b_2,\cdots,b_n$ 所成的行列式,即

$$d_j=\begin{vmatrix}a_{11}&\cdots&a_{1j-1}&b_1&a_{1j+1}&\cdots&a_{1n}\\a_{21}&\cdots&a_{2j-1}&b_2&a_{2j+1}&\cdots&a_{2n}\\\vdots&&\vdots&\vdots&\vdots&&\vdots\\a_{n1}&\cdots&a_{nj-1}&b_n&a_{nj+1}&\cdots&a_{nn}\end{vmatrix}\tag{1.7.3}$$

证明 首先证明(1.7.2)是线性方程组(1.7.1)的解.

把(1.7.3)中的 d_j 依第 j 列展开,有

$$d_j=b_1A_{1j}+b_2A_{2j}+\cdots+b_nA_{nj}\quad(j=1,2,\cdots,n)\tag{1.7.4}$$

将(1.7.2)代入线性方程组(1.7.1)的第一个方程的左端,有

$$a_{11}\frac{d_1}{d}+a_{12}\frac{d_2}{d}+\cdots+a_{1n}\frac{d_n}{d}\tag{1.7.5}$$

利用式(1.7.4),则式(1.7.5)可写为

$$\begin{aligned}&\frac{1}{d}(a_{11}d_1+a_{12}d_2+\cdots+a_{1n}d_n)\\=&\frac{1}{d}[a_{11}(b_1A_{11}+b_2A_{21}+\cdots+b_nA_{n1})\\&+a_{12}(b_1A_{12}+b_2A_{22}+\cdots+b_nA_{n2})\\&+\cdots\\&+a_{1n}(b_1A_{1n}+b_2A_{2n}+\cdots+b_nA_{nn})]\end{aligned}$$

合并含有 $b_1,b_2,\cdots,b_n$ 的项,(1.7.5)可改写为

$$\begin{aligned}&\frac{1}{d}[b_1(a_{11}A_{11}+a_{12}A_{12}+\cdots+a_{1n}A_{1n})\\&+b_2(a_{11}A_{21}+a_{12}A_{22}+\cdots+a_{1n}A_{2n})\\&+\cdots\\&+b_n(a_{11}A_{n1}+a_{12}A_{n2}+\cdots+a_{1n}A_{nn})]\end{aligned}$$

根据定理1.5.1和定理1.5.2或其推论得(1.7.1)的第一个方程的左端为

$$\frac{1}{d}(b_1\cdot d+b_2\cdot 0+\cdots+b_n\cdot 0)=b_1$$

可见(1.7.2)满足(1.7.1)的第一个方程.同理可证(1.7.2)满足(1.7.1)的其他各个方程.

下面证明解的唯一性.

设 $c_1,c_2,\cdots,c_n$ 是方程组(1.7.1)的任一解,代入可得

$$\begin{cases}a_{11}c_1+a_{12}c_2+\cdots+a_{1n}c_n=b_1\\a_{21}c_1+a_{22}c_2+\cdots+a_{2n}c_n=b_2\\\qquad\vdots\\a_{n1}c_1+a_{n2}c_2+\cdots+a_{nn}c_n=b_n\end{cases}\tag{1.7.6}$$

用 $A_{11},A_{21},\cdots,A_{n1}$ 分别乘(1.7.6)的第 $1,2,\cdots,n$ 个等式,然后将 n 个等式相加可得

$$\begin{aligned}&c_1(a_{11}A_{11}+a_{21}A_{21}+\cdots+a_{n1}A_{n1})\\&+c_2(a_{12}A_{11}+a_{22}A_{21}+\cdots+a_{n2}A_{n1})\\&+\cdots\\&+c_n(a_{1n}A_{11}+a_{2n}A_{21}+\cdots+a_{nn}A_{n1})\\=&b_1A_{11}+b_2A_{21}+\cdots+b_nA_{n1}\end{aligned}$$

利用等式(1.7.4)及定理1.5.1和定理1.5.2或推论1.5.1上式可化简为

$$c_1d+c_2\cdot 0+\cdots+c_n\cdot 0=d_1$$

即得

$$c_1=\frac{d_1}{d}$$

同理可知

$$c_2=\frac{d_2}{d},\cdots,c_n=\frac{d_n}{d}$$

至此,唯一性获证.

【例 1.7.1】 解线性方程组

$$\begin{cases}2x_1+x_2-5x_3+x_4=8\\ x_1-3x_2\qquad-6x_4=9\\ \qquad 2x_2-x_3+2x_4=-5\\ x_1+4x_2-7x_3+6x_4=0\end{cases}$$

解 由于方程组的系数行列式

$$d=\begin{vmatrix}2&1&-5&1\\1&-3&0&-6\\0&2&-1&2\\1&4&-7&6\end{vmatrix}=27\neq 0$$

又

$$d_1=\begin{vmatrix}8&1&-5&1\\9&-3&0&-6\\-5&2&-1&2\\0&4&-7&6\end{vmatrix}=81$$

$$d_2=\begin{vmatrix}2&8&-5&1\\1&9&0&-6\\0&-5&-1&2\\1&0&-7&6\end{vmatrix}=-108$$

$$d_3=\begin{vmatrix}2&1&8&1\\1&-3&9&-6\\0&2&-5&2\\1&4&0&6\end{vmatrix}=-27$$

$$d_4=\begin{vmatrix}2&1&-5&8\\1&-3&0&9\\0&2&-1&-5\\1&4&-7&0\end{vmatrix}=27$$

利用克莱姆法则知方程组有唯一解

$$x_1=\frac{d_1}{d}=3,\quad x_2=\frac{d_2}{d}=-4,\quad x_3=\frac{d_3}{d}=-1,\quad x_4=\frac{d_4}{d}=1$$

【例 1.7.2】 设 $d=\det(a_{ij})\neq 0$，证明线性方程组

$$\begin{cases}A_{11}x_1+A_{12}x_2+\cdots A_{1n}x_n=b_1\\ A_{21}x_1+A_{22}x_2+\cdots A_{2n}x_n=b_2\\ \qquad\vdots\\ A_{n1}x_1+A_{n2}x_2+\cdots A_{nn}x_n=b_n\end{cases}\tag{1.7.7}$$

有唯一解，其中 A_{ij} 为 d 中元素 a_{ij} 的代数余子式.

证明 由 $d=\det(a_{ij})\neq 0$ 及

$$\begin{vmatrix} a_{11} & a_{12} & \cdots & a_{1n} \\ a_{21} & a_{22} & \cdots & a_{2n} \\ \vdots & \vdots & & \vdots \\ a_{n1} & a_{n2} & \cdots & a_{nn} \end{vmatrix} \cdot \begin{vmatrix} A_{11} & A_{21} & \cdots & A_{n1} \\ A_{12} & A_{22} & \cdots & A_{n2} \\ \vdots & \vdots & & \vdots \\ A_{1n} & A_{2n} & \cdots & A_{nn} \end{vmatrix} = \begin{vmatrix} d & 0 & \cdots & 0 \\ 0 & d & \cdots & 0 \\ \vdots & \vdots & & \vdots \\ 0 & 0 & \cdots & d \end{vmatrix} = d^n$$

可得

$$\begin{vmatrix} A_{11} & A_{12} & \cdots & A_{1n} \\ A_{21} & A_{22} & \cdots & A_{2n} \\ \vdots & \vdots & & \vdots \\ A_{n1} & A_{n2} & \cdots & A_{nn} \end{vmatrix} = d^{n-1} \neq 0$$

即线性方程组(1.7.7)的系数行列式不等于零,从而结论成立.

利用克莱姆法则,下面定理1.7.2是显然的.

定理1.7.2 如果齐次线性方程组

$$\begin{cases} a_{11}x_1 + a_{12}x_2 + \cdots + a_{1n}x_n = 0 \\ a_{21}x_1 + a_{22}x_2 + \cdots + a_{2n}x_n = 0 \\ \qquad\vdots \\ a_{n1}x_1 + a_{n2}x_2 + \cdots + a_{nn}x_n = 0 \end{cases} \tag{1.7.8}$$

的系数行列式 $d \neq 0$,那么它只有零解.

【例1.7.3】 求 λ 在什么条件下,齐次线性方程组

$$\begin{cases} \lambda x_1 + x_2 = 0 \\ x_1 + \lambda x_2 = 0 \end{cases} \tag{1.7.9}$$

有非零解.

解 利用定理1.7.2,要使齐次线性方程组有非零解,必需它的系数行列式为零,即

$$\begin{vmatrix} \lambda & 1 \\ 1 & \lambda \end{vmatrix} = 0$$

于是 $\lambda^2 - 1 = 0$,求得 $\lambda = \pm 1$.不难验证,当 $\lambda = \pm 1$ 时,方程组确有非零解.

习 题 一

1. 计算下列二阶行列式.

(1) $\begin{vmatrix} 5 & 4 \\ 3 & 2 \end{vmatrix}$ (2) $\begin{vmatrix} 3 & 6 \\ -1 & 2 \end{vmatrix}$

(3) $\begin{vmatrix} \cos x & -\sin x \\ \sin x & \cos x \end{vmatrix}$ (4) $\begin{vmatrix} x-1 & x^3 \\ 1 & x^2+x+1 \end{vmatrix}$

2. 计算下列三阶行列式.

(1) $\begin{vmatrix} 2 & 1 & 3 \\ 3 & -2 & -1 \\ 1 & 4 & 3 \end{vmatrix}$ (2) $\begin{vmatrix} 0 & a & 0 \\ b & 0 & c \\ 0 & d & 0 \end{vmatrix}$ (3) $\begin{vmatrix} x_1 & x_2 & 0 \\ y_1 & y_2 & 0 \\ 0 & 0 & z \end{vmatrix}$

(4) $\begin{vmatrix} 1 & 4 & 7 \\ 8 & 2 & 5 \\ 9 & 6 & 3 \end{vmatrix}$ (5) $\begin{vmatrix} 0 & 1 & 1 \\ -1 & 0 & -1 \\ 1 & 1 & 0 \end{vmatrix}$

3. 决定以下排列的反序数,从而决定它们的奇偶性.

(1) 134782695 (2) 217986354 (3) 987654321

4. 如果排列 $x_1x_2\cdots x_{n-1}x_n$ 的反序数为 k,排列 $x_nx_{n-1}\cdots x_2x_1$ 的反序数是多少?

5. 写出 4 阶行列式中所有带有负号并且包含因子 a_{23} 的项.

6. 用定义计算行列式.

(1) $\begin{vmatrix} 0 & 0 & 1 & 0 \\ 0 & 2 & 0 & 3 \\ 3 & 0 & 5 & 0 \\ 7 & 6 & 10 & 4 \end{vmatrix}$ (2) $\begin{vmatrix} -1 & 2 & -2 & 1 \\ 2 & 3 & 1 & -1 \\ 2 & 0 & 0 & 3 \\ 4 & 1 & 0 & 1 \end{vmatrix}$

(3) $\begin{vmatrix} 0 & 0 & 0 & 1 & 0 \\ 0 & 0 & 2 & 0 & 0 \\ 0 & 3 & 0 & 0 & 0 \\ 4 & 0 & 0 & 0 & 0 \\ 0 & 0 & 0 & 0 & 5 \end{vmatrix}$ (4) $\begin{vmatrix} a & 1 & 0 & 0 \\ -1 & b & 1 & 0 \\ 0 & -1 & c & 1 \\ 0 & 0 & -1 & d \end{vmatrix}$

(5) $\begin{vmatrix} 0 & 1 & 0 & \cdots & 0 \\ 0 & 0 & 2 & \cdots & 0 \\ \vdots & \vdots & \vdots & & \vdots \\ 0 & 0 & 0 & \cdots & n-1 \\ n & 0 & 0 & \cdots & 0 \end{vmatrix}$ (6) $\begin{vmatrix} 0 & \cdots & 0 & 1 & 0 \\ 0 & \cdots & 2 & 0 & 0 \\ \vdots & & \vdots & \vdots & \vdots \\ n-1 & \cdots & 0 & 0 & 0 \\ 0 & \cdots & 0 & 0 & n \end{vmatrix}$

7. 计算下列行列式.

(1) $\begin{vmatrix} 246 & 427 & 327 \\ 1014 & 543 & 443 \\ -342 & 721 & 621 \end{vmatrix}$ (2) $\begin{vmatrix} x & y & x+y \\ y & x+y & x \\ x+y & x & y \end{vmatrix}$

(3) $\begin{vmatrix} 1 & 2 & 3 & 4 \\ 2 & 3 & 4 & 1 \\ 3 & 4 & 1 & 2 \\ 4 & 1 & 2 & 3 \end{vmatrix}$ (4) $\begin{vmatrix} 1+x & 1 & 1 & 1 \\ 1 & 1-x & 1 & 1 \\ 1 & 1 & 1+y & 1 \\ 1 & 1 & 1 & 1-y \end{vmatrix}$

(5) $\begin{vmatrix} a^2 & (a+1)^2 & (a+2)^2 & (a+3)^2 \\ b^2 & (b+1)^2 & (b+2)^2 & (b+3)^2 \\ c^2 & (c+1)^2 & (c+2)^2 & (c+3)^2 \\ d^2 & (d+1)^2 & (d+2)^2 & (d+3)^2 \end{vmatrix}$ (6) $\begin{vmatrix} 3 & 0 & -1 & -1 \\ 2 & -1 & 0 & 5 \\ -1 & 4 & 1 & -2 \\ 0 & 3 & -2 & 0 \end{vmatrix}$

(7) $\begin{vmatrix} 7 & 3 & 2 & 6 \\ 8 & -9 & 4 & 9 \\ 7 & -2 & 7 & 3 \\ 5 & -3 & 3 & 4 \end{vmatrix}$

8. 计算下列 n 阶行列式.

(1) $\begin{vmatrix} 1 & 1 & 1 & \cdots & 1 \\ 1 & 2 & 0 & \cdots & 0 \\ 1 & 0 & 3 & \cdots & 0 \\ \vdots & \vdots & \vdots & & \vdots \\ 1 & 0 & 0 & \cdots & n \end{vmatrix}$　　(2) $\begin{vmatrix} 1 & 2 & 2 & \cdots & 2 \\ 2 & 2 & 2 & \cdots & 2 \\ 2 & 2 & 3 & \cdots & 2 \\ \vdots & \vdots & \vdots & & \vdots \\ 2 & 2 & 2 & \cdots & n \end{vmatrix}$

(3) $\begin{vmatrix} x-a & a & a & \cdots & a \\ a & x-a & a & \cdots & a \\ a & a & x-a & \cdots & a \\ \vdots & \vdots & \vdots & & \vdots \\ a & a & a & \cdots & x-a \end{vmatrix}$　　(4) $\begin{vmatrix} 7 & 4 & 0 & \cdots & 0 & 0 \\ 3 & 7 & 4 & \cdots & 0 & 0 \\ 0 & 3 & 7 & \cdots & 0 & 0 \\ \vdots & \vdots & \vdots & & \vdots & \vdots \\ 0 & 0 & 0 & \cdots & 7 & 4 \\ 0 & 0 & 0 & \cdots & 3 & 7 \end{vmatrix}$

9. 证明下列行列式.

(1) $\begin{vmatrix} b+c & c+a & a+b \\ b_1+c_1 & c_1+a_1 & a_1+b_1 \\ b_2+c_2 & c_2+a_2 & a_2+b_2 \end{vmatrix}=2\begin{vmatrix} a & b & c \\ a_1 & b_1 & c_1 \\ a_2 & b_2 & c_2 \end{vmatrix}$

(2) $\begin{vmatrix} 0 & x & y & z \\ x & 0 & z & y \\ y & z & 0 & x \\ z & y & x & 0 \end{vmatrix}=\begin{vmatrix} 0 & 1 & 1 & 1 \\ 1 & 0 & z^2 & y^2 \\ 1 & z^2 & 0 & x^2 \\ 1 & y^2 & x^2 & 0 \end{vmatrix}(xyz\neq 0)$

(3) $\begin{vmatrix} \cos\alpha & 1 & 0 & \cdots & 0 & 0 \\ 1 & 2\cos\alpha & 1 & \cdots & 0 & 0 \\ 0 & 1 & 2\cos\alpha & \cdots & 0 & 0 \\ \vdots & \vdots & \vdots & & \vdots & \vdots \\ 0 & 0 & 0 & \cdots & 1 & 2\cos\alpha \end{vmatrix}=\cos n\alpha$

10. 用克莱姆法则解下列方程组.

(1) $\begin{cases} 2x_1-x_2-x_3=4 \\ 3x_1+4x_2-2x_3=11 \\ 3x_1-2x_2+4x_3=11 \end{cases}$　　(2) $\begin{cases} x_1+x_2+x_3=5 \\ 2x_1+x_2-x_3+x_4=1 \\ x_1+2x_2-x_3+x_4=2 \\ x_1+2x_3+3x_4=3 \end{cases}$

(3) $\begin{cases} x_1+2x_2+3x_3-2x_4=6 \\ 2x_1-x_2-2x_3-3x_4=8 \\ 3x_1+2x_2-x_3+2x_4=4 \\ 2x_1-3x_2+2x_3+x_4=-8 \end{cases}$　　(4) $\begin{cases} x_1+4x_2+x_3+14x_4=-2 \\ x_1+x_2+x_3+x_4=5 \\ x_1+2x_2-x_3+4x_4=-2 \\ 2x_1+x_2-x_3-x_4=2 \end{cases}$

11. 当 λ 为何值时,方程组

$$\begin{cases} \lambda x_1+x_2+x_3=0 \\ x_1-2x_2+x_3=0 \\ x_1-x_2+\lambda x_3=0 \end{cases}$$

可能存在非零解?

第 2 章　线性方程组

n 元线性方程组的一般形式为

$$\begin{cases} a_{11}x_1 + a_{12}x_2 + \cdots + a_{1n}x_n = b_1 \\ a_{21}x_1 + a_{22}x_2 + \cdots + a_{2n}x_n = b_2 \\ \qquad\qquad\vdots \\ a_{m1}x_1 + a_{m2}x_2 + \cdots + a_{mn}x_n = b_m \end{cases} \tag{2.0.1}$$

其中 $x_1, x_2, \cdots, x_n$ 代表未知量，$a_{ij}(1\leqslant i\leqslant m, 1\leqslant j\leqslant n)$称为方程组的系数，$b_1, b_2, \cdots, b_m$ 称为常数项.

若常数项 $b_1, b_2, \cdots, b_n$ 不全为 0，称式(2.0.1)为非齐次线性方程组.

若常数项 $b_1, b_2, \cdots, b_n$ 全为 0，即

$$\begin{cases} a_{11}x_1 + a_{12}x_2 + \cdots + a_{1n}x_n = 0 \\ a_{21}x_1 + a_{22}x_2 + \cdots + a_{2n}x_n = 0 \\ \qquad\qquad\vdots \\ a_{m1}x_1 + a_{m2}x_2 + \cdots + a_{mn}x_n = 0 \end{cases} \tag{2.0.2}$$

称式(2.0.2)为齐次线性方程组.

当 $x_1=c_1, x_2=c_2, \cdots, x_n=c_n$ 时，线性方程组(2.0.1)成立，则称$(c_1, c_2, \cdots, c_n)$为该方程组的解向量.

$x_1=0, x_2=0, \cdots, x_n=0$ 显然是 n 元齐次线性方程组(2.0.2)的解，因此 n 元齐次线性方程组(2.0.2)肯定有零解(0,0,…,0). 若齐次线性方程组(2.0.2)有非零解$(c_1, c_2, \cdots, c_n)$，那么对任意数 k，有$(kc_1, kc_2, \cdots, kc_n)$都是齐次线性方程组(2.0.2)的解，于是该方程组有无穷多个解. 这就是说，齐次线性方程组仅有零解和无穷多解两种情况.

2.1　消　元　法

中学代数曾学过消元法解 2 元和 3 元线性方程组. 先看一个例子.

【例 2.1.1】 解线性方程组

$$\begin{cases} 2x_1 - x_2 + 3x_3 = 1 \\ 4x_1 + 2x_2 + 5x_3 = 4 \\ 2x_1 \qquad\; + 2x_3 = 6 \end{cases}$$

解 采用消元法并且把解法过程与线性方程组相应系数及常数项的变化过程进行对照.

消元法过程	相应系数组成表变化过程
$\begin{cases}2x_1-x_2+3x_3=1\\4x_1+2x_2+5x_3=4\\2x_1+2x_3=6\end{cases}$	$\begin{pmatrix}2&-1&3&1\\4&2&5&4\\2&0&2&6\end{pmatrix}$
-2 乘第一个方程加到第二个方程与 -1 乘第一个方程加到第三个方程，得	-2 乘第一行加到第二行与 -1 乘第一行加到第 3 行，得
$\begin{cases}2x_1-x_2+3x_3=1\\4x_2-x_3=2\\x_2-x_3=5\end{cases}$	$\begin{pmatrix}2&-1&3&1\\0&4&-1&2\\0&1&-1&5\end{pmatrix}$
互换第二个方程与第三个方程，得	互换第二行与第三行，得
$\begin{cases}2x_1-x_2+3x_3=1\\x_2-x_3=5\\4x_2-x_3=2\end{cases}$	$\begin{pmatrix}2&-1&3&1\\0&1&-1&5\\0&4&-1&2\end{pmatrix}$
-4 乘第二个方程加到第三个方程，得	-4 乘第二行加到第三行，得
$\begin{cases}2x_1-x_2+3x_3=1\\x_2-x_3=5\\3x_3=-18\end{cases}$	$\begin{pmatrix}2&-1&3&1\\0&1&-1&5\\0&0&3&-18\end{pmatrix}$
$\frac{1}{3}$ 乘第三个方程，得	$\frac{1}{3}$ 乘第三行，得
$\begin{cases}2x_1-x_2+3x_3=1\\x_2-x_3=5\\x_3=-6\end{cases}$	$\begin{pmatrix}2&-1&3&1\\0&1&-1&5\\0&0&1&-6\end{pmatrix}$
-3 乘第三个方程加到第一个方程与 1 乘第三个方程加到第二个方程，得	-3 乘第三行加到第一行与 1 乘第三行加到第二行，得
$\begin{cases}2x_1-x_2=19\\x_2=-1\\x_3=-6\end{cases}$	$\begin{pmatrix}2&-1&0&19\\0&1&0&-1\\0&0&1&-6\end{pmatrix}$
1 乘第二个方程加到第一个方程，得	1 乘第二行加到第一行，得
$\begin{cases}2x_1=18\\x_2=-1\\x_3=-6\end{cases}$	$\begin{pmatrix}2&0&0&18\\0&1&0&-1\\0&0&1&-6\end{pmatrix}$
$\frac{1}{2}$ 乘第一个方程，得	$\frac{1}{2}$ 乘第一行，得
$\begin{cases}x_1=9\\x_2=-1\\x_3=-6\end{cases}$	$\begin{pmatrix}1&0&0&9\\0&1&0&-1\\0&0&1&-6\end{pmatrix}$

最后得原方程组的解为 $x_1=9,x_2=-1,x_3=-6$，即 $(9,-1,-6)$ 是原方程组的解向

量,它正是由右边表最后一列元素组成.

分析一下消元法,不难发现,用消元法解线性方程组实质上是反复对方程组施行如下三种变换:

(1) 用一个非零数乘某一个方程两端,称为倍法变换.

(2) 用一个数乘某一个方程两端加到另一个方程上去,称为消法变换.

(3) 互换两个方程的位置,称为换法变换.

这三种变换统称为线性方程组的初等变换.

消元的过程就是对方程组反复施行初等变换的过程,这主要是基于下面的事实.

引理 2.1.1 线性方程组初等变换总是将方程组化为同解的方程组.

证明 仅就消法变换加以证明,其他两种变换情形,读者可以仿照证明.

设线性方程组

$$\begin{cases} a_{11}x_1+a_{12}x_2+\cdots+a_{1n}x_n=b_1 \\ \qquad\vdots \\ a_{i1}x_1+a_{i2}x_2+\cdots+a_{in}x_n=b_i \\ \qquad\vdots \\ a_{j1}x_1+a_{j2}x_2+\cdots+a_{jn}x_n=b_j \\ \qquad\vdots \\ a_{m1}x_1+a_{m2}x_2+\cdots+a_{mn}x_n=b_m \end{cases} \tag{2.1.1}$$

施行消法变换,将第 i 个方程两端乘以 k 加到第 j 个方程,可得线性方程组

$$\begin{cases} a_{11}x_1+a_{12}x_2+\cdots+a_{1n}x_n=b_1 \\ \qquad\vdots \\ a_{i1}x_1+a_{i2}x_2+\cdots+a_{in}x_n=b_i \\ \qquad\vdots \\ (ka_{i1}+a_{j1})x_1+(ka_{i2}+a_{j2})x_2+\cdots+(ka_{in}+a_{jn})x_n=(kb_i+b_j) \\ \qquad\vdots \\ a_{m1}x_1+a_{m2}x_2+\cdots+a_{mn}x_n=b_m \end{cases} \tag{2.1.2}$$

为了证明线性方程组(2.1.1)与线性方程组(2.1.2)同解,只需证明线性方程组(2.1.1)的任一解都是线性方程组(2.1.2)的解,反之线性方程组(2.1.2)的任一解也是线性方程组(2.1.1)的解.

线性方程组(2.1.1)与线性方程组(2.1.2)的差别仅在第 j 个方程,若线性方程组(2.1.1)的任一解为$(c_1,c_2,\cdots,c_n)$,把它代入式(2.1.2)的第 j 个方程左端,得

$$\begin{aligned} &(ka_{i1}+a_{j1})c_1+(ka_{i2}+a_{j2})c_2+\cdots+(ka_{in}+a_{jn})c_n \\ =&k(a_{i1}c_1+a_{i2}c_2+\cdots+a_{in}c_n)+(a_{j1}c_1+a_{j2}c_2+\cdots+a_{jn}c_n) \end{aligned} \tag{2.1.3}$$

由于$(c_1,c_2,\cdots,c_n)$是式(2.1.1)的解,所以

$$a_{i1}c_1+a_{i2}c_2+\cdots+a_{in}c_n=b_i$$
$$a_{j1}c_1+a_{j2}c_2+\cdots+a_{jn}c_n=b_j$$

代入式(2.1.3)得

$$(ka_{i1}+a_{j1})c_1+(ka_{i2}+a_{j2})c_2+\cdots+(ka_{in}+a_{jn})c_n=kb_i+b_j$$

故$(c_1,c_2,\cdots,c_n)$是(2.1.2)的解.

因为将线性方程组(2.1.2)的第 i 个方程两端乘以$-k$ 加到第 j 个方程,可得线性方程组(2.1.1)的第 j 个方程,所以根据上面已经证明的事实可知(2.1.2)的任一解也是(2.1.1)的解. 这就证明了线性方程组(2.1.1)与(2.1.2)同解.

从例 2.1.1 可以看出,对方程组进行初等变换,实际上只对方程组的系数和常数进行运算,未知量并未参与运算. 如果把线性方程组的系数和常数项按它们相对位置排成一个表

$$\begin{pmatrix} 2 & -1 & 3 & 1 \\ 4 & 2 & 5 & 4 \\ 2 & 0 & 2 & 6 \end{pmatrix}$$

那么线性方程组的初等变换过程相当于对这个表作相应的变换,为了方便,我们把这个表称为矩阵.

定义 2.1.1　由 $m\times n$ 个数 $a_{ij}(i=1,2,\cdots,m;j=1,2,\cdots,n)$排成的表

$$\begin{pmatrix} a_{11} & a_{12} & \cdots & a_{1n} \\ a_{21} & a_{22} & \cdots & a_{2n} \\ \vdots & \vdots & & \vdots \\ a_{m1} & a_{m2} & \cdots & a_{mn} \end{pmatrix}$$

称为一个 m 行 n 列矩阵,简称 $m\times n$ 矩阵. 矩阵中横排叫行,纵排叫列,a_{ij} 称为矩阵的(i,j)元素$(i=1,2,\cdots,m;j=1,2,\cdots,n)$.

矩阵常用大写的拉丁字母 $\boldsymbol{A},\boldsymbol{B},\boldsymbol{C},\cdots$表示,有时为了明确起见,$m$ 行 n 列矩阵 $\boldsymbol{A}$ 写成 $\boldsymbol{A}_{m\times n}$. 当 $\boldsymbol{A}$ 的元素为 $a_{ij}(i=1,2,\cdots,m;j=1,2,\cdots,n)$时,可写成 $\boldsymbol{A}=(a_{ij})$或 $\boldsymbol{A}=(a_{ij})_{m\times n}$.

元素全为零的矩阵叫做零矩阵;若两矩阵有相同的行数和列数,且对应位置元素相等,则称这两个矩阵相等;行数与列数都等于 n 的矩阵称为 n 阶矩阵或 n 阶方阵;若 $\boldsymbol{A}$ 是一个 n 阶方阵,则$|\boldsymbol{A}|$称为矩阵 $\boldsymbol{A}$ 的行列式.

相应于线性方程组的初等变换,我们引入矩阵的初等变换.

定义 2.1.2　矩阵的行(列)初等变换指的是下列三种变换:

(1) 倍法变换:用一个非零数乘矩阵某一行(列).

(2) 消法变换:用一个数乘矩阵的某一行(列)加到另一行(列)上去.

(3) 换法变换:互换矩阵中两行(列)的位置.

矩阵的行初等变换与列初等变换统称为矩阵的初等变换.

对线性方程组(2.1.1),记

$$\boldsymbol{A}=\begin{pmatrix} a_{11} & a_{12} & \cdots & a_{1n} \\ a_{21} & a_{22} & \cdots & a_{2n} \\ \vdots & \vdots & & \vdots \\ a_{m1} & a_{m2} & \cdots & a_{mn} \end{pmatrix}\quad \overline{\boldsymbol{A}}=\begin{pmatrix} a_{11} & a_{12} & \cdots & a_{1n} & b_1 \\ a_{21} & a_{22} & \cdots & a_{2n} & b_2 \\ \vdots & \vdots & & \vdots & \vdots \\ a_{m1} & a_{m2} & \cdots & a_{mn} & b_m \end{pmatrix}$$

则 $\boldsymbol{A}$ 和 $\overline{\boldsymbol{A}}$ 分别称为线性方程组(2.1.1)的**系数矩阵**和**增广矩阵**. 对非齐次线性方程组(2.1.1)作初等变换,实质上就是对它的系数矩阵和增广矩阵进行相应的初等变换.

根据引理 2.1.1,可得下面结论.

定理 2.1.1 若对线性方程组(2.1.1)的增广矩阵 $\bar{A}$ 作行初等变换，将 $\bar{A}$ 化为 $\bar{B}$，则以 $\bar{B}$ 为增广矩阵的线性方程组与线性方程组(2.1.1)同解.

为了叙述方便，与上一章计算行列式类似，关于矩阵的初等变换，我们采用一些符号，用$[i,j]$表示互换矩阵第 i 行与第 j 行，用$[i(k)]$表示矩阵第 i 行乘以数 k，用$[j(k)+i]$表示把矩阵第 j 行乘以 k 加到第 i 行；用$\{i,j\}$表示互换矩阵第 i 列与第 j 列，用$\{i(k)\}$表示矩阵第 i 列乘以数 k，用$\{j(k)+i\}$表示把矩阵第 j 列乘以 k 加到第 i 列.

【例 2.1.2】 解线性方程组

$$\begin{cases}2x_1-x_2+3x_3=1\\4x_1-2x_2+5x_3=4\\2x_1-x_2+4x_3=-1\end{cases}\tag{2.1.4}$$

解 先写出线性方程组的增广矩阵

$$\bar{A}=\begin{pmatrix}2&-1&3&1\\4&-2&5&4\\2&-1&4&-1\end{pmatrix}$$

然后，对 $\bar{A}$ 施行行初等变换可得

$$\bar{A}\xrightarrow[{[1(-1)+3]}]{[1(-2)+2]}\begin{pmatrix}2&-1&3&1\\0&0&-1&2\\0&0&1&-2\end{pmatrix}\xrightarrow[{[2(1)+3]}]{[2(3)+1]}\begin{pmatrix}2&-1&0&7\\0&0&-1&2\\0&0&0&0\end{pmatrix}$$

$$\xrightarrow[{[2(-1)]}]{\left[1\left(\frac{1}{2}\right)\right]}\begin{pmatrix}1&-\frac{1}{2}&0&\frac{7}{2}\\0&0&1&-2\\0&0&0&0\end{pmatrix}=\bar{B}$$

根据定理 2.1.1，$\bar{B}$ 对应的方程组

$$\begin{cases}x_1-\dfrac{1}{2}x_2=\dfrac{7}{2}\\x_3=-2\end{cases}\tag{2.1.5}$$

与原线性方程组(2.1.4)同解，由(2.1.5)可得

$$\begin{cases}x_1=\dfrac{1}{2}(7+x_2)\\x_3=-2\end{cases}$$

这就是方程组的一般解，其中 x_2 称为自由未知量.

【例 2.1.3】 解线性方程组

$$\begin{cases}5x_1-x_2+2x_3+x_4=7\\2x_1+x_2+4x_3-2x_4=1\\x_1-3x_2-6x_3+5x_4=0\end{cases}\tag{2.1.6}$$

解 线性方程组的增广矩阵为

$$\bar{A}=\begin{pmatrix}5&-1&2&1&7\\2&1&4&-2&1\\1&-3&-6&5&0\end{pmatrix}$$

对 $\overline{A}$ 施行行初等变换,可得

$$\overline{A}\xrightarrow{[1,3]}\begin{pmatrix}1&-3&-6&5&0\\2&1&4&-2&1\\5&-1&2&1&7\end{pmatrix}\xrightarrow[{[1(-5)+3]}]{[1(-2)+2]}\begin{pmatrix}1&-3&-6&5&0\\0&7&16&-12&1\\0&14&32&-24&7\end{pmatrix}$$

$$\xrightarrow{[2(-2)+3]}\begin{pmatrix}1&-3&-6&5&0\\0&7&16&-12&1\\0&0&0&0&5\end{pmatrix}=\overline{B}$$

根据定理 2.1.1,$\overline{B}$ 对应的方程组

$$\begin{cases}x_1-3x_2-6x_3+5x_4=0\\ \quad 7x_2+16x_3-12x_4=1\\ \qquad 0=5\end{cases}\tag{2.1.7}$$

与原线性方程组(2.1.6)同解,但线性方程组(2.1.7)的第三个方程

$$0x_1+0x_2+0x_3+0x_4=5$$

无解,故线性方程组(2.1.7)无解,因此线性方程组(2.1.6)无解.

【例 2.1.4】 解线性方程组

$$\begin{cases}2x_1+2x_2+3x_3=1\\ x_1+ax_2+2x_3+x_4=2\\ 2x_1+3x_2+3x_3-x_4=4\\ x_1+x_2+x_3-x_4=3\\ 7x_1+9x_2+9x_3-5x_4=17\end{cases}\tag{2.1.8}$$

其中 a 是实数.

解 线性方程组的增广矩阵为

$$\overline{A}=\begin{pmatrix}2&2&3&0&1\\1&a&2&1&2\\2&3&3&-1&4\\1&1&1&-1&3\\7&9&9&-5&17\end{pmatrix}$$

对 $\overline{A}$ 施行行初等变换,可得

$$\overline{A}\xrightarrow{[4(-1)+1]}\begin{pmatrix}1&1&2&1&-2\\1&a&2&1&2\\2&3&3&-1&4\\1&1&1&-1&3\\7&9&9&-5&17\end{pmatrix}\xrightarrow[{\substack{[1(-1)+4]\\[1(-2)+3]\\[1(-1)+2]}}]{[1(-7)+5]}\begin{pmatrix}1&1&2&1&-2\\0&a-1&0&0&4\\0&1&-1&-3&8\\0&0&-1&-2&5\\0&2&-5&-12&31\end{pmatrix}$$

$$\xrightarrow{[2,3]}\begin{pmatrix}1&1&2&1&-2\\0&1&-1&-3&8\\0&a-1&0&0&4\\0&0&-1&-2&5\\0&2&-5&-12&31\end{pmatrix}\xrightarrow[{[2(-2)+5]}]{[2(1-a)+3]}\begin{pmatrix}1&1&2&1&-2\\0&1&-1&-3&8\\0&0&a-1&3(a-1)&-4(2a-3)\\0&0&-1&-2&5\\0&0&-3&-6&15\end{pmatrix}$$

$$\xrightarrow{[3,4]}\begin{pmatrix}1&1&2&1&-2\\0&1&-1&-3&8\\0&0&-1&-2&5\\0&0&a-1&3(a-1)&-4(2a-3)\\0&0&-3&-6&15\end{pmatrix}$$

$$\xrightarrow[{[3(-3)+5]}]{[3(a-1)+4]}\begin{pmatrix}1&1&2&1&-2\\0&1&-1&-3&8\\0&0&-1&-2&5\\0&0&0&a-1&7-3a\\0&0&0&0&0\end{pmatrix}=\bar{\boldsymbol{B}}$$

当 $a=1$ 时，$\bar{\boldsymbol{B}}$ 对应的方程组无解，从而原方程组(2.1.8)无解.

当 $a\neq1$ 时，$\bar{\boldsymbol{B}}$ 可经行初等变换化为

$$\bar{\boldsymbol{B}}\xrightarrow[{\left[4\left(\frac{1}{a-1}\right)\right]}]{[3(-1)]}\begin{pmatrix}1&1&2&1&-2\\0&1&-1&-3&8\\0&0&1&2&-5\\0&0&0&1&\dfrac{7-3a}{a-1}\\0&0&0&0&0\end{pmatrix}\xrightarrow[{\substack{[4(3)+2]\\[4(-2)+3]}}]{[4(-1)+1]}\begin{pmatrix}1&1&2&0&\dfrac{a-5}{a-1}\\0&1&-1&0&\dfrac{13-a}{a-1}\\0&0&1&0&\dfrac{a-9}{a-1}\\0&0&0&1&\dfrac{7-3a}{a-1}\\0&0&0&0&0\end{pmatrix}$$

$$\xrightarrow[{[3(1)+2]}]{[3(-2)+1]}\begin{pmatrix}1&1&0&0&\dfrac{13-a}{a-1}\\0&1&0&0&\dfrac{4}{a-1}\\0&0&1&0&\dfrac{a-9}{a-1}\\0&0&0&1&\dfrac{7-3a}{a-1}\\0&0&0&0&0\end{pmatrix}\xrightarrow{[2(-1)+1]}\begin{pmatrix}1&0&0&0&\dfrac{9-a}{a-1}\\0&1&0&0&\dfrac{4}{a-1}\\0&0&1&0&\dfrac{a-9}{a-1}\\0&0&0&1&\dfrac{7-3a}{a-1}\\0&0&0&0&0\end{pmatrix}$$

由此可知，这时原方程组(2.1.8)有唯一解：

$$x_1=\frac{9-a}{a-1},\quad x_2=\frac{4}{a-1},\quad x_3=\frac{a-9}{a-1},\quad x_4=\frac{7-3a}{a-1}.$$

定义 2.1.3 若一个矩阵从第一行开始，每行遇到的第一个非零元素下方的元素全为零，这样的矩阵称为阶梯形矩阵. 如果每行遇到的第一个非零元素又多是 1，且与这个 1 同列的其他元素都是零，这样的阶梯形矩阵称为规范形矩阵.

例如

$$\begin{pmatrix}2&1&-2&1&4\\0&1&-1&1&0\\0&0&0&1&-3\\0&0&0&0&0\end{pmatrix},\quad\begin{pmatrix}1&0&-1&0&4\\0&1&-1&0&3\\0&0&0&1&-3\\0&0&0&0&0\end{pmatrix},\quad\begin{pmatrix}1&0&0&0&0\\0&1&0&0&0\\0&0&1&0&0\\0&0&0&0&0\end{pmatrix}$$

3 个矩阵都是阶梯形矩阵,其中后两个还是规范形矩阵.

由定理 2.1.1 与上述几个例子,我们可以将消元法解线性方程组步骤总结如下.

(1) 写出线性方程组的增广矩阵 $\bar{\boldsymbol{A}}$.

(2) 对 $\bar{\boldsymbol{A}}$ 施行行初等变换,把它化为规范形矩阵

$$\bar{\boldsymbol{B}}=\begin{pmatrix} 1 & * & \cdots & * & 0 & * & \cdots & * & 0 & * & \cdots & * & * \\ 0 & 0 & \cdots & 0 & 1 & * & \cdots & * & 0 & * & \cdots & * & * \\ \vdots & \vdots & & \vdots & \vdots & \vdots & & \vdots & \vdots & \vdots & & \vdots & \vdots \\ 0 & 0 & \cdots & 0 & 0 & 0 & 0 & 0 & 1 & * & \cdots & * & * \\ 0 & 0 & \cdots & 0 & 0 & 0 & 0 & 0 & 0 & 0 & \cdots & 0 & * \\ 0 & 0 & \cdots & 0 & 0 & 0 & 0 & 0 & 0 & 0 & \cdots & 0 & 0 \\ \vdots & \vdots & & \vdots & \vdots & \vdots & & \vdots & \vdots & \vdots & & \vdots & \vdots \\ 0 & 0 & \cdots & 0 & 0 & 0 & 0 & 0 & 0 & 0 & \cdots & 0 & 0 \end{pmatrix}$$

为方便起见,不妨设 $\bar{\boldsymbol{B}}$ 为

$$\begin{pmatrix} 1 & 0 & \cdots & 0 & b_{1r+1} & \cdots & b_{1n} & d_1 \\ 0 & 1 & \cdots & 0 & b_{2r+1} & \cdots & b_{2n} & d_2 \\ \vdots & \vdots & & \vdots & \vdots & & \vdots & \vdots \\ 0 & 0 & \cdots & 1 & b_{rr+1} & \cdots & b_{rn} & d_r \\ 0 & 0 & \cdots & 0 & 0 & \cdots & 0 & d_{r+1} \\ 0 & 0 & \cdots & 0 & 0 & \cdots & 0 & 0 \\ \vdots & \vdots & & \vdots & \vdots & & \vdots & \vdots \\ 0 & 0 & \cdots & 0 & 0 & \cdots & 0 & 0 \end{pmatrix}$$

(3) 判断:

① 当 $d_{r+1}\neq 0$ 时,原线性方程组无解.

② 当 $d_{r+1}=0$ 时,原线性方程组有解.

• 当 $r=n$ 时,方程组有唯一解 $(d_1,d_2,\cdots,d_r)$.

• 当 $r<n$ 时,方程组有无穷多个解,这时方程组的一般解为

$$\begin{cases} x_1=d_1-b_{1r+1}x_{r+1}-\cdots-b_{1n}x_n \\ x_2=d_2-b_{2r+1}x_{r+1}-\cdots-b_{2n}x_n \\ \qquad\vdots \\ x_r=d_r-b_{rr+1}x_{r+1}-\cdots-b_{rn}x_n \end{cases}$$

其中,$x_{r+1},x_{r+2},\cdots,x_n$ 为自由未知量.

把以上结果应用到齐次线性方程组,就有

定理 2.1.2　在齐次线性方程组

$$\begin{cases} a_{11}x_1+a_{12}x_2+\cdots+a_{1n}x_n=0 \\ a_{21}x_1+a_{22}x_2+\cdots+a_{2n}x_n=0 \\ \qquad\vdots \\ a_{m1}x_1+a_{m2}x_2+\cdots+a_{mn}x_n=0 \end{cases} \tag{2.1.9}$$

中,如果 $m<n$,那么它必有非零解.

证明:显然,方程组的系数矩阵化成阶梯形矩阵之后,非零行的数目 r 不会超过方程组方程个数,即 $r \leqslant m < n$,由此知方程组(2.1.9)的解不唯一,因而必有非零解.

2.2 n 维向量及其线性相关性

上一节我们介绍了消元法.消元法是解线性方程组的最有效和最基本的方法.我们知道方程组有的有解、有的无解,有解时又分唯一解与无穷多解两种情况,那么,能否不解方程直接从原方程组判断它的解的情况?当有无穷多解时,这些解之间是否有联系?有何联系?为了回答这些问题,我们需要对线性方程组作进一步的研究,这一节先讨论 n 维向量及其线性相关性.

2.2.1 n 维向量及其运算

定义 2.2.1 由 n 个数 $a_1, a_2, \cdots, a_n$ 组成的 $1 \times n$ 矩阵

$$(a_1, a_2, \cdots, a_n) \tag{2.2.1}$$

称为 n 维向量,其中 a_i 称为向量(2.2.1)的第 i 个分量.

以后我们用小写希腊字母 $\boldsymbol{\alpha}, \boldsymbol{\beta}, \boldsymbol{\gamma}, \cdots$来代表向量.如 $\boldsymbol{\alpha}=(1,1,1)$是一个 3 维向量,$\boldsymbol{\beta}=(1,-2,0,5)$是一个 4 维向量.分量全为零的向量称为零向量,两个向量相等当且仅当这两个向量对应分量相等.

n 维向量之间的基本关系是用向量的加法和数量乘法表达的.

定义 2.2.2 设 n 维向量 $\boldsymbol{\alpha}=(a_1, a_2, \cdots, a_n)$,$\boldsymbol{\beta}=(b_1, b_2, \cdots, b_n)$,则向量

$$\boldsymbol{\gamma} = (a_1 + b_1, a_2 + b_2, \cdots, a_n + b_n)$$

称为 $\boldsymbol{\alpha}$ 与 $\boldsymbol{\beta}$ 的和,记作 $\boldsymbol{\alpha}+\boldsymbol{\beta}=\boldsymbol{\gamma}$,即

$$(a_1, a_2, \cdots, a_n) + (b_1, b_2, \cdots, b_n) = (a_1 + b_1, a_2 + b_2, \cdots, a_n + b_n)$$

由定义 2.2.2 立即推出向量加法满足下列运算规律:

$$\boldsymbol{\alpha} + \boldsymbol{\beta} = \boldsymbol{\beta} + \boldsymbol{\alpha} \quad (\text{交换律}) \tag{2.2.2}$$

$$(\boldsymbol{\alpha} + \boldsymbol{\beta}) + \boldsymbol{\gamma} = \boldsymbol{\alpha} + (\boldsymbol{\beta} + \boldsymbol{\gamma}) \quad (\text{结合律}) \tag{2.2.3}$$

定义 2.2.3 设 n 维向量 $\boldsymbol{\alpha}=(a_1, a_2, \cdots, a_n)$,则向量$(-a_1, -a_2, \cdots, -a_n)$称为 $\boldsymbol{\alpha}$ 的负向量,记作$-\boldsymbol{\alpha}$,即

$$-\boldsymbol{\alpha} = (-a_1, -a_2, \cdots, -a_n)$$

容易验证,对于任意 n 维向量 $\boldsymbol{\alpha}$,都有

$$\boldsymbol{\alpha} + \mathbf{0} = \boldsymbol{\alpha} \tag{2.2.4}$$

$$\boldsymbol{\alpha} + (-\boldsymbol{\alpha}) = \mathbf{0} \tag{2.2.5}$$

利用负向量,我们可以定义向量的减法:

$$\boldsymbol{\alpha} - \boldsymbol{\beta} = \boldsymbol{\alpha} + (-\boldsymbol{\beta})$$

显然,对任意向量 $\boldsymbol{\alpha}, \boldsymbol{\beta}, \boldsymbol{\gamma}$,都有

$$\boldsymbol{\alpha} + \boldsymbol{\beta} = \boldsymbol{\gamma} \Leftrightarrow \boldsymbol{\beta} = \boldsymbol{\gamma} - \boldsymbol{\alpha}$$

定义 2.2.4 设 k 是实数,$\boldsymbol{\alpha}=(a_1, a_2, \cdots, a_n)$是 n 维向量,则向量

$$(ka_1, ka_2, \cdots, ka_n)$$

称为 k 与 $\boldsymbol{\alpha}$ 的数量乘法，简称数乘，记作 $k\boldsymbol{\alpha}$，即

$$k\boldsymbol{\alpha}=(ka_1,ka_2,\cdots,ka_n)$$

数乘满足下列运算规律：

$$k(\boldsymbol{\alpha}+\boldsymbol{\beta})=k\boldsymbol{\alpha}+k\boldsymbol{\beta} \tag{2.2.6}$$

$$(k+l)\boldsymbol{\alpha}=k\boldsymbol{\alpha}+l\boldsymbol{\alpha} \tag{2.2.7}$$

$$k(l\boldsymbol{\alpha})=(kl)\boldsymbol{\alpha} \tag{2.2.8}$$

$$1\boldsymbol{\alpha}=\boldsymbol{\alpha} \tag{2.2.9}$$

由式(2.2.6)～式(2.2.9)或者由定义不难推出：

$$0\boldsymbol{\alpha}=\mathbf{0} \tag{2.2.10}$$

$$(-1)\boldsymbol{\alpha}=-\boldsymbol{\alpha} \tag{2.2.11}$$

$$k\mathbf{0}=\mathbf{0} \tag{2.2.12}$$

如果 $k\neq 0,\boldsymbol{\alpha}\neq\mathbf{0}$，则

$$k\boldsymbol{\alpha}\neq\mathbf{0} \tag{2.2.13}$$

定义 2.2.5　设 $V=\{(a_1,a_2,\cdots,a_n)\mid a_i\in R,i=1,2,\cdots,n\}$，则赋予向量加法和数量乘法的向量集合 V 称为实数集上 n 维向量空间.

下面将讨论实数集上 n 维向量空间的性质，并用这些性质描述和解决线性方程组中的一些问题.

形如 $\boldsymbol{\alpha}=(a_1,a_2,\cdots,a_n)$ 的向量通常称为行向量，有时候向量也写成一列($n\times 1$ 矩阵)形式

$$\boldsymbol{\alpha}=\begin{pmatrix}a_1\\a_2\\\vdots\\a_n\end{pmatrix}$$

这种形式的向量称为列向量.

2.2.2　向量组的线性相关性

定义 2.2.6　设 $\boldsymbol{\alpha},\boldsymbol{\beta}_1,\boldsymbol{\beta}_2,\cdots,\boldsymbol{\beta}_s$ 都是 n 维向量，如果有 s 个数 $k_1,k_2,\cdots,k_s$，使 $\boldsymbol{\alpha}=k_1\boldsymbol{\beta}_1+k_2\boldsymbol{\beta}_2+\cdots+k_s\boldsymbol{\beta}_s$，则称 $\boldsymbol{\alpha}$ 为向量组 $\boldsymbol{\beta}_1,\boldsymbol{\beta}_2,\cdots,\boldsymbol{\beta}_s$ 的一个线性组合，这时也称 $\boldsymbol{\alpha}$ 可由向量组 $\boldsymbol{\beta}_1,\boldsymbol{\beta}_2,\cdots,\boldsymbol{\beta}_s$ 线性表出.

例如，若 $\boldsymbol{\alpha}_1=(2,-1,3,1)$，$\boldsymbol{\alpha}_2=(4,-2,5,4)$，$\boldsymbol{\alpha}_3=(-4,2,-4,-6)$，则有 $\boldsymbol{\alpha}_3=2\boldsymbol{\alpha}_1-2\boldsymbol{\alpha}_2$，这表明 $\boldsymbol{\alpha}_3$ 是 $\boldsymbol{\alpha}_1,\boldsymbol{\alpha}_2$ 的一个线性组合，或 $\boldsymbol{\alpha}_3$ 可由 $\boldsymbol{\alpha}_1,\boldsymbol{\alpha}_2$ 线性表出.

又如，任一个 3 维向量 $\boldsymbol{\alpha}=(a_1,a_2,a_3)$ 都是向量组 $\boldsymbol{\varepsilon}_1=(1,0,0)$，$\boldsymbol{\varepsilon}_2=(0,1,0)$，$\boldsymbol{\varepsilon}_3=(0,0,1)$ 的一个线性组合. 因为

$$\boldsymbol{\alpha}=a_1\boldsymbol{\varepsilon}_1+a_2\boldsymbol{\varepsilon}_2+a_3\boldsymbol{\varepsilon}_3$$

向量 $\boldsymbol{\varepsilon}_1,\boldsymbol{\varepsilon}_2,\boldsymbol{\varepsilon}_3$ 称为 3 维单位向量. 一般地，向量

$$\begin{cases}\boldsymbol{\varepsilon}_1=(1,0,\cdots,0)\\\boldsymbol{\varepsilon}_2=(0,1,\cdots,0)\\\qquad\vdots\\\boldsymbol{\varepsilon}_n=(0,\cdots 0,1)\end{cases}$$

称为 n 维单位向量.

由定义可以看出,零向量是任一向量组的线性组合(只要取系数全为 0 就行了).

定义 2.2.7 如果向量组 $\boldsymbol{\alpha}_1,\boldsymbol{\alpha}_2,\cdots,\boldsymbol{\alpha}_s$ 中的每一个向量 $\boldsymbol{\alpha}_i$ 都可以经向量组 $\boldsymbol{\beta}_1,\boldsymbol{\beta}_2,\cdots,\boldsymbol{\beta}_t$ 线性表出,那么称向量组 $\boldsymbol{\alpha}_1,\boldsymbol{\alpha}_2,\cdots,\boldsymbol{\alpha}_s$ 可由向量组 $\boldsymbol{\beta}_1,\boldsymbol{\beta}_2,\cdots,\boldsymbol{\beta}_t$ 线性表出,如果两个向量组互相可以线性表出,它们就称为等价.

例如,设 $\boldsymbol{\alpha}_1=(1,1,1),\boldsymbol{\alpha}_2=(1,1,0),\boldsymbol{\alpha}_3=(1,0,0)$,则向量组 $\boldsymbol{\alpha}_1,\boldsymbol{\alpha}_2,\boldsymbol{\alpha}_3$ 与单位向量组 $\boldsymbol{\varepsilon}_1,\boldsymbol{\varepsilon}_2,\boldsymbol{\varepsilon}_3$ 等价. 这是因为 $\boldsymbol{\varepsilon}_1=\boldsymbol{\alpha}_3,\boldsymbol{\varepsilon}_2=\boldsymbol{\alpha}_2-\boldsymbol{\alpha}_3,\boldsymbol{\varepsilon}_3=\boldsymbol{\alpha}_1-\boldsymbol{\alpha}_2$.

由定义不难证明向量组之间的等价具有下列性质:

(1) 反身性:每一个向量组都与它自身等价.

(2) 对称性:如果向量组 $\boldsymbol{\alpha}_1,\boldsymbol{\alpha}_2,\cdots,\boldsymbol{\alpha}_s$ 与 $\boldsymbol{\beta}_1,\boldsymbol{\beta}_2,\cdots,\boldsymbol{\beta}_t$ 等价,那么向量组 $\boldsymbol{\beta}_1,\boldsymbol{\beta}_2,\cdots,\boldsymbol{\beta}_t$ 也与 $\boldsymbol{\alpha}_1,\boldsymbol{\alpha}_2,\cdots,\boldsymbol{\alpha}_s$ 等价.

(3) 传递性:如果向量组 $\boldsymbol{\alpha}_1,\boldsymbol{\alpha}_2,\cdots,\boldsymbol{\alpha}_s$ 与 $\boldsymbol{\beta}_1,\boldsymbol{\beta}_2,\cdots,\boldsymbol{\beta}_t$ 等价,$\boldsymbol{\beta}_1,\boldsymbol{\beta}_2,\cdots,\boldsymbol{\beta}_t$ 与 $\boldsymbol{\gamma}_1,\boldsymbol{\gamma}_2,\cdots,\boldsymbol{\gamma}_p$ 等价,那么向量组 $\boldsymbol{\alpha}_1,\boldsymbol{\alpha}_2,\cdots,\boldsymbol{\alpha}_s$ 与 $\boldsymbol{\gamma}_1,\boldsymbol{\gamma}_2,\cdots,\boldsymbol{\gamma}_p$ 等价.

定义 2.2.8 给定向量组 $\boldsymbol{\alpha}_1,\boldsymbol{\alpha}_2,\cdots,\boldsymbol{\alpha}_s$,如果存在不全为零的数 $k_1,k_2,\cdots,k_s$ 使

$$k_1\boldsymbol{\alpha}_1+k_2\boldsymbol{\alpha}_2+\cdots+k_s\boldsymbol{\alpha}_s=\boldsymbol{0} \tag{2.2.14}$$

称向量组 $\boldsymbol{\alpha}_1,\boldsymbol{\alpha}_2,\cdots,\boldsymbol{\alpha}_s$ 是线性相关的,否则称它线性无关.

向量组 $\boldsymbol{\alpha}_1=(2,-1,3,1),\boldsymbol{\alpha}_2=(4,-2,5,4),\boldsymbol{\alpha}_3=(-4,2,-4,-6)$ 是线性相关的,因为

$$2\boldsymbol{\alpha}_1-2\boldsymbol{\alpha}_2-\boldsymbol{\alpha}_3=\boldsymbol{0}$$

从定义可以看出,含有零向量的向量组是线性相关的,由一个非零向量组成的向量组是线性无关的,并且容易证明:如果由

$$k_1\boldsymbol{\alpha}_1+k_2\boldsymbol{\alpha}_2+\cdots+k_s\boldsymbol{\alpha}_s=0$$

可以推出 $k_1=k_2=\cdots=k_s=0$,那么向量组 $\boldsymbol{\alpha}_1,\boldsymbol{\alpha}_2,\cdots,\boldsymbol{\alpha}_s$ 线性无关.

下面讨论关于向量组的一些性质.

性质 2.2.1 向量组 $\boldsymbol{\alpha}_1,\boldsymbol{\alpha}_2,\cdots,\boldsymbol{\alpha}_m(m\geqslant 2)$ 线性相关的充分必要条件是向量组中至少有一个向量能由其余 $m-1$ 个向量线性表出.

证明 先证必要性,根据定义(2.2.8),因为向量组 $\boldsymbol{\alpha}_1,\boldsymbol{\alpha}_2,\cdots,\boldsymbol{\alpha}_m(m\geqslant 2)$ 线性相关,所以存在不全为零的数 $k_1,k_2,\cdots,k_m$,使

$$k_1\boldsymbol{\alpha}_1+k_2\boldsymbol{\alpha}_2+\cdots+k_m\boldsymbol{\alpha}_m=0 \tag{2.2.15}$$

不妨设 $k_l\neq 0(1\leqslant l\leqslant m)$,于是式(2.2.15)可改写为

$$\boldsymbol{\alpha}_l=-\frac{k_1}{k_l}\boldsymbol{\alpha}_1-\cdots-\frac{k_{l-1}}{k_l}\boldsymbol{\alpha}_{l-1}-\frac{k_{l+1}}{k_l}\boldsymbol{\alpha}_{l+1}-\cdots-\frac{k_m}{k_l}\boldsymbol{\alpha}_m$$

这就是说,$\boldsymbol{\alpha}_l$ 可由向量组 $\boldsymbol{\alpha}_1,\cdots,\boldsymbol{\alpha}_{l-1},\boldsymbol{\alpha}_{l+1},\cdots,\boldsymbol{\alpha}_m$ 线性表出.

再证充分性,因为向量组 $\boldsymbol{\alpha}_1,\boldsymbol{\alpha}_2,\cdots,\boldsymbol{\alpha}_m(m\geqslant 2)$ 中至少有一个向量能由其余 $m-1$ 个向量线性表出,譬如说有

$$\boldsymbol{\alpha}_m=k_1\boldsymbol{\alpha}_1+k_2\boldsymbol{\alpha}_2+\cdots+k_{m-1}\boldsymbol{\alpha}_{m-1}$$

把它改写一下就有

$$k_1\boldsymbol{\alpha}_1+k_2\boldsymbol{\alpha}_2+\cdots+k_{m-1}\boldsymbol{\alpha}_{m-1}+(-1)\boldsymbol{\alpha}_m=\boldsymbol{0}$$

其中数 $k_1,k_2,\cdots,k_{m-1},-1$ 不全为 0(至少 $-1\neq0$),根据定义(2.2.8)知向量组 $\boldsymbol{\alpha}_1,\boldsymbol{\alpha}_2,\cdots,\boldsymbol{\alpha}_m$ 线性相关.

性质 2.2.2　如果一个向量组的一部分线性相关,那么这个向量组线性相关.

证明　设向量组为 $\boldsymbol{\alpha}_1,\boldsymbol{\alpha}_2,\cdots,\boldsymbol{\alpha}_r,\cdots,\boldsymbol{\alpha}_s$,其中一部分,譬如说 $\boldsymbol{\alpha}_1,\boldsymbol{\alpha}_2,\cdots,\boldsymbol{\alpha}_r$ 线性相关,即有不全为零的数 $k_1,k_2,\cdots,k_r$,使

$$k_1\boldsymbol{\alpha}_1+k_2\boldsymbol{\alpha}_2+\cdots+k_r\boldsymbol{\alpha}_r=\mathbf{0}$$

于是有

$$k_1\boldsymbol{\alpha}_1+k_2\boldsymbol{\alpha}_2+\cdots+k_r\boldsymbol{\alpha}_r+0\boldsymbol{\alpha}_{r+1}+\cdots+0\boldsymbol{\alpha}_s=\mathbf{0}$$

因为 $k_1,k_2,\cdots,k_r$ 不全为零,所以 $k_1,k_2,\cdots,k_r,0,\cdots,0$ 不全为零,因此向量组 $\boldsymbol{\alpha}_1,\boldsymbol{\alpha}_2,\cdots,\boldsymbol{\alpha}_s$ 线性相关.

性质 2.2.3　如果一个向量组线性无关,那么这个向量组的任一部分组也线性无关.

由性质 2.2.2 知性质 2.2.3 显然成立,事实上性质 2.2.3 为性质 2.2.2 的逆否命题.

性质 2.2.4　设

$$\boldsymbol{\alpha}_i=(a_{i1},a_{i2},\cdots,a_{in}),\quad i=1,2,\cdots,s \tag{2.2.16}$$

则向量组 $\boldsymbol{\alpha}_1,\boldsymbol{\alpha}_2,\cdots,\boldsymbol{\alpha}_s$ 线性无关的充分必要条件是齐次线性方程组

$$\begin{cases}a_{11}x_1+a_{21}x_2+\cdots+a_{s1}x_s=0\\a_{12}x_1+a_{22}x_2+\cdots+a_{s2}x_s=0\\\qquad\vdots\\a_{1n}x_1+a_{2n}x_2+\cdots+a_{sn}x_s=0\end{cases} \tag{2.2.17}$$

只有零解.

证明　若有一组数 $k_1,k_2,\cdots,k_s$ 使

$$k_1\boldsymbol{\alpha}_1+k_2\boldsymbol{\alpha}_2+\cdots+k_s\boldsymbol{\alpha}_s=\mathbf{0} \tag{2.2.18}$$

按分量写出来,得到齐次线性方程组

$$\begin{cases}a_{11}x_1+a_{21}x_2+\cdots+a_{s1}x_s=0\\a_{12}x_1+a_{22}x_2+\cdots+a_{s2}x_s=0\\\qquad\vdots\\a_{1n}x_1+a_{2n}x_2+\cdots+a_{sn}x_s=0\end{cases} \tag{2.2.19}$$

若齐次线性方程组(2.2.19)有非零解,则有不全为零的数 $k_1,k_2,\cdots,k_s$ 使式(2.2.18)成立,从而向量组(2.2.16)线性相关,这与条件向量组(2.2.16)线性无关矛盾,因此定理的必要性成立.反之,若有不全为零的数 $k_1,k_2,\cdots,k_s$ 使式(2.2.18)成立,则线性方程组(2.2.19)有非零解,这与条件方程组(2.2.19)只有零解矛盾,因此定理的充分性成立.

性质 2.2.5　若向量组(2.2.16)线性无关,则在每一向量上添上 m 个分量得到 $m+n$ 维向量

$$\boldsymbol{\beta}_i=(a_{i1},\cdots,a_{in},a_{in+1},\cdots,a_{in+m}),\quad i=1,2,\cdots,s$$

也线性无关.

若向量组(2.2.16)线性相关,则在每一向量上删去 m 个分量得到 $n-m$ 维向量

$$\boldsymbol{\gamma}_i=(a_{i1},\cdots,a_{in-m}),\quad i=1,2,\cdots,s$$

也线性相关.

定理 2.2.1 设 $\boldsymbol{\alpha}_1,\boldsymbol{\alpha}_2,\cdots,\boldsymbol{\alpha}_r$ 与 $\boldsymbol{\beta}_1,\boldsymbol{\beta}_2,\cdots,\boldsymbol{\beta}_s$ 是两个向量组,如果

(1) 向量组 $\boldsymbol{\alpha}_1,\boldsymbol{\alpha}_2,\cdots,\boldsymbol{\alpha}_r$ 可以经 $\boldsymbol{\beta}_1,\boldsymbol{\beta}_2,\cdots,\boldsymbol{\beta}_s$ 线性表出.

(2) $r>s$.

那么向量组 $\boldsymbol{\alpha}_1,\boldsymbol{\alpha}_2,\cdots,\boldsymbol{\alpha}_r$ 必线性相关.

证明 由(1)有

$$\boldsymbol{\alpha}_i=\sum_{j=1}^{s}t_{ji}\boldsymbol{\beta}_j,\quad i=1,2,\cdots,r$$

为了证明向量组 $\boldsymbol{\alpha}_1,\boldsymbol{\alpha}_2,\cdots,\boldsymbol{\alpha}_r$ 必线性相关,只需证明存在不全为零的数 $k_1,k_2,\cdots,k_r$,使得

$$k_1\boldsymbol{\alpha}_1+k_2\boldsymbol{\alpha}_2+\cdots+k_r\boldsymbol{\alpha}_r=\mathbf{0}$$

为此,我们作线性组合

$$x_1\boldsymbol{\alpha}_1+x_2\boldsymbol{\alpha}_2+\cdots+x_r\boldsymbol{\alpha}_r=\sum_{i=1}^{r}x_i\Big(\sum_{j=1}^{s}t_{ji}\boldsymbol{\beta}_j\Big)=\sum_{j=1}^{s}\Big(\sum_{i=1}^{r}t_{ji}x_i\Big)\boldsymbol{\beta}_j$$

如果我们能找到不全为零的数 $x_1,x_2,\cdots,x_r$ 使 $\boldsymbol{\beta}_1,\boldsymbol{\beta}_2,\cdots,\boldsymbol{\beta}_s$ 的系数全为零,那就证明了 $\boldsymbol{\alpha}_1,\boldsymbol{\alpha}_2,\cdots,\boldsymbol{\alpha}_r$ 必线性相关.这一点是能够做到的,因为由条件(2),即 $r>s$,齐次线性方程组

$$\begin{cases}t_{11}x_1+t_{12}x_2+\cdots+t_{1r}x_r=0\\t_{21}x_1+t_{22}x_2+\cdots+t_{2r}x_r=0\\\qquad\vdots\\t_{s1}x_1+t_{s2}x_2+\cdots+t_{sr}x_r=0\end{cases}$$

中未知量的个数大于方程的个数,根据定理 2.1.2 知它有非零解.

推论 2.2.1 如果向量组 $\boldsymbol{\alpha}_1,\boldsymbol{\alpha}_2,\cdots,\boldsymbol{\alpha}_r$ 可以经 $\boldsymbol{\beta}_1,\boldsymbol{\beta}_2,\cdots,\boldsymbol{\beta}_s$ 线性表示,且 $\boldsymbol{\alpha}_1,\boldsymbol{\alpha}_2,\cdots,\boldsymbol{\alpha}_r$ 线性无关,那么 $r\leqslant s$.

推论 2.2.2 若向量组 $\boldsymbol{\alpha}_1,\boldsymbol{\alpha}_2,\cdots,\boldsymbol{\alpha}_r$ 与向量组 $\boldsymbol{\beta}_1,\boldsymbol{\beta}_2,\cdots,\boldsymbol{\beta}_s$ 满足条件

(1) $\boldsymbol{\alpha}_1,\boldsymbol{\alpha}_2,\cdots,\boldsymbol{\alpha}_r$ 线性无关.

(2) $r>s$.

那么向量组 $\boldsymbol{\alpha}_1,\boldsymbol{\alpha}_2,\cdots,\boldsymbol{\alpha}_r$ 不能由 $\boldsymbol{\beta}_1,\boldsymbol{\beta}_2,\cdots,\boldsymbol{\beta}_s$ 线性表出.

上面两个推论都是定理 2.2.1 的逆否命题.

推论 2.2.3 任意 $n+1$ 个 n 维向量线性相关.

事实上,每个 n 维向量都可以被 n 维单位向量 $\boldsymbol{\varepsilon}_1,\boldsymbol{\varepsilon}_2,\cdots,\boldsymbol{\varepsilon}_n$ 线性表出,且 $n+1>n$,根据定理 2.2.1 知任意 $n+1$ 个 n 维向量线性相关.

由推论 2.2.1,得推论 2.2.4.

推论 2.2.4 等价的线性无关向量组含有相同个数的向量.

2.2.3 向量组的秩

定义 2.2.9 一个向量组的一个部分向量组称为它的一个极大线性无关组,如果这个部分组本身是线性无关的,并且向其添加向量组中任意一个向量(如果还有的话),所得的部分向量组都线性相关.

例如,设 $\boldsymbol{\alpha}_1=(2,-1,3,1)$,$\boldsymbol{\alpha}_2=(4,-2,5,4)$,$\boldsymbol{\alpha}_3=(2,-1,4,-1)$,则部分向量组

$\boldsymbol{\alpha}_1,\boldsymbol{\alpha}_2$ 与 $\boldsymbol{\alpha}_2,\boldsymbol{\alpha}_3$ 都是向量组 $\boldsymbol{\alpha}_1,\boldsymbol{\alpha}_2,\boldsymbol{\alpha}_3$ 的一个极大线性无关组.

应该看到，一个线性无关向量组的极大线性无关组就是这个向量组本身. 此外，关于极大线性无关组还有下面两个性质，请读者自己证明.

性质 2.2.6 任意一个极大线性无关组都与向量组本身等价.

性质 2.2.7 一个向量组的任意两个极大线性无关组是等价的.

虽然一个向量组的极大线性无关组可能有很多，但是由推论 2.2.4，立即得出.

定理 2.2.2 一个向量组的任一极大线性无关组都含有相同个数的向量.

定义 2.2.10 向量组的极大线性无关组中所含向量的个数称为向量组的秩.

例如向量组 $\boldsymbol{\alpha}_1=(2,-1,3,1)$，$\boldsymbol{\alpha}_2=(4,-2,5,4)$，$\boldsymbol{\alpha}_3=(2,-1,4,-1)$的秩是 2，这是因为 $\boldsymbol{\alpha}_1,\boldsymbol{\alpha}_2$ 是其一个极大线性无关组.

由零向量组成的向量组没有极大线性无关组，规定这样的向量组秩为零.

关于向量组的秩有下面两个性质，请读者自己证明.

性质 2.2.8 等价向量组有相同的秩.

性质 2.2.9 一个向量组线性无关的充分必要条件是它的秩与它所含的向量个数相等.

定理 2.2.3 对矩阵 $\boldsymbol{A}$ 施行行初等变换得到矩阵 $\boldsymbol{B}$，则 $\boldsymbol{A}$ 与 $\boldsymbol{B}$ 的列向量组有相同的线性关系.

证明 $\boldsymbol{A}$ 的列向量分别记为 $\boldsymbol{\alpha}_1,\boldsymbol{\alpha}_2,\cdots,\boldsymbol{\alpha}_n$，$\boldsymbol{B}$ 的列向量分别记为 $\boldsymbol{\beta}_1,\boldsymbol{\beta}_2,\cdots,\boldsymbol{\beta}_n$

(1) 倍法变换：$\boldsymbol{A}\xrightarrow{[i(k)]}\boldsymbol{B}$，即

$$\begin{pmatrix} a_{11} & a_{12} & \cdots & a_{1n} \\ \vdots & \vdots & & \vdots \\ a_{i1} & a_{i2} & \cdots & a_{in} \\ \vdots & \vdots & & \vdots \\ a_{m1} & a_{m2} & \cdots & a_{mn} \end{pmatrix} \to \begin{pmatrix} a_{11} & a_{12} & \cdots & a_{1n} \\ \vdots & \vdots & & \vdots \\ ca_{i1} & ca_{i2} & \cdots & ca_{in} \\ \vdots & \vdots & & \vdots \\ a_{m1} & a_{m2} & \cdots & a_{mn} \end{pmatrix}$$

若 $k_1\boldsymbol{\alpha}_1+k_2\boldsymbol{\alpha}_2+\cdots+k_n\boldsymbol{\alpha}_n=0$，则有

$$\begin{cases} k_1a_{11}+k_2a_{12}+\cdots+k_na_{1n}=0 \\ \qquad\vdots \\ k_1a_{i1}+k_2a_{i2}+\cdots+k_na_{in}=0 \\ \qquad\vdots \\ k_1a_{m1}+k_2a_{m2}+\cdots+k_na_{mn}=0 \end{cases} \Rightarrow \begin{cases} k_1a_{11}+k_2a_{12}+\cdots+k_na_{1n}=0 \\ \qquad\vdots \\ k_1ca_{i1}+k_2ca_{i2}+\cdots+k_nca_{in}=0 \\ \qquad\vdots \\ k_1a_{m1}+k_2a_{m2}+\cdots+k_na_{mn}=0 \end{cases}$$

于是

$$k_1\boldsymbol{\beta}_1+k_2\boldsymbol{\beta}_2+\cdots+k_n\boldsymbol{\beta}_n=\boldsymbol{0}$$

(2) 消法变换：$\boldsymbol{A}\xrightarrow{[j(k)+i]}\boldsymbol{B}$，即

$$\begin{pmatrix} \cdots & \cdots & \cdots & \cdots \\ a_{i1} & a_{i2} & \cdots & a_{in} \\ \vdots & \vdots & & \vdots \\ a_{j1} & a_{j2} & \cdots & a_{jn} \\ \cdots & \cdots & & \cdots \end{pmatrix} \to \begin{pmatrix} \cdots & \cdots & \cdots & \cdots \\ a_{i1}+ka_{j1} & a_{i2}+ka_{j2} & \cdots & a_{in}+ka_{jn} \\ \vdots & \vdots & & \vdots \\ a_{j1} & a_{j2} & \cdots & a_{jn} \\ \cdots & \cdots & & \cdots \end{pmatrix}$$

若 $k_1\boldsymbol{\alpha}_1+k_2\boldsymbol{\alpha}_2+\cdots+k_n\boldsymbol{\alpha}_n=0$，则有

$$\begin{cases} \cdots \\ k_1a_{i1}+k_2a_{i2}+\cdots+k_na_{in}=0 \\ \cdots \\ k_1a_{j1}+k_2a_{j2}+\cdots+k_na_{jn}=0 \\ \cdots \end{cases}$$

第 j 个方程乘以 k 加到第 i 个方程，有

$$\begin{cases} \cdots \\ k_1(a_{i1}+ka_{j1})+k_2(a_{i2}+ka_{j2})+\cdots+k_n(a_{in}+ka_{jn})=0 \\ \cdots \\ k_1a_{j1}+k_2a_{j2}+\cdots+k_na_{jn}=0 \\ \cdots \end{cases}$$

于是

$$k_1\boldsymbol{\beta}_1+k_2\boldsymbol{\beta}_2+\cdots+k_n\boldsymbol{\beta}_n=\mathbf{0}$$

(3) 换法变换：同理可证.

又施行同样的行初等变换可将 $\boldsymbol{B}$ 化为 $\boldsymbol{A}$，故 $\boldsymbol{A}$ 与 $\boldsymbol{B}$ 的列向量组有相同的线性关系.

利用定理 2.2.3 可方便地求向量组的极大无关组，进而得到向量组的秩.

【例 2.2.1】 求向量组

$$\boldsymbol{\alpha}_1=(1,-1,2,4)^{\mathrm{T}},\quad \boldsymbol{\alpha}_2=(0,3,1,2)^{\mathrm{T}},\quad \boldsymbol{\alpha}_3=(3,0,7,14)^{\mathrm{T}},$$
$$\boldsymbol{\alpha}_4=(1,-1,2,0)^{\mathrm{T}},\quad \boldsymbol{\alpha}_5=(2,1,5,6)^{\mathrm{T}}$$

的一个极大无关组和秩.

解：记

$$\boldsymbol{A}=(\boldsymbol{\alpha}_1,\boldsymbol{\alpha}_2,\boldsymbol{\alpha}_3,\boldsymbol{\alpha}_4,\boldsymbol{\alpha}_5)=\begin{pmatrix} 1 & 0 & 3 & 1 & 2 \\ -1 & 3 & 0 & -1 & 1 \\ 2 & 1 & 7 & 2 & 5 \\ 4 & 2 & 14 & 0 & 6 \end{pmatrix}$$

对 $\boldsymbol{A}$ 施行行初等变换化阶梯形：

$$\boldsymbol{A}\to\begin{pmatrix} 1 & 0 & 3 & 1 & 2 \\ 0 & 3 & 3 & 0 & 3 \\ 0 & 1 & 1 & 0 & 1 \\ 0 & 2 & 2 & -4 & -2 \end{pmatrix}\to\begin{pmatrix} 1 & 0 & 3 & 1 & 2 \\ 0 & 1 & 1 & 0 & 1 \\ 0 & 1 & 1 & 0 & 1 \\ 0 & 1 & 1 & -2 & -1 \end{pmatrix}$$

$$\to\begin{pmatrix} 1 & 0 & 3 & 1 & 2 \\ 0 & 1 & 1 & 0 & 1 \\ 0 & 0 & 0 & 0 & 0 \\ 0 & 0 & 0 & -2 & -2 \end{pmatrix}\to\begin{pmatrix} 1 & 0 & 3 & 1 & 2 \\ 0 & 1 & 1 & 0 & 1 \\ 0 & 0 & 0 & 1 & 1 \\ 0 & 0 & 0 & 0 & 0 \end{pmatrix}$$

$$\rightarrow \begin{pmatrix} 1 & 0 & 3 & 0 & 1 \\ 0 & 1 & 1 & 0 & 1 \\ 0 & 0 & 0 & 1 & 1 \\ 0 & 0 & 0 & 0 & 0 \end{pmatrix} = \boldsymbol{B}$$

将 $\boldsymbol{B}$ 的列向量分别记为 $\boldsymbol{\beta}_1,\boldsymbol{\beta}_2,\boldsymbol{\beta}_3,\boldsymbol{\beta}_4,\boldsymbol{\beta}_5$，观察可知 $\boldsymbol{\beta}_1,\boldsymbol{\beta}_2,\boldsymbol{\beta}_4$ 线性无关，且

$$\boldsymbol{\beta}_3 = 3\boldsymbol{\beta}_1 + \boldsymbol{\beta}_2, \quad \boldsymbol{\beta}_5 = \boldsymbol{\beta}_1 + \boldsymbol{\beta}_2 + \boldsymbol{\beta}_4$$

利用定理 2.2.3 有 $\boldsymbol{\alpha}_1,\boldsymbol{\alpha}_2,\boldsymbol{\alpha}_4$ 线性无关，且

$$\boldsymbol{\alpha}_3 = 3\boldsymbol{\alpha}_1 + \boldsymbol{\alpha}_2, \quad \boldsymbol{\alpha}_5 = \boldsymbol{\alpha}_1 + \boldsymbol{\alpha}_2 + \boldsymbol{\alpha}_4$$

因此，$\boldsymbol{\alpha}_1,\boldsymbol{\alpha}_2,\boldsymbol{\alpha}_4$ 是向量组 $\boldsymbol{\alpha}_1,\boldsymbol{\alpha}_2,\boldsymbol{\alpha}_3,\boldsymbol{\alpha}_4,\boldsymbol{\alpha}_5$ 的一个极大无关组，向量组的秩是 3.

现在把上面的概念与方程的解的关系进行联系，给定两个方程组

$$\begin{cases} a_{11}x_1 + a_{12}x_2 + \cdots + a_{1n}x_n = d_1 \\ a_{21}x_1 + a_{22}x_2 + \cdots + a_{2n}x_n = d_2 \\ \qquad\vdots \\ a_{s1}x_1 + a_{s2}x_2 + \cdots + a_{sn}x_n = d_s \end{cases} \tag{2.2.20}$$

$$\begin{cases} b_{11}x_1 + b_{12}x_2 + \cdots + b_{1n}x_n = c_1 \\ b_{21}x_1 + b_{22}x_2 + \cdots + b_{2n}x_n = c_2 \\ \qquad\vdots \\ b_{r1}x_1 + b_{r2}x_2 + \cdots + b_{rn}x_n = c_r \end{cases} \tag{2.2.21}$$

它们对应的向量组分别记为

$$\boldsymbol{\alpha}_i = (a_{i1}, a_{i2}, \cdots, a_{in}, d_i), \quad i = 1,2,\cdots,s \tag{2.2.22}$$

$$\boldsymbol{\beta}_i = (b_{i1}, b_{i2}, \cdots, b_{in}, c_i), \quad i = 1,2,\cdots,r \tag{2.2.23}$$

容易证明当向量组(2.2.22)与(2.2.23)等价时，线性方程组(2.2.20)与(2.2.21)同解.

2.3　矩阵的秩

在上一节我们定义了向量组的秩. 如果我们把矩阵的每一行看成一个向量，那么矩阵可以认为由这些行向量组成的. 同样，如果把矩阵的每一列看成一个向量，那么矩阵也可以认为是由这些列向量组成的.

定义 2.3.1　矩阵行(列)向量组的秩称为矩阵的行(列)秩.

由行秩和列秩定义，容易看出，矩阵行(列)秩不大于矩阵的行(列)数.

【例 2.3.1】　求矩阵

$$\boldsymbol{A} = \begin{pmatrix} 1 & 0 & 3 & 4 \\ 0 & 1 & 5 & 6 \end{pmatrix}$$

的行秩与列秩.

解　矩阵 $\boldsymbol{A}$ 的行向量组为 $\boldsymbol{\alpha}_1=(1,0,3,4)$，$\boldsymbol{\alpha}_2=(0,1,5,6)$，这两个向量线性无关，它们构成行向量组的极大无关组，因此，矩阵 $\boldsymbol{A}$ 的行秩为 2. $\boldsymbol{A}$ 的列向量是 $\boldsymbol{\beta}_1=(1,0)$，$\boldsymbol{\beta}_2=(0,1)$，$\boldsymbol{\beta}_3=(3,5)$，$\boldsymbol{\beta}_4=(4,6)$，容易看出它们的部分向量组 $\boldsymbol{\beta}_1,\boldsymbol{\beta}_2$ 线性无关，且 $\boldsymbol{\beta}_3=3\boldsymbol{\beta}_1+5\boldsymbol{\beta}_2$，$\boldsymbol{\beta}_4=4\boldsymbol{\beta}_1+6\boldsymbol{\beta}_2$，因此，$\boldsymbol{\beta}_1,\boldsymbol{\beta}_2$ 是 $\boldsymbol{A}$ 的列向量的极大无关组，从而 $\boldsymbol{A}$ 的列秩为 2.

从例 2.3.1 我们知道矩阵 $\boldsymbol{A}$ 的行秩等于列秩，这一点不是偶然的，下面来一般地证明矩阵的行秩与列秩是相等的.

为此，作为定理 2.1.2 的改进，先介绍齐次线性方程组有非零解的又一个充分条件.

引理 2.3.1 如果齐次线性方程组

$$\begin{cases} a_{11}x_1+a_{12}x_2+\cdots+a_{1n}x_n=0 \\ a_{21}x_1+a_{22}x_2+\cdots+a_{2n}x_n=0 \\ \qquad\qquad\vdots \\ a_{s1}x_1+a_{s2}x_2+\cdots+a_{sn}x_n=0 \end{cases} \tag{2.3.1}$$

的系数矩阵的行秩$<n$，那么方程组有非零解.

证明 齐次线性方程组的系数矩阵为

$$\boldsymbol{A}=\begin{pmatrix} a_{11} & a_{12} & \cdots & a_{1n} \\ a_{21} & a_{22} & \cdots & a_{2n} \\ \vdots & \vdots & & \vdots \\ a_{s1} & a_{s2} & \cdots & a_{sn} \end{pmatrix}$$

假设其行秩为 r. 用 $\boldsymbol{\alpha}_1,\boldsymbol{\alpha}_2,\cdots,\boldsymbol{\alpha}_s$ 表示 $\boldsymbol{A}$ 的行向量，则 $\boldsymbol{\alpha}_1,\boldsymbol{\alpha}_2,\cdots,\boldsymbol{\alpha}_s$ 的极大无关组含有 r 个向量. 不妨设 $\boldsymbol{\alpha}_1,\boldsymbol{\alpha}_2,\cdots,\boldsymbol{\alpha}_r$ 是一个极大线性无关组，根据性质 2.2.6，向量组 $\boldsymbol{\alpha}_1,\cdots\boldsymbol{\alpha}_r,\cdots,\boldsymbol{\alpha}_s$ 与 $\boldsymbol{\alpha}_1,\boldsymbol{\alpha}_2,\cdots,\boldsymbol{\alpha}_r$ 等价，再利用 2.2 节最后的说明，方程组(2.3.1)与下面方程组

$$\begin{cases} a_{11}x_1+a_{12}x_2+\cdots+a_{1n}x_n=0 \\ a_{21}x_1+a_{22}x_2+\cdots+a_{2n}x_n=0 \\ \qquad\qquad\vdots \\ a_{r1}x_1+a_{r2}x_2+\cdots+a_{rn}x_n=0 \end{cases} \tag{2.3.2}$$

同解. 对于方程组(2.3.2)应用定理 2.1.2，即得所要结论.

由此就可以证明下面的定理.

定理 2.3.1 矩阵的行秩等于列秩.

证明 设讨论的矩阵为

$$\boldsymbol{A}=\begin{pmatrix} a_{11} & a_{12} & \cdots & a_{1n} \\ a_{21} & a_{22} & \cdots & a_{2n} \\ \vdots & \vdots & & \vdots \\ a_{s1} & a_{s2} & \cdots & a_{sn} \end{pmatrix}$$

而 $\boldsymbol{A}$ 的行秩$=r$，列秩$=r_1$，$\boldsymbol{A}$ 的行向量组记为

$$\boldsymbol{\alpha}_i=(a_{i1},a_{i2},\cdots,a_{in}),\quad i=1,2,\cdots,s$$

不妨设 $\boldsymbol{\alpha}_1,\boldsymbol{\alpha}_2,\cdots,\boldsymbol{\alpha}_r$ 是其一个极大线性无关组. 因为 $\boldsymbol{\alpha}_1,\boldsymbol{\alpha}_2,\cdots,\boldsymbol{\alpha}_r$ 线性无关，所以

$$x_1\boldsymbol{\alpha}_1+x_2\boldsymbol{\alpha}_2+\cdots+x_r\boldsymbol{\alpha}_r=\mathbf{0}$$

只有零解，即齐次线性方程组

$$\begin{cases} a_{11}x_1+a_{21}x_2+\cdots+a_{r1}x_r=0 \\ a_{12}x_1+a_{22}x_2+\cdots+a_{r2}x_r=0 \\ \qquad\qquad\vdots \\ a_{1n}x_1+a_{2n}x_2+\cdots+a_{rn}x_r=0 \end{cases}$$

只有零解. 根据引理 2.3.1，这个齐次线性方程组的系数矩阵的行秩$\geqslant r$，因此在它的行向量中可以找到 r 个线性无关的向量，譬如前 r 个向量

$$(a_{11},a_{21},\cdots,a_{r1}),(a_{12},a_{22},\cdots,a_{r2}),\cdots,(a_{1r},a_{2r},\cdots,a_{rr})$$

线性无关，根据性质 2.2.5，向量组

$$(a_{11},a_{21},\cdots,a_{r1},\cdots,a_{s1}),(a_{12},a_{22},\cdots,a_{r2},\cdots,a_{s2}),\cdots,(a_{1r},a_{2r},\cdots,a_{rr},\cdots,a_{sr})$$

线性无关. 即 $\boldsymbol{A}$ 的 r 个列向量线性无关. 因此 $\boldsymbol{A}$ 的列秩$\geqslant r$，即 $r_1\geqslant r$.

同理可证 $r\geqslant r_1$. 故 $r_1=r$.

因为矩阵的行秩等于列秩，所以下面统称为矩阵的秩. 今后，矩阵 $\boldsymbol{A}$ 的秩表示为 $r(\boldsymbol{A})$.

定理 2.3.1 表明一个矩阵的秩既等于它的行向量组的秩又等于它的列向量组的秩，因此，我们可以通过求矩阵的行(或列)向量组的秩，以便获得矩阵的秩.

矩阵的秩具有下面性质.

定理 2.3.2　矩阵的初等变换不改变矩阵的秩.

这是因为矩阵的行初等变换把行向量组变成与之等价的向量组，而等价的向量组有相同的秩，所以矩阵的行初等变换不改变矩阵的秩；同理列初等变换也不改变矩阵的秩.

定理 2.3.3　阶梯形矩阵的秩等于其中非零行的数目.

证明　因为初等变换不改变矩阵的秩，所以适当变换列的顺序，不妨设阶梯形矩阵为

$$\boldsymbol{A}=\begin{pmatrix} a_{11} & a_{12} & \cdots & a_{1r} & \cdots & a_{1n} \\ 0 & a_{22} & \cdots & a_{2r} & \cdots & a_{2n} \\ \vdots & \vdots & & \vdots & & \vdots \\ 0 & 0 & \cdots & a_{rr} & \cdots & a_{rn} \\ 0 & 0 & \cdots & 0 & \cdots & 0 \\ \vdots & \vdots & & \vdots & & \vdots \\ 0 & 0 & \cdots & 0 & \cdots & 0 \end{pmatrix} \tag{2.3.3}$$

其中 $a_{ii}\neq 0,i=1,2,\cdots,r$.

对 $\boldsymbol{A}$ 施行行初等变换，可求得其规范形矩阵如下

$$\begin{pmatrix} 1 & 0 & \cdots & 0 & b_{1r+1} & \cdots & b_{1n} \\ 0 & 1 & \cdots & 0 & b_{2r+1} & \cdots & b_{2n} \\ \vdots & \vdots & & \vdots & \vdots & & \vdots \\ 0 & 0 & \cdots & 1 & b_{rr+1} & \cdots & b_{rn} \\ 0 & 0 & \cdots & 0 & 0 & \cdots & 0 \\ \vdots & \vdots & & \vdots & \vdots & & \vdots \\ 0 & 0 & \cdots & 0 & 0 & \cdots & 0 \end{pmatrix} \tag{2.3.4}$$

利用定理 2.2.3，$\boldsymbol{A}$ 的列向量组与其规范形(2.3.4)的列向量有相同的线性关系，由此可以推出 $\boldsymbol{A}$ 的前 r 个列向量构成列向量的极大无关组，故 $\boldsymbol{A}$ 的秩为 r，即 $\boldsymbol{A}$ 的秩为非零行的数目.

定理 2.3.2 和定理 2.3.3 表明，为了计算一个矩阵的秩，只要用行初等变换把它变成阶梯形矩阵，这个阶梯形矩阵中非零行的数目就是原来矩阵的秩. 例如，例 2.3.1 中的矩阵是阶梯形矩阵，它有两个非零行，故它的秩为 2.

【例 2.3.2】 求矩阵

$$A=\begin{pmatrix}1&1&2&5&7\\1&2&3&7&10\\1&3&4&9&13\\1&4&5&11&16\end{pmatrix}$$

的秩.

解 对 A 施行行初等变换，化阶梯形矩阵

$$A\xrightarrow[\substack{[1(-1)+3]\\[1(-1)+4]}]{[1(-1)+2]}\begin{pmatrix}1&1&2&5&7\\0&1&1&2&3\\0&2&2&4&6\\0&3&3&6&9\end{pmatrix}\xrightarrow[{[2(-3)+4]}]{[2(-2)+3]}\begin{pmatrix}1&1&2&5&7\\0&1&1&2&3\\0&0&0&0&0\\0&0&0&0&0\end{pmatrix}$$

最后得到的阶梯形矩阵中有两个非零行，故 $r(A)=2$.

利用定理 2.3.2 和定理 2.3.3，我们可得

定理 2.3.4 秩为 r 的矩阵可经初等变换化为如下标准形矩阵：

$$\begin{pmatrix}1&0&\cdots&0&0&\cdots&0\\0&1&\cdots&0&0&\cdots&0\\\vdots&\vdots&&\vdots&\vdots&&\vdots\\0&0&\cdots&1&0&\cdots&0\\0&0&\cdots&0&0&\cdots&0\\\vdots&\vdots&&\vdots&\vdots&&\vdots\\0&0&\cdots&0&0&\cdots&0\end{pmatrix}\tag{2.3.5}$$

其中 1 的个数为 r，我们称(2.3.5)为标准形矩阵.

现在我们再来把矩阵的秩与行列式的概念联系起来. 仅讨论方阵的情形，一般矩阵的秩与行列式的关系，这里不再赘述，有兴趣的读者可以参阅高等代数的教材.

定理 2.3.5 设 A 是 n 阶矩阵，则 A 的行列式等于零的充分必要条件是 A 的秩小于 n.

证明 充分性：因为 A 的秩小于 n，所以 A 的行向量组线性相关. 当 $n>1$ 时，根据性质 2.2.1，A 中有一行是其余各行的线性组合，再利用行列式性质知 $|A|=0$；当 $n=1$ 时，A 中只有一个数零，当然 $|A|=0$.

必要性：对 n 采用数学归纳法.

当 $n=1$ 时，由 $|A|=0$ 可知 A 的仅有的一个元素就是零，因而 A 的秩为零.

假设结论对 $n-1$ 阶矩阵成立，现在来看 n 阶矩阵的情形. 以 $\alpha_1,\alpha_2,\cdots,\alpha_n$ 代表 A 的行向量. 考查 A 的第一列元素 $a_{11},a_{21},\cdots,a_{n1}$，如果它们全为零，那么 A 的列向量中有零向量，当然秩小于 n. 如果这 n 个元素中有一个不为零，由于初等变换不改变矩阵的秩，不妨设 $a_{11}\neq 0$，那么从第二行到第 n 行减去第一行的适当倍数，把第一列的其他元素消为零，即得

$$|A|=\begin{vmatrix}a_{11}&a_{12}&\cdots&a_{1n}\\0&a'_{22}&\cdots&a'_{2n}\\\vdots&\vdots&&\vdots\\0&a'_{n2}&\cdots&a'_{nn}\end{vmatrix}=a_{11}\begin{vmatrix}a'_{22}&\cdots&a'_{2n}\\\vdots&&\vdots\\a'_{n2}&\cdots&a'_{nn}\end{vmatrix}$$

其中$(0,a_{i2}',\cdots,a_{in}')=\boldsymbol{\alpha}_i-\frac{a_{i1}}{a_{11}}\boldsymbol{\alpha}_1,i=2,3,\cdots,n.$

因为$|\boldsymbol{A}|=0$,所以 $n-1$ 阶矩阵

$$\begin{pmatrix} a_{22}' & \cdots & a_{2n}' \\ \vdots & & \vdots \\ a_{n2}' & \cdots & a_{nn}' \end{pmatrix}$$

的行列式为零. 根据归纳假设,这个矩阵的行向量线性相关,因而向量组

$$\boldsymbol{\alpha}_2-\frac{a_{21}}{a_{11}}\boldsymbol{\alpha}_1,\boldsymbol{\alpha}_3-\frac{a_{31}}{a_{11}}\boldsymbol{\alpha}_1,\cdots,\boldsymbol{\alpha}_n-\frac{a_{n1}}{a_{11}}\boldsymbol{\alpha}_1$$

线性相关,这就是说,有不全为零的数 $k_2,k_3,\cdots,k_n$,使得

$$k_2\left(\boldsymbol{\alpha}_2-\frac{a_{21}}{a_{11}}\boldsymbol{\alpha}_1\right)+k_3\left(\boldsymbol{\alpha}_3-\frac{a_{31}}{a_{11}}\boldsymbol{\alpha}_1\right)+\cdots+k_n\left(\boldsymbol{\alpha}_n-\frac{a_{n1}}{a_{11}}\boldsymbol{\alpha}_1\right)=\mathbf{0}$$

整理一下,有

$$-\left(k_2\frac{a_{21}}{a_{11}}+k_3\frac{a_{31}}{a_{11}}+\cdots+k_n\frac{a_{n1}}{a_{11}}\right)\boldsymbol{\alpha}_1+k_2\boldsymbol{\alpha}_2+\cdots+k_n\boldsymbol{\alpha}_n=\mathbf{0}$$

$-\left(k_2\frac{a_{21}}{a_{11}}+k_3\frac{a_{31}}{a_{11}}+\cdots+k_n\frac{a_{n1}}{a_{11}}\right),k_2,\cdots,k_n$ 这组数当然也不为零,从而向量组 $\boldsymbol{\alpha}_1,\boldsymbol{\alpha}_2,\cdots,\boldsymbol{\alpha}_n$ 线性相关,它的秩小于 n.

根据归纳法原理,必要性得证.

利用定理 2.3.4,可以得到有关齐次线性方程组的重要结论.

推论 2.3.1　齐次线性方程组

$$\begin{cases} a_{11}x_1+a_{12}x_2+\cdots+a_{1n}x_n=0 \\ a_{21}x_1+a_{22}x_2+\cdots+a_{2n}x_n=0 \\ \qquad\vdots \\ a_{n1}x_1+a_{n2}x_2+\cdots+a_{nn}x_n=0 \end{cases} \tag{2.3.6}$$

有非零解的充分必要条件是它的系数矩阵行列式为零.

证明　齐次线性方程组(2.3.6)的系数矩阵为

$$\boldsymbol{A}=\begin{pmatrix} a_{11} & a_{12} & \cdots & a_{1n} \\ a_{21} & a_{22} & \cdots & a_{2n} \\ \vdots & \vdots & & \vdots \\ a_{n1} & a_{n2} & \cdots & a_{nn} \end{pmatrix}$$

充分性:由于 $\boldsymbol{A}$ 的行列式为零,根据定理 2.3.4,我们知道 $r(\boldsymbol{A})<n$,于是 $\boldsymbol{A}$ 的行秩小于 n. 再利用引理 2.3.1,齐次线性方程组(2.3.6)有非零解.

必要性:反证法,假如$|\boldsymbol{A}|\neq 0$,根据定理 1.7.1(克莱姆法则),齐次线性方程组(2.3.6)只有零解,这与条件有非零解矛盾. 因此$|\boldsymbol{A}|=0$.

2.4　线性方程组有解的判别定理

在有了向量和矩阵的理论准备之后,现在来分析一下线性方程组解的判定问题.

设一般线性方程组为

$$\begin{cases} a_{11}x_1 + a_{12}x_2 + \cdots + a_{1n}x_n = b_1 \\ a_{21}x_1 + a_{22}x_2 + \cdots + a_{2n}x_n = b_2 \\ \qquad \vdots \\ a_{s1}x_1 + a_{s2}x_2 + \cdots + a_{sn}x_n = b_s \end{cases} \tag{2.4.1}$$

引入向量

$$\boldsymbol{\alpha}_1 = \begin{pmatrix} a_{11} \\ a_{21} \\ \vdots \\ a_{s1} \end{pmatrix}, \quad \boldsymbol{\alpha}_2 = \begin{pmatrix} a_{12} \\ a_{22} \\ \vdots \\ a_{s2} \end{pmatrix}, \cdots, \boldsymbol{\alpha}_n = \begin{pmatrix} a_{1n} \\ a_{2n} \\ \vdots \\ a_{sn} \end{pmatrix}, \quad \boldsymbol{\beta} = \begin{pmatrix} b_1 \\ b_2 \\ \vdots \\ b_s \end{pmatrix} \tag{2.4.2}$$

于是线性方程组(2.4.1)可以改写为向量方程

$$x_1\boldsymbol{\alpha}_1 + x_2\boldsymbol{\alpha}_2 + \cdots + x_n\boldsymbol{\alpha}_n = \boldsymbol{\beta} \tag{2.4.3}$$

显然,线性方程组(2.4.1)有解的充分必要条件为$\boldsymbol{\beta}$可以表成$\boldsymbol{\alpha}_1,\boldsymbol{\alpha}_2,\cdots,\boldsymbol{\alpha}_n$的线性组合. 用矩阵秩的概念,线性方程组(2.4.1)有解的条件可以叙述如下:

定理 2.4.1(线性方程组有解的判别定理) 线性方程组(2.4.1)有解的充分必要条件是$r(\mathbf{A})=r(\overline{\mathbf{A}})$,其中$\mathbf{A}$和$\overline{\mathbf{A}}$分别为线性方程组(2.4.1)的系数矩阵和增广矩阵.

证明 先证必要性. 设线性方程组(2.4.1)有解,那么β可以经向量组$\boldsymbol{\alpha}_1,\boldsymbol{\alpha}_2,\cdots,\boldsymbol{\alpha}_n$线性表出,由此可以推出,向量组$\boldsymbol{\alpha}_1,\boldsymbol{\alpha}_2,\cdots,\boldsymbol{\alpha}_n$与$\boldsymbol{\alpha}_1,\boldsymbol{\alpha}_2,\cdots,\boldsymbol{\alpha}_n,\boldsymbol{\beta}$等价,根据性质 2.2.8,这两个向量组有相同的秩. 而这两个向量组分别是矩阵$\mathbf{A}$和$\overline{\mathbf{A}}$的列向量组,因此$r(\mathbf{A})=r(\overline{\mathbf{A}})$.

再证充分性. 设$r(\mathbf{A})=r(\overline{\mathbf{A}})$,则矩阵$\mathbf{A}$和$\overline{\mathbf{A}}$的列向量组$\boldsymbol{\alpha}_1,\boldsymbol{\alpha}_2,\cdots,\boldsymbol{\alpha}_n$与$\boldsymbol{\alpha}_1,\boldsymbol{\alpha}_2,\cdots,\boldsymbol{\alpha}_n,\boldsymbol{\beta}$有相同的秩,令它们的秩为$r$. $\boldsymbol{\alpha}_1,\boldsymbol{\alpha}_2,\cdots,\boldsymbol{\alpha}_n$的极大线性无关组由$r$个向量组成,不妨设,$\boldsymbol{\alpha}_1,\boldsymbol{\alpha}_2,\cdots,\boldsymbol{\alpha}_r$是它的极大线性无关组,显然$\boldsymbol{\alpha}_1,\boldsymbol{\alpha}_2,\cdots,\boldsymbol{\alpha}_r$也是向量组$\boldsymbol{\alpha}_1,\boldsymbol{\alpha}_2,\cdots,\boldsymbol{\alpha}_n,\boldsymbol{\beta}$的一个极大线性无关组,因此向量$\boldsymbol{\beta}$可以经向量组$\boldsymbol{\alpha}_1,\boldsymbol{\alpha}_2,\cdots,\boldsymbol{\alpha}_r$线性表出,当然$\boldsymbol{\beta}$也可以经向量组$\boldsymbol{\alpha}_1,\boldsymbol{\alpha}_2,\cdots,\boldsymbol{\alpha}_n$线性表出,因此线性方程组(2.4.1)有解.

由于齐次线性方程组的常数项全为零,所以它的系数矩阵和增广矩阵的秩总相等,根据定理 2.4.1 可以判定齐次线性方程组总是有解的.

应该指出,定理 2.4.1 中的判别条件与第一节消元法是一致的. 我们知道,用消元法解线性方程组的第一步就是用行初等变换把增广矩阵$\overline{\mathbf{A}}$化为规范形矩阵,这个阶梯形矩阵在适当调整前n列的顺序之后可能有两种情况:

$$\begin{pmatrix} 1 & 0 & \cdots & 0 & b_{1r+1} & \cdots & b_{1n} & d_1 \\ 0 & 1 & \cdots & 0 & b_{2r+1} & \cdots & b_{2n} & d_2 \\ \vdots & \vdots & & \vdots & \vdots & & \vdots & \vdots \\ 0 & 0 & \cdots & 1 & b_{rr+1} & \cdots & b_{rn} & d_r \\ 0 & 0 & \cdots & 0 & 0 & \cdots & 0 & 1 \\ 0 & 0 & \cdots & 0 & 0 & \cdots & 0 & 0 \\ \vdots & \vdots & & \vdots & \vdots & & \vdots & \vdots \\ 0 & 0 & \cdots & 0 & 0 & \cdots & 0 & 0 \end{pmatrix}$$

或者

$$\begin{pmatrix} 1 & 0 & \cdots & 0 & b_{1r+1} & \cdots & b_{1n} & d_1 \\ 0 & 1 & \cdots & 0 & b_{2r+1} & \cdots & b_{2n} & d_2 \\ \vdots & \vdots & & \vdots & \vdots & & \vdots & \vdots \\ 0 & 0 & \cdots & 1 & b_{rr+1} & \cdots & b_{rn} & d_r \\ 0 & 0 & \cdots & 0 & 0 & \cdots & 0 & 0 \\ \vdots & \vdots & & \vdots & \vdots & & \vdots & \vdots \\ 0 & 0 & \cdots & 0 & 0 & \cdots & 0 & 0 \end{pmatrix}$$

在前一种情况，我们说方程组无解，而在后一种情况，方程组有解. 把这个阶梯形矩阵的最后一列去掉，就是方程组(2.4.1)的系数矩阵 $\boldsymbol{A}$ 经过行初等变换化得的规范形矩阵. 这就是当方程组(2.4.1)的系数矩阵与增广矩阵秩相等时，方程组有解；当增广矩阵的秩等于系数矩阵的秩加 1 时，方程组无解.

根据上面的讨论，可以得到下面定理.

定理 2.4.2　设线性方程组(2.4.1)有解，则当 $r(\boldsymbol{A})=n$ 时，方程组有唯一解；当 $r(\boldsymbol{A})<n$ 时方程组有无穷多解.

【例 2.4.1】　当 a,b 取何值时，方程组有解？并求解.

$$\begin{cases} ax_1+x_2+x_3=4 \\ x_1+bx_2+x_3=3 \\ x_1+2bx_2+x_3=4 \end{cases}$$

解　方程组的增广矩阵为

$$\bar{\boldsymbol{A}}=\begin{pmatrix} a & 1 & 1 & 4 \\ 1 & b & 1 & 3 \\ 1 & 2b & 1 & 4 \end{pmatrix}$$

对增广矩阵 $\bar{\boldsymbol{A}}$ 作行初等变换，化阶梯形矩阵

$$\bar{\boldsymbol{A}}\to\begin{pmatrix} 1 & b & 1 & 3 \\ a & 1 & 1 & 4 \\ 1 & 2b & 1 & 4 \end{pmatrix}\to\begin{pmatrix} 1 & b & 1 & 3 \\ 0 & 1-ab & 1-a & 4-3a \\ 0 & b & 0 & 1 \end{pmatrix}$$

$$\to\begin{pmatrix} 1 & b & 1 & 3 \\ 0 & 1 & 1-a & 4-2a \\ 0 & b & 0 & 1 \end{pmatrix}\to\begin{pmatrix} 1 & b & 1 & 3 \\ 0 & 1 & 1-a & 4-2a \\ 0 & 0 & b(a-1) & 1+2ab-4b \end{pmatrix}=\bar{\boldsymbol{B}}$$

(1) $b=0$ 时，因为

$$\bar{\boldsymbol{B}}=\begin{pmatrix} 1 & 0 & 1 & 3 \\ 0 & 1 & 1-a & 4-2a \\ 0 & 0 & 0 & 1 \end{pmatrix}$$

所以 $r(\boldsymbol{A})=2<3=r(\bar{\boldsymbol{A}})$，方程组无解.

(2) $a=1$ 时，因为

$$\bar{\boldsymbol{B}}=\begin{pmatrix} 1 & b & 1 & 3 \\ 0 & 1 & 0 & 2 \\ 0 & 0 & 0 & 1-2b \end{pmatrix}$$

所以，当 $b\neq\frac{1}{2}$ 时，方程组无解；当 $b=\frac{1}{2}$ 时，有

$$\overline{\boldsymbol{B}}=\begin{pmatrix}1&\frac{1}{2}&1&3\\0&1&0&2\\0&0&0&0\end{pmatrix}\to\begin{pmatrix}1&0&1&2\\0&1&0&2\\0&0&0&0\end{pmatrix}$$

方程组有无穷多解，其一般解为

$$\begin{cases}x_1=2-x_3\\x_2=2\end{cases}$$

其中 x_3 是自由未知量.

(3) 当 $b(a-1)\neq0$ 时，方程组有唯一解

$$\begin{cases}x_1=\dfrac{2b-1}{b(a-1)}\\x_2=\dfrac{1}{b}\\x_3=\dfrac{1+2ab-4b}{b(a-1)}\end{cases}$$

【例 2.4.2】 设线性方程组

$$\begin{cases}a_{11}x_1+a_{12}x_2+\cdots+a_{1n}x_n=b_1\\a_{21}x_1+a_{22}x_2+\cdots+a_{2n}x_n=b_2\\\qquad\qquad\vdots\\a_{n1}x_1+a_{n2}x_2+\cdots+a_{nn}x_n=b_n\end{cases}\tag{2.4.4}$$

的系数矩阵的秩等于矩阵

$$\boldsymbol{B}=\begin{pmatrix}a_{11}&a_{12}&\cdots&a_{1n}&b_1\\a_{21}&a_{22}&\cdots&a_{2n}&b_2\\\vdots&\vdots&&\vdots&\vdots\\a_{n1}&a_{n2}&\cdots&a_{nn}&b_n\\b_1&b_2&\cdots&b_n&0\end{pmatrix}$$

的秩，试证方程组有解.

证明 线性方程组的系数矩阵和增广矩阵分别为

$$\boldsymbol{A}=\begin{pmatrix}a_{11}&a_{12}&\cdots&a_{1n}\\a_{21}&a_{22}&\cdots&a_{2n}\\\vdots&\vdots&&\vdots\\a_{n1}&a_{n2}&\cdots&a_{nn}\end{pmatrix}\quad\overline{\boldsymbol{A}}=\begin{pmatrix}a_{11}&a_{12}&\cdots&a_{1n}&b_1\\a_{21}&a_{22}&\cdots&a_{2n}&b_2\\\vdots&\vdots&&\vdots&\vdots\\a_{n1}&a_{n2}&\cdots&a_{nn}&b_n\end{pmatrix}$$

已知条件有

$$r(\boldsymbol{A})=r(\boldsymbol{B})\tag{2.4.5}$$

观察发现，矩阵 $\overline{\boldsymbol{A}}$ 的行向量组是矩阵 $\boldsymbol{B}$ 的行向量组的部分向量组，故

$$r(\overline{\boldsymbol{A}})\leqslant r(\boldsymbol{B})\tag{2.4.6}$$

由式(2.4.5)、式(2.4.6)可得

$$r(\bar{\mathbf{A}}) \leqslant r(\mathbf{A}) \tag{2.4.7}$$

但是，我们知道

$$r(\mathbf{A}) \leqslant r(\bar{\mathbf{A}}) \tag{2.4.8}$$

由式(2.4.7)、式(2.4.8)可得 $r(\mathbf{A})=r(\bar{\mathbf{A}})$，根据定理 2.4.1 知方程组有解.

2.5　线性方程组解的结构

上节解决了线性方程组有解的判定条件，这一节，我们进一步来讨论线性方程组解的结构. 在有无穷多解的情况下，所谓解的结构问题就是解与解之间的关系问题.

2.5.1　齐次线性方程组解的结构

我们先看齐次线性方程组的情形. 对于齐次线性方程组

$$\begin{cases} a_{11}x_1 + a_{12}x_2 + \cdots + a_{1n}x_n = 0 \\ a_{21}x_1 + a_{22}x_2 + \cdots + a_{2n}x_n = 0 \\ \quad \vdots \\ a_{s1}x_1 + a_{s2}x_2 + \cdots + a_{sn}x_n = 0 \end{cases} \tag{2.5.1}$$

容易证明它的解具有下列性质.

性质 2.5.1　齐次线性方程组(2.5.1)两个解的和仍是解.

性质 2.5.2　齐次线性方程组(2.5.1)一个解的倍数仍是解.

综合性质 2.5.1 和性质 2.5.2 我们知道，齐次线性方程组(2.5.1)解的线性组合还是方程组的解. 这表明，如果方程组有几个解，那么这些解的所有可能的线性组合就给出了很多解. 基于这个事实，我们要问：齐次线性方程组的全部解是否能够通过它有限的几个解的线性组合表示出来？回答是肯定的. 为此，我们引出下面的定义.

定义 2.5.1　齐次线性方程组(2.5.1)的一组解 $\boldsymbol{\eta}_1,\boldsymbol{\eta}_2,\cdots,\boldsymbol{\eta}_t$ 称为它的一个基础解系，如果方程组(2.5.1)的任一个解都能表成 $\boldsymbol{\eta}_1,\boldsymbol{\eta}_2,\cdots,\boldsymbol{\eta}_t$ 的线性组合，且 $\boldsymbol{\eta}_1,\boldsymbol{\eta}_2,\cdots,\boldsymbol{\eta}_t$ 线性无关.

下面来证明齐次线性方程组的确有基础解系.

定理 2.5.1　当齐次线性方程组(2.5.1)有非零解时，它有基础解系，并且基础解系中含有 $n-r(\mathbf{A})$ 个解向量，其中 $\mathbf{A}$ 为齐次线性方程组的系数矩阵.

证明　由于齐次线性方程组(2.5.1)有非零解时，则 $r(\mathbf{A})=r<n$. 利用第一节消元法和定理 2.3.2，方程组的一般解可设为

$$\begin{cases} x_1 = b_{1r+1}x_{r+1} + \cdots + b_{1n}x_n \\ x_2 = b_{2r+1}x_{r+1} + \cdots + b_{2n}x_n \\ \quad \vdots \\ x_r = b_{rr+1}x_{r+1} + \cdots + b_{rn}x_n \end{cases} \tag{2.5.2}$$

其中，$x_{r+1},x_{r+2},\cdots,x_n$ 为自由未知量.

我们知道，把自由未知量的任意一组值$(c_{r+1},c_{r+2},\cdots,c_n)$代入(2.5.2)，就唯一地决

定了方程组(2.5.2)也就是方程组(2.5.1)的一个解,只要自由未知量的值一样,这两个解就一样.

在(2.5.2)中我们分别用 $n-r$ 组数

$$(1,0,\cdots,0),(0,1,0,\cdots,0),\cdots,(0,\cdots,0,1) \tag{2.5.3}$$

来代自由未知量 $x_{r+1},x_{r+2},\cdots,x_n$,就得出方程组(2.5.2)也就是方程组(2.5.1)的 $n-r$ 个解:

$$\begin{cases}\boldsymbol{\eta}_1=(b_{1r+1},b_{2r+1},\cdots,b_{rr+1},1,0,\cdots,0)\\ \boldsymbol{\eta}_2=(b_{1r+2},b_{2r+2},\cdots,b_{rr+2},0,1,\cdots,0)\\ \qquad\vdots\\ \boldsymbol{\eta}_{n-r}=(b_{1n},b_{2n},\cdots,b_{rn},0,\cdots,0,1)\end{cases} \tag{2.5.4}$$

我们现在来证明(2.5.4)就是一个基础解系.首先证明 $\boldsymbol{\eta}_1,\boldsymbol{\eta}_2,\cdots,\boldsymbol{\eta}_{n-r}$线性无关.事实上,如果

$$k_1\boldsymbol{\eta}_1+k_2\boldsymbol{\eta}_2+\cdots+k_{n-r}\boldsymbol{\eta}_{n-r}=\mathbf{0}$$

即

$$\begin{aligned}k_1\boldsymbol{\eta}_1+k_2\boldsymbol{\eta}_2+\cdots+k_{n-r}\boldsymbol{\eta}_{n-r}&=(*,\cdots,*,k_1,k_2,\cdots,k_{n-r})\\&=(0,\cdots,0,0,0,\cdots,0)\end{aligned}$$

比较最后 $n-r$ 个分量,得

$$k_1=k_2=\cdots=k_{n-r}=0$$

因此,$\boldsymbol{\eta}_1,\boldsymbol{\eta}_2,\cdots,\boldsymbol{\eta}_{n-r}$线性无关.

再证明方程组(2.5.1)的任一个解都可以由 $\boldsymbol{\eta}_1,\boldsymbol{\eta}_2,\cdots,\boldsymbol{\eta}_{n-r}$线性表出.设

$$\boldsymbol{\eta}=(c_1,\cdots,c_r,c_{r+1},c_{r+2},\cdots,c_n) \tag{2.5.5}$$

是方程组(2.5.1)的一个解.由于 $\boldsymbol{\eta}_1,\boldsymbol{\eta}_2,\cdots,\boldsymbol{\eta}_{n-r}$是方程组(2.5.1)的解,所以它们的线性组合

$$c_{r+1}\boldsymbol{\eta}_1+c_{r+2}\boldsymbol{\eta}_2+\cdots+c_n\boldsymbol{\eta}_{n-r} \tag{2.5.6}$$

也是方程组(2.5.1)的一个解.比较式(2.5.5)和式(2.5.6)的最后 $n-r$ 个分量得知,自由未知量有相同的值,从而这两个解完全一样,即

$$\boldsymbol{\eta}=c_{r+1}\boldsymbol{\eta}_1+c_{r+2}\boldsymbol{\eta}_2+\cdots+c_n\boldsymbol{\eta}_{n-r} \tag{2.5.7}$$

这就是说,任意一个解 $\boldsymbol{\eta}$ 都能表成$\boldsymbol{\eta}_1,\boldsymbol{\eta}_2,\cdots,\boldsymbol{\eta}_{n-r}$的线性组合.

综合以上两点,我们就证明了 $\boldsymbol{\eta}_1,\boldsymbol{\eta}_2,\cdots,\boldsymbol{\eta}_{n-r}$就是方程组(2.5.1)一个基础解系.证明中具体给出的这个基础解系是由 $n-r$ 个解组成.至于其他的基础解系,由定义,一定与这个基础解系等价,同时它们又都是线性无关的,因而有相同个数的向量,这就是定理的第二部分.

由定义容易看出,一般地齐次线性方程组的基础解系不唯一.任意一个线性无关的与某一个基础解系等价的向量组都是基础解系.

【例 2.5.1】 求齐次线性方程组

$$\begin{cases}x_1+2x_2+3x_3-x_4=0\\3x_1+2x_2+x_3-x_4=0\end{cases}$$

的一个基础解系.

解　方程组的系数矩阵为

$$\boldsymbol{A}=\begin{pmatrix}1&2&3&-1\\3&2&1&-1\end{pmatrix}$$

对 $\boldsymbol{A}$ 施行初等行变换,化规范形

$$\boldsymbol{A}\to\begin{pmatrix}1&2&3&-1\\0&-4&-8&2\end{pmatrix}\to\begin{pmatrix}1&0&-1&0\\0&1&2&-\frac{1}{2}\end{pmatrix}=\boldsymbol{B}$$

$\boldsymbol{B}$ 对应的齐次线性方程组

$$\begin{cases}x_1-x_3=0\\x_2+2x_3-\frac{1}{2}x_4=0\end{cases}$$

与原齐次线性方程组同解. 于是齐次线性方程组的一般解为

$$\begin{cases}x_1=x_3\\x_2=-2x_3+\frac{1}{2}x_4\end{cases}$$

其中 x_3,x_4 为自由未知量. 将(1,0)与(0,1)分别赋予(x_3,x_4),得到齐次线性方程组的一个基础解系 $\boldsymbol{\eta}_1=(1,-2,1,0)$,$\boldsymbol{\eta}_2=\left(0,\frac{1}{2},0,1\right)$. 若将(1,0)与(0,2)再分别赋予($x_3,x_4$),则又得到齐次线性方程组的另一个基础解系 $\boldsymbol{\eta}_1=(1,-2,1,0)$,$\boldsymbol{\eta}_2=(0,1,0,2)$.

2.5.2　线性方程组解的结构

知道了齐次线性方程组解的结构,下面来看一般地线性方程组

$$\begin{cases}a_{11}x_1+a_{12}x_2+\cdots+a_{1n}x_n=b_1\\a_{21}x_1+a_{22}x_2+\cdots+a_{2n}x_n=b_2\\\qquad\vdots\\a_{s1}x_1+a_{s2}x_2+\cdots+a_{sn}x_n=b_s\end{cases}\tag{2.5.8}$$

解的结构. 如果把线性方程组(2.5.8)的常数项换为 0,就得到齐次线性方程组(2.5.1). 齐次线性方程组(2.5.1)称为线性方程组(2.5.8)的导出组.

线性方程组(2.5.8)的解与它的导出组(2.5.1)的解有着密切的联系. 我们容易证明线性方程组的解具有如下两个性质:

性质 2.5.3　线性方程组(2.5.8)的两个解的差是它的导出组(2.5.1)的解.

性质 2.5.4　线性方程组(2.5.8)的一个解与它的导出组(2.5.1)的一个解之和是方程组(2.5.8)的一个解.

根据性质 2.5.3 和性质 2.5.4 我们可以得到下面定理.

定理 2.5.2　设 γ_0 是方程组(2.5.8)的一个特解(固定解),那么方程组(2.5.8)的任一解 $\boldsymbol{\gamma}$ 都可以表成

$$\boldsymbol{\gamma}=\boldsymbol{\gamma}_0+\boldsymbol{\eta}\tag{2.5.9}$$

其中 $\boldsymbol{\eta}$ 是导出组(2.5.1)的一个解.

证明 令 $\boldsymbol{\eta}=\boldsymbol{\gamma}-\boldsymbol{\gamma}_0$，则有 $\boldsymbol{\gamma}=\boldsymbol{\gamma}_0+\boldsymbol{\eta}$. 只需验证 $\boldsymbol{\eta}$ 是导出组(2.5.1)的解. 事实上，由于 $\boldsymbol{\gamma}$ 与 $\boldsymbol{\gamma}_0$ 都是方程组(2.5.8)的解，利用性质 2.5.3，我们知道 $\boldsymbol{\eta}$ 是方程组(2.5.8)的导出组(2.5.1)的一个解(因为它是线性方程组(2.5.8)的两个解的差).

定理 2.5.2 说明了，为了找出一线性方程组的全部解，我们只要找出它的一个解以及它的导出组的全部解就行了. 导出组是齐次线性方程组，一个齐次线性方程组的解的全体可以用它的基础解系来表出. 因此，根据定理 2.5.2，方程组(2.5.8)解可以用它的的一个特解和它的导出组(2.5.1)的基础解系来表示. 设 $\boldsymbol{\gamma}_0$ 是方程组(2.5.8)的一个特解，$\boldsymbol{\eta}_1$，$\boldsymbol{\eta}_2$，…，$\boldsymbol{\eta}_{n-r(A)}$ 是方程组(2.5.8)的导出组(2.5.1)的一个基础解系，则方程组(2.5.8)的任一解 $\boldsymbol{\gamma}$ 都可以表成

$$\boldsymbol{\gamma}=\boldsymbol{\gamma}_0+k_1\boldsymbol{\eta}_1+k_2\boldsymbol{\eta}_2+\cdots+k_{n-r(\mathbf{A})}\boldsymbol{\eta}_{n-r(\mathbf{A})} \tag{2.5.10}$$

其中 $k_1,k_2,\cdots,k_{n-r(\mathbf{A})}$ 是实数.

式(2.5.10)称为方程组(2.5.8)的**通解**.

推论 2.5.1 在方程组(2.5.8)有解的条件下，解是唯一的充分必要条件是其导出组(2.5.1)只有零解.

【例 2.5.2】 求线性方程组

$$\begin{cases} x_1+2x_2+3x_3-x_4=1 \\ 2x_1+3x_2+x_3+x_4=1 \\ 2x_1+2x_2+2x_3-x_4=1 \\ 5x_1+5x_2+2x_3=2 \end{cases}$$

的通解.

解 方程组的增广矩阵为

$$\overline{\mathbf{A}}=\begin{pmatrix} 1 & 2 & 3 & -1 & 1 \\ 2 & 3 & 1 & 1 & 1 \\ 2 & 2 & 2 & -1 & 1 \\ 5 & 5 & 2 & 0 & 2 \end{pmatrix}$$

对 $\overline{\mathbf{A}}$ 施行初等行变换，化规范形得

$$\overline{\mathbf{A}}\to\begin{pmatrix} 1 & 2 & 3 & -1 & 1 \\ 0 & -1 & -5 & 3 & -1 \\ 0 & -1 & 1 & -2 & 0 \\ 0 & -5 & -13 & 5 & -3 \end{pmatrix}\to\begin{pmatrix} 1 & 0 & -7 & 5 & -1 \\ 0 & 1 & 5 & -3 & 1 \\ 0 & 0 & 6 & -5 & 1 \\ 0 & 0 & 12 & -10 & 2 \end{pmatrix}$$

$$\to\begin{pmatrix} 1 & 0 & 0 & -\frac{5}{6} & \frac{1}{6} \\ 0 & 1 & 0 & \frac{7}{6} & \frac{1}{6} \\ 0 & 0 & 1 & -\frac{5}{6} & \frac{1}{6} \\ 0 & 0 & 0 & 0 & 0 \end{pmatrix}=\overline{\boldsymbol{B}}$$

$\overline{\boldsymbol{B}}$ 对应的线性方程组

$$\begin{cases} x_1 \qquad -\dfrac{5}{6}x_4 = \dfrac{1}{6} \\ \quad x_2 \quad +\dfrac{7}{6}x_4 = \dfrac{1}{6} \\ \qquad x_3 - \dfrac{5}{6}x_4 = \dfrac{1}{6} \end{cases}$$

与原线性方程组同解. 于是原线性方程组的一般解为

$$\begin{cases} x_1 = \dfrac{1}{6} + \dfrac{5}{6}x_4 \\ x_2 = \dfrac{1}{6} - \dfrac{7}{6}x_4 \\ x_3 = \dfrac{1}{6} + \dfrac{5}{6}x_4 \end{cases}$$

其中 x_4 为自由未知量. 令 $x_4=0$,可得到原线性方程组的一个特解

$$\boldsymbol{\gamma}_0 = \left(\frac{1}{6},\frac{1}{6},\frac{1}{6},0\right)$$

而对应的导出组一般解为

$$\begin{cases} x_1 = \dfrac{5}{6}x_4 \\ x_2 = -\dfrac{7}{6}x_4 \\ x_3 = \dfrac{5}{6}x_4 \end{cases}$$

其中 x_4 为自由未知量. x_4 取 6 即得导出组一个基础解系为

$$\boldsymbol{\eta} = (5,-7,5,6)$$

因此,线性方程组的通解可以表示为

$$\boldsymbol{\gamma}_0 + k\boldsymbol{\eta}$$

其中 k 为任意实数.

【例 2.5.3】 已知方程组

$$\begin{cases} a_{11}x_1 + a_{12}x_2 + \cdots + a_{1n}x_n = b_1 \\ a_{21}x_1 + a_{22}x_2 + \cdots + a_{2n}x_n = b_2 \\ \qquad \vdots \\ a_{n1}x_1 + a_{n2}x_2 + \cdots + a_{nn}x_n = b_n \end{cases} \tag{2.5.11}$$

与

$$\begin{cases} A_{11}x_1 + A_{12}x_2 + \cdots + A_{1n}x_n = c_1 \\ A_{21}x_1 + A_{22}x_2 + \cdots + A_{2n}x_n = c_2 \\ \qquad \vdots \\ A_{n1}x_1 + A_{n2}x_2 + \cdots + A_{nn}x_n = c_n \end{cases} \tag{2.5.12}$$

其中 $\boldsymbol{A}_{ij}(i,j=1,2,\cdots,n)$为元素 $a_{ij}(i,j=1,2,\cdots,n)$在方程组(2.5.11)的系数行列式中的代数余子式. 证明:若方程组(2.5.11)有唯一解,则方程组(2.5.12)也有唯一解.

证明　由于方程组(2.5.11)有唯一解,利用推论 2.5.1,它的导出组

$$\begin{cases} a_{11}x_1 + a_{12}x_2 + \cdots + a_{1n}x_n = 0 \\ a_{21}x_1 + a_{22}x_2 + \cdots + a_{2n}x_n = 0 \\ \qquad\vdots \\ a_{n1}x_1 + a_{n2}x_2 + \cdots + a_{nn}x_n = 0 \end{cases} \tag{2.5.13}$$

只有零解.再根据推论 2.3.1 知,齐次线性方程组(2.5.13)的系数矩阵 $\boldsymbol{A}=(a_{ij})_{n\times n}$的行列式不等于零.这样,由第一章第 7 节例 2 知方程组(2.5.12)也有唯一解.

【例 2.5.4】　4 元非齐次线性方程组的系数矩阵的秩为 3,已知 $\boldsymbol{\alpha}_1,\boldsymbol{\alpha}_2,\boldsymbol{\alpha}_3$ 是它的 3 个解向量,其中 $\boldsymbol{\alpha}_1=\begin{pmatrix}2\\3\\4\\5\end{pmatrix}$,$\boldsymbol{\alpha}_2+\boldsymbol{\alpha}_3=\begin{pmatrix}2\\4\\6\\8\end{pmatrix}$,试求该方程组的通解.

解　设 4 元非齐次线性方程组为 $\boldsymbol{AX}=\boldsymbol{b}$,则根据题设条件可知:

$$\boldsymbol{A\alpha}_i = \boldsymbol{b},\quad i = 1,2,3$$

从而

$$\boldsymbol{A}\left(\frac{1}{2}(\boldsymbol{\alpha}_2 + \boldsymbol{\alpha}_3)\right) = \boldsymbol{b},\quad \boldsymbol{A}\left(\boldsymbol{\alpha}_1 - \frac{1}{2}(\boldsymbol{\alpha}_2 + \boldsymbol{\alpha}_3)\right) = \boldsymbol{0}$$

即

$$\boldsymbol{\alpha}_1 - \frac{1}{2}(\boldsymbol{\alpha}_2 + \boldsymbol{\alpha}_3) = \begin{pmatrix}1\\1\\1\\1\end{pmatrix}$$

是 $\boldsymbol{AX}=\boldsymbol{0}$ 的一个非零解.又因为 $R(\boldsymbol{A})=3$,所以齐次线性方程组 $\boldsymbol{AX}=\boldsymbol{0}$ 的基础解系中仅含一个解向量.因此,根据非齐次线性方程组解的结构知该方程组的通解是

$$\boldsymbol{\alpha}_1 + k\begin{pmatrix}1\\1\\1\\1\end{pmatrix} = \begin{pmatrix}2\\3\\4\\5\end{pmatrix} + k\begin{pmatrix}1\\1\\1\\1\end{pmatrix}$$

习　题　二

1. 判断下列方程组是否有解,若有解,用消元法求出一般解.

(1) $\begin{cases} 4x_1+2x_2-x_3=2 \\ 3x_1-x_2+2x_3=10 \\ 11x_1+3x_2=8 \end{cases}$　　(2) $\begin{cases} 2x_1+x_2-x_3+x_4=1 \\ 4x_1+2x_2-2x_3+x_4=2 \\ 2x_1+x_2-x_3-x_4=1 \end{cases}$

(3) $\begin{cases} 2x_1+3x_2+x_3=4 \\ x_1-2x_2+4x_3=-5 \\ 3x_1+8x_2-2x_3=13 \\ 4x_1-x_2+9x_3=-6 \end{cases}$　　(4) $\begin{cases} 2x_1+x_2-x_3+x_4=1 \\ 3x_1-2x_2+x_3-3x_4=4 \\ x_1+4x_2-3x_3+5x_4=-2 \end{cases}$

2. k 取何值时，线性方程组

$$\begin{cases} kx_1+x_2+x_3=1 \\ x_1+kx_2+x_3=k \\ x_1+x_2+kx_3=k^2 \end{cases}$$

无解？有唯一解？有无穷多个解？有解时并求出它的解.

3. 当 k 取何值时，线性方程组

$$\begin{cases} (k-2)x_1-3x_2-2x_3=0 \\ -x_1+(k-8)x_2-2x_3=0 \\ 2x_1+14x_2+(k+3)x_3=0 \end{cases}$$

有非零解？并求出它的一般解.

4. 已知向量 $\boldsymbol{\alpha}_1=(1,0,3,0)$，$\boldsymbol{\alpha}_2=(0,1,1,0)$，$\boldsymbol{\alpha}_3=(0,0,1,2)$，求解下列向量方程 $5\boldsymbol{x}+2\boldsymbol{\alpha}_1-\boldsymbol{\alpha}_2=\boldsymbol{\alpha}_3$.

5. 已知向量 $\boldsymbol{\varepsilon}_1=(1,0,0,0)$，$\boldsymbol{\varepsilon}_2=(0,1,0,0)$，$\boldsymbol{\varepsilon}_3=(0,0,1,0)$，$\boldsymbol{\varepsilon}_4=(0,0,0,1)$，$\boldsymbol{a}=(2,0,3,1)$. 求 x_1,x_2,x_3,x_4 使得 $\boldsymbol{a}=x_1\boldsymbol{\varepsilon}_1+x_2\boldsymbol{\varepsilon}_2+x_3\boldsymbol{\varepsilon}_3+x_4\boldsymbol{\varepsilon}_4$.

6. 设向量组 $\boldsymbol{\alpha}_1,\boldsymbol{\alpha}_2,\boldsymbol{\alpha}_3$ 线性无关，$\boldsymbol{\alpha}_2,\boldsymbol{\alpha}_3,\boldsymbol{\alpha}_4$ 线性无关，问 $\boldsymbol{\alpha}_1,\boldsymbol{\alpha}_2,\boldsymbol{\alpha}_3,\boldsymbol{\alpha}_4$ 是否线性无关？

7. 判别向量组 $\boldsymbol{\alpha}_1=(-1,4,0,2)$，$\boldsymbol{\alpha}_2=(5,1,3,0)$，$\boldsymbol{\alpha}_3=(3,-2,4,-1)$，$\boldsymbol{\alpha}_4=(-2,9,-5,4)$，$\boldsymbol{\alpha}_5=(1,7,-1,3)$ 的线性相关性.

8. 设向量组 $\boldsymbol{\alpha}_1,\boldsymbol{\alpha}_2,\boldsymbol{\alpha}_3$ 线性无关，证明 $\boldsymbol{\alpha}_1+\boldsymbol{\alpha}_2,\boldsymbol{\alpha}_2+\boldsymbol{\alpha}_3,\boldsymbol{\alpha}_3+\boldsymbol{\alpha}_1$ 也线性无关.

9. 设 $\boldsymbol{\beta}_1=\boldsymbol{\alpha}_1+\boldsymbol{\alpha}_2$，$\boldsymbol{\beta}_2=\boldsymbol{\alpha}_2+\boldsymbol{\alpha}_3$，$\boldsymbol{\beta}_3=\boldsymbol{\alpha}_3+\boldsymbol{\alpha}_4$，$\boldsymbol{\beta}_4=\boldsymbol{\alpha}_4+\boldsymbol{\alpha}_1$，证明 $\boldsymbol{\beta}_1,\boldsymbol{\beta}_2,\boldsymbol{\beta}_3,\boldsymbol{\beta}_4$ 线性相关.

10. 证明：如果向量组(Ⅰ)可以由向量组(Ⅱ)线性表示，那么向量组(Ⅰ)的秩不超过向量组(Ⅱ)的秩.

11. 求下列向量组的一个极大线性无关组和秩，并将其余向量用该极大无关组线性表示.

(1) $\boldsymbol{\alpha}_1=(2,-1,3,5)$，$\boldsymbol{\alpha}_2=(4,-3,1,3)$，$\boldsymbol{\alpha}_3=(3,-2,3,4)$，$\boldsymbol{\alpha}_4=(4,-1,15,17)$；

(2) $\boldsymbol{\alpha}_1=(1,-1,2,1,0)$，$\boldsymbol{\alpha}_2=(2,1,4,-2,0)$，$\boldsymbol{\alpha}_3=(3,0,6,-1,0)$，$\boldsymbol{\alpha}_4=(0,3,0,0,1)$.

12. 求下列矩阵的秩.

(1) $\begin{pmatrix} 2 & 1 & 11 & 2 \\ 1 & 0 & 4 & 1 \\ 11 & 4 & 56 & 5 \\ 2 & -1 & 5 & -6 \end{pmatrix}$　　(2) $\begin{pmatrix} 1 & 2 & -1 & 0 & 3 \\ 2 & -1 & 0 & 1 & -1 \\ 3 & 1 & -1 & 1 & 2 \\ 0 & -5 & 2 & 1 & -7 \end{pmatrix}$

13. k 取何值时，方程组

$$\begin{cases} kx_1+x_2+2x_3-3x_4=2 \\ k^2x_1-3x_2+2x_3+x_4=-1 \\ k^3x_1-x_2+2x_3-x_4=-1 \end{cases}$$

有解？并求它的全部解.

14. a,b 为何值时，方程组

$$\begin{cases} x_1+x_2+x_3+x_4+x_5=1 \\ 3x_1+2x_2+x_3+x_4-3x_5=a \\ x_2+2x_3+2x_4+6x_5=3 \\ 5x_1+4x_2+3x_3+3x_4-x_5=b \end{cases}$$

有解？有解时求出它的一般解.

15. 求下列齐次线性方程组的一个基础解系.

(1) $\begin{cases} 3x_1+2x_2-5x_3+4x_4=0 \\ 3x_1-x_2+3x_3-3x_4=0 \\ 3x_1+5x_2-13x_3+11x_4=0 \end{cases}$　　(2) $\begin{cases} 2x_1-4x_2+5x_3+3x_4=0 \\ 3x_1-6x_2+4x_3+2x_4=0 \\ 4x_1-8x_2+17x_3+11x_4=0 \end{cases}$

(3) $\begin{cases} 2x_1-5x_2+x_3-3x_4=0 \\ -3x_1+4x_2-2x_3+x_4=0 \\ x_1+2x_2-x_3+3x_4=0 \\ -2x_1+15x_2-6x_3+13x_4=0 \end{cases}$　　(4) $\begin{cases} 3x_1-5x_2+x_3-2x_4=0 \\ 2x_1+3x_2-5x_3+x_4=0 \\ -x_1+7x_2-4x_3+3x_4=0 \\ 4x_1+15x_2-7x_3+9x_4=0 \end{cases}$

16. 写出一个以

$$c_1\begin{pmatrix} 2 \\ -3 \\ 1 \\ 0 \end{pmatrix}+c_2\begin{pmatrix} -2 \\ 4 \\ 0 \\ 1 \end{pmatrix}$$

为全部解的齐次线性方程组,其中 c_1,c_2 为任意实数.

17. 求下列方程组的通解.

(1) $\begin{cases} 2x_1+x_2-x_3+x_4=1 \\ 3x_1-2x_2+2x_3-3x_4=2 \\ 5x_1+x_2-x_3+2x_4=-1 \\ 2x_1-x_2+x_3-3x_4=4 \end{cases}$　　(2) $\begin{cases} 2x_1-3x_2+x_3-5x_4=1 \\ -5x_1-10x_2-2x_3+x_4=-21 \\ x_1+4x_2+3x_3+2x_4=1 \\ 2x_1-4x_2+9x_3-3x_4=-16 \end{cases}$

(3) $\begin{cases} 2x_1+x_2-x_3+x_4=1 \\ 3x_1-2x_2+x_3-3x_4=4 \\ x_1+4x_2-3x_3+5x_4=-2 \end{cases}$

18. 对于线性方程组

$$\begin{cases} \lambda x_1+x_2+x_3=\lambda-3 \\ x_1+\lambda x_2+x_3=-2 \\ x_1+x_2+\lambda x_3=-2 \end{cases}$$

讨论 λ 取何值时方程组无解,有唯一解和有无穷多组解,在方程组有无穷多组解时,试用其导出组的基础解系表示全部解.

19. a,b 为何值时,线性方程组

$$\begin{cases} x_1+x_2+x_3+x_4=0 \\ x_2+2x_3+2x_4=1 \\ -x_2+(a-3)x_3-2x_4=b \\ 3x_1+2x_2+x_3+ax_4=-1 \end{cases}$$

有唯一解？无解？有无穷多组解？并求出有无穷多组解时的通解.

20. 设 $\sum_{i=1}^{n} a_i \neq 0$，讨论 $a_1, a_2, \cdots, a_n$ 满足何关系时，方程组

$$\begin{cases} (a_1+b)x_1 + a_2x_2 + \cdots + a_nx_n = 0 \\ a_1x_1 + (a_2+b)x_2 + \cdots + a_nx_n = 0 \\ \qquad \vdots \\ a_1x_1 + a_2x_2 + \cdots + (a_n+b)x_n = 0 \end{cases}$$

(1) 仅有零解.

(2) 有非零解，并求一个基础解系.

21. 已知三阶矩阵 $\boldsymbol{B} \neq 0$，且 $\boldsymbol{B}$ 的每个列向量都是方程组

$$\begin{cases} x_1 + 2x_2 - 2x_3 = 0 \\ 2x_1 - x_2 + \lambda x_3 = 0 \\ 3x_1 + x_2 - x_3 = 0 \end{cases}$$

的解.

(1) 求 λ 的值.

(2) 证明 $|\boldsymbol{B}| = 0$.

第3章　矩　　阵

我们在讨论线性方程组时已经看到矩阵所起的作用，但是矩阵的应用不仅限于线性方程组，而是多方面的. 因此矩阵已成为线性代数的主要研究对象之一.

3.1　矩阵的运算

3.1.1　矩阵的加法

定义 3.1.1　两个 $m\times n$ 矩阵 $\boldsymbol{A}=(a_{ij})$ 和 $\boldsymbol{B}=(b_{ij})$ 的和 $\boldsymbol{A}+\boldsymbol{B}$ 指的是 $(a_{ij}+b_{ij})$，即

$$\boldsymbol{A}+\boldsymbol{B}=\begin{pmatrix} a_{11}+b_{11} & a_{12}+b_{12} & \cdots & a_{1n}+b_{1n} \\ a_{21}+b_{21} & a_{22}+b_{22} & \cdots & a_{2n}+b_{2n} \\ \vdots & \vdots & & \vdots \\ a_{m1}+b_{m1} & a_{m2}+b_{m2} & \cdots & a_{mn}+b_{mn} \end{pmatrix}$$

换句话说，两个同型矩阵（行数相同且列数相同的矩阵）相加，就是把它们对应元素相加.

我们把矩阵 $(-a_{ij})$ 称为矩阵 $\boldsymbol{A}=(a_{ij})$ 的负矩阵，记为 $-\boldsymbol{A}$. 利用负矩阵，我们可以定义矩阵的减法：

$$\boldsymbol{A}-\boldsymbol{B}=\boldsymbol{A}+(-\boldsymbol{B})$$

矩阵加法满足下列运算规律：

$$\boldsymbol{A}+\boldsymbol{B}=\boldsymbol{B}+\boldsymbol{A}\quad（交换律）\tag{3.1.1}$$

$$(\boldsymbol{A}+\boldsymbol{B})+\boldsymbol{C}=\boldsymbol{A}+(\boldsymbol{B}+\boldsymbol{C})\quad（结合律）\tag{3.1.2}$$

$$\boldsymbol{A}+\boldsymbol{0}=\boldsymbol{A}\tag{3.1.3}$$

$$\boldsymbol{A}+(-\boldsymbol{A})=\boldsymbol{0}\tag{3.1.4}$$

3.1.2　矩阵的数乘

定义 3.1.2　数 λ 与 $m\times n$ 矩阵 $\boldsymbol{A}=(a_{ij})$ 的乘积 $\lambda\boldsymbol{A}$ 指的是 (λa_{ij})，即

$$\lambda\boldsymbol{A}=\begin{pmatrix} \lambda a_{11} & \lambda a_{12} & \cdots & \lambda a_{1n} \\ \lambda a_{21} & \lambda a_{22} & \cdots & \lambda a_{2n} \\ \vdots & \vdots & & \vdots \\ \lambda a_{m1} & \lambda a_{m2} & \cdots & \lambda a_{mn} \end{pmatrix}$$

换句话说，用一个数乘矩阵，就是用这个数乘矩阵的每一个元素，这种运算称为矩阵的数乘.

矩阵的数乘满足下列运算规律：

$$k(\boldsymbol{A}+\boldsymbol{B})=k\boldsymbol{A}+k\boldsymbol{B}\tag{3.1.5}$$

$$(k+l)\boldsymbol{A}=k\boldsymbol{A}+l\boldsymbol{A}\tag{3.1.6}$$

$$k(lA) = (kl)A \tag{3.1.7}$$

$$1A = A \tag{3.1.8}$$

这里 k,l 为任意数.

3.1.3　矩阵的乘法

定义 3.1.3　设矩阵 $A=(a_{ij})_{s\times n}$,$B=(b_{ij})_{n\times p}$,那么 A 与 B 的乘积 AB 指的是

$$AB = (c_{ij})_{s\times p}$$

这里 $c_{ij}=a_{i1}b_{1j}+a_{i2}b_{2j}+\cdots+a_{in}b_{nj}\quad i=1,2,\cdots,s;j=1,2,\cdots,n.$

应该注意:两个矩阵相乘,必须满足前一矩阵的列数等于后一矩阵的行数.乘积 AB 的行数与列数就是 A 的行数与 B 的列数.

【例 3.1.1】　设

$$A=\begin{pmatrix}1&0&-1&2\\-1&1&3&0\\0&5&-1&4\end{pmatrix},\quad B=\begin{pmatrix}0&3&4\\1&2&1\\3&1&-1\\-1&2&1\end{pmatrix}$$

求 AB,BA.

解　根据矩阵乘法,A 与 B,B 与 A 都是可乘的,且

$$AB=\begin{pmatrix}1&0&-1&2\\-1&1&3&0\\0&5&-1&4\end{pmatrix}\begin{pmatrix}0&3&4\\1&2&1\\3&1&-1\\-1&2&1\end{pmatrix}$$

$$=\begin{pmatrix}-5&6&7\\10&2&-6\\-2&17&10\end{pmatrix}$$

$$BA=\begin{pmatrix}0&3&4\\1&2&1\\3&1&-1\\-1&2&1\end{pmatrix}\begin{pmatrix}1&0&-1&2\\-1&1&3&0\\0&5&-1&4\end{pmatrix}$$

$$=\begin{pmatrix}-3&23&5&16\\-1&7&4&6\\2&-4&1&2\\-3&7&6&2\end{pmatrix}$$

【例 3.1.2】　设

$$A=\begin{pmatrix}3&3\\2&2\end{pmatrix},\quad B=\begin{pmatrix}-1&1\\1&-1\end{pmatrix},$$

$$C=\begin{pmatrix}2&1&-3&0\\-1&2&5&1\end{pmatrix},\quad D=\begin{pmatrix}1&3&-1\\3&1&0\\2&2&1\\-1&-3&7\end{pmatrix}$$

求 $\boldsymbol{AB},\boldsymbol{BA},\boldsymbol{CD},\boldsymbol{DC}$.

解 根据矩阵乘法，$\boldsymbol{A}$ 与 $\boldsymbol{B}$，$\boldsymbol{B}$ 与 $\boldsymbol{A}$ 和 $\boldsymbol{C}$ 与 $\boldsymbol{D}$ 都是可乘的，且

$$\boldsymbol{AB}=\begin{pmatrix}0&0\\0&0\end{pmatrix},\quad \boldsymbol{BA}=\begin{pmatrix}-1&-1\\1&1\end{pmatrix},\quad \boldsymbol{CD}=\begin{pmatrix}-1&1&-5\\14&6&13\end{pmatrix}$$

由于 $\boldsymbol{D}$ 的列数不等于 $\boldsymbol{C}$ 的行数，所以 $\boldsymbol{DC}$ 无意义.

上面两个例子说明矩阵的乘法不满足交换律，即一般来说

$$\boldsymbol{AB}\neq\boldsymbol{BA}$$

$\boldsymbol{AB}\neq\boldsymbol{BA}$ 有三个方面含义：①$\boldsymbol{AB}$ 有意义，$\boldsymbol{BA}$ 未必有意义；②$\boldsymbol{AB},\boldsymbol{BA}$ 有意义，但它们未必是同型的；③即使 $\boldsymbol{AB}$ 与 $\boldsymbol{BA}$ 是同型的矩阵，也不一定有 $\boldsymbol{AB}=\boldsymbol{BA}$.

从例 2 我们还看到，$\boldsymbol{A}\neq\boldsymbol{0},\boldsymbol{B}\neq\boldsymbol{0}$，但 $\boldsymbol{AB}=\boldsymbol{0}$，即两个不为零的矩阵的乘积可以是零矩阵，这是矩阵乘积的一个特点. 由于这个特点，矩阵乘积不满足消去律，即一般来说，若 $\boldsymbol{AB}=\boldsymbol{AC}$ 或 $\boldsymbol{BA}=\boldsymbol{CA}$，未必有 $\boldsymbol{B}=\boldsymbol{C}$. 例如

$$\boldsymbol{A}=\begin{pmatrix}1&-1\\-1&1\end{pmatrix},\quad \boldsymbol{B}=\begin{pmatrix}1&1\\0&0\end{pmatrix},\quad \boldsymbol{C}=\begin{pmatrix}0&0\\-1&-1\end{pmatrix}$$

则 $\boldsymbol{BA}=\boldsymbol{CA}$，但 $\boldsymbol{B}\neq\boldsymbol{A}$；再如

$$\boldsymbol{A}=\begin{pmatrix}1&3\\1&3\end{pmatrix},\quad \boldsymbol{B}=\begin{pmatrix}0&3\\0&-1\end{pmatrix},\quad \boldsymbol{C}=\begin{pmatrix}6&0\\-2&0\end{pmatrix}$$

则 $\boldsymbol{AB}=\boldsymbol{AC}$，但 $\boldsymbol{B}\neq\boldsymbol{C}$.

虽然矩阵的乘法不满足交换律和消去律，但它仍然满足如下常见的性质：

$$(\boldsymbol{AB})\boldsymbol{C}=\boldsymbol{A}(\boldsymbol{BC})\quad\text{（结合律）}\tag{3.1.9}$$

$$(\boldsymbol{A}+\boldsymbol{B})\boldsymbol{C}=\boldsymbol{AC}+\boldsymbol{BC}\quad\text{（左分配律）}\tag{3.1.10}$$

$$\boldsymbol{A}(\boldsymbol{B}+\boldsymbol{C})=\boldsymbol{AB}+\boldsymbol{AC}\quad\text{（右分配律）}\tag{3.1.11}$$

$$k(\boldsymbol{AB})=(k\boldsymbol{A})\boldsymbol{B}=\boldsymbol{A}(k\boldsymbol{B})\tag{3.1.12}$$

这里出现的矩阵 $\boldsymbol{A},\boldsymbol{B},\boldsymbol{C}$ 满足可乘的条件，其中 k 是任意数.

下面给出式(3.1.9)的证明，其他证明留给读者.

设

$$\boldsymbol{A}=(a_{ij})_{sn},\quad \boldsymbol{B}=(b_{jk})_{nm},\quad \boldsymbol{C}=(c_{kl})_{mr}$$

我们证明

$$(\boldsymbol{AB})\boldsymbol{C}=\boldsymbol{A}(\boldsymbol{BC})$$

令

$$\boldsymbol{V}=\boldsymbol{AB}=(v_{ik})_{sm},\quad \boldsymbol{W}=\boldsymbol{BC}=(w_{jl})_{nr}$$

其中

$$v_{ik}=\sum_{j=1}^{n}a_{ij}b_{jk}\quad(i=1,2,\cdots,s;k=1,2,\cdots,m)$$

$$w_{jl}=\sum_{k=1}^{m}a_{jk}b_{kl}\quad(j=1,2,\cdots,n;l=1,2,\cdots,r)$$

因为

$$(\boldsymbol{AB})\boldsymbol{C}=\boldsymbol{VC}$$

中 $\boldsymbol{VC}$ 的第 i 行第 l 列元素为

$$\sum_{k=1}^{m}v_{ik}c_{kl}=\sum_{k=1}^{m}\Big(\sum_{j=1}^{n}a_{ij}b_{jk}\Big)c_{kl}=\sum_{k=1}^{m}\sum_{j=1}^{n}a_{ij}b_{jk}c_{kl}\tag{3.1.13}$$

而

$$\boldsymbol{A}(\boldsymbol{BC})=\boldsymbol{AW}$$

中 $\boldsymbol{AW}$ 的第 i 行第 l 列元素为

$$\sum_{j=1}^{n}a_{ij}w_{jl}=\sum_{j=1}^{n}a_{ij}\Big(\sum_{k=1}^{m}b_{jk}c_{kl}\Big)=\sum_{j=1}^{n}\sum_{k=1}^{m}a_{ij}b_{jk}c_{kl}\tag{3.1.14}$$

由于双重连加号可以交换次序，所以(3.1.13)与(3.1.14)的结果是一样的，这就证明了结合律.

对于单位矩阵 $\boldsymbol{E}$，容易验证

$$\boldsymbol{E}_m\boldsymbol{A}_{m\times n}=\boldsymbol{A}_{m\times n}\boldsymbol{E}_n=\boldsymbol{A}_{m\times n}$$

若 λ 是数，那么矩阵

$$\lambda\boldsymbol{E}=\begin{pmatrix}\lambda&&&\\&\lambda&&\\&&\ddots&\\&&&\lambda\end{pmatrix}$$

称为纯量矩阵. 作为式(3.1.12)的特殊情况，当 $\boldsymbol{A}$ 为 $n\times n$ 矩阵时，有

$$\lambda\boldsymbol{A}=(\lambda\boldsymbol{E})\boldsymbol{A}=\boldsymbol{A}(\lambda\boldsymbol{E})$$

即纯量矩阵与任意方阵可交换.

有了矩阵的乘法，还可以定义矩阵的方幂，设 $\boldsymbol{A}$ 为 $n\times n$ 矩阵，定义

$$\boldsymbol{A}^0=\boldsymbol{E}$$

$$\boldsymbol{A}^{k+1}=\boldsymbol{A}^k\boldsymbol{A}\quad(k\text{ 为非负整数})$$

根据乘法结合律不难证明：

$$\boldsymbol{A}^s\boldsymbol{A}^t=\boldsymbol{A}^{s+t}\tag{3.1.15}$$

$$(\boldsymbol{A}^s)^t=\boldsymbol{A}^{st}\tag{3.1.16}$$

s,t 为非负整数.

一般地，$(\boldsymbol{AB})^s\neq\boldsymbol{A}^s\boldsymbol{B}^s$.

【例 3.1.3】 计算

$$\begin{pmatrix}\cos\theta&-\sin\theta\\\sin\theta&\cos\theta\end{pmatrix}^n$$

解 对 n 进行数学归纳法：

$n=1$ 时，$\boldsymbol{A}=\begin{pmatrix}\cos\theta&-\sin\theta\\\sin\theta&\cos\theta\end{pmatrix}$

假设 $n=k$ 时，$\mathbf{A}^k=\begin{pmatrix}\cos k\theta & -\sin k\theta\\ \sin k\theta & \cos k\theta\end{pmatrix}$，那么当 $n=k+1$ 时，

$$\begin{aligned}\mathbf{A}^{k+1}=\mathbf{A}^k\mathbf{A}&=\begin{pmatrix}\cos k\theta & -\sin k\theta\\ \sin k\theta & \cos k\theta\end{pmatrix}\begin{pmatrix}\cos\theta & -\sin\theta\\ \sin\theta & \cos\theta\end{pmatrix}\\&=\begin{pmatrix}\cos k\theta\cos\theta-\sin k\theta\sin\theta & -\cos k\theta\sin\theta-\sin k\theta\cos\theta\\ \sin k\theta\cos\theta+\cos k\theta\sin\theta & -\sin k\theta\sin\theta+\cos k\theta\cos\theta\end{pmatrix}\\&=\begin{pmatrix}\cos(k+1)\theta & -\sin(k+1)\theta\\ \sin(k+1)\theta & \cos(k+1)\theta\end{pmatrix}\end{aligned}$$

根据数学归纳法原理，对任何正整数 n

$$\begin{pmatrix}\cos\theta & -\sin\theta\\ \sin\theta & \cos\theta\end{pmatrix}^n=\begin{pmatrix}\cos n\theta & -\sin n\theta\\ \sin n\theta & \cos n\theta\end{pmatrix}$$

【例 3.1.4】 设

$$\mathbf{A}=\begin{pmatrix}1 & 2\\ -1 & -1\end{pmatrix}$$

试求与 $\mathbf{A}$ 可交换的所有的 2 阶方阵.

解 设与 $\mathbf{A}$ 可交换的 2 阶方阵为

$$\begin{pmatrix}a & b\\ c & d\end{pmatrix}$$

则有

$$\begin{pmatrix}1 & 2\\ -1 & -1\end{pmatrix}\begin{pmatrix}a & b\\ c & d\end{pmatrix}=\begin{pmatrix}a & b\\ c & d\end{pmatrix}\begin{pmatrix}1 & 2\\ -1 & -1\end{pmatrix}$$

即

$$\begin{pmatrix}a+2c & b+2d\\ -a-c & -b-d\end{pmatrix}=\begin{pmatrix}a-b & 2a-b\\ c-d & 2c-d\end{pmatrix}$$

从而有

$$\begin{cases}a+2c=a-b\\ b+2d=2a-b\\ -a-c=c-d\\ -b-d=2c-d\end{cases}$$

解之得

$$\begin{cases}a=-2c+d\\ b=-2c\end{cases}$$

因此与 $\mathbf{A}$ 可交换的矩阵为

$$\begin{pmatrix}-2c+d & -2c\\ c & d\end{pmatrix}$$

其中 c,d 可取任意数.

设 $f(x)=a_mx^m+a_{m-1}x^{m-1}+\cdots+a_1x+a_0$ 是任意多项式，$\mathbf{A}$ 是任意 $n\times n$ 矩阵，则 $a_mA^m+a_{m-1}A^{m-1}+\cdots+a_1A+a_0E_n$ 称为矩阵 $\mathbf{A}$ 的多项式，记为 $f(\mathbf{A})$，即

$$f(\boldsymbol{A})=a_mA^m+a_{m-1}A^{m-1}+\cdots+a_1A+a_0E_n$$

【例 3.1.5】 设 $f(x)=x^2+2x+3$，$\boldsymbol{A}=\begin{pmatrix}2&3\\-1&1\end{pmatrix}$，求 $f(\boldsymbol{A})$.

解 $f(\boldsymbol{A})=\boldsymbol{A}^2+2\boldsymbol{A}+3\boldsymbol{E}$

$$=\begin{pmatrix}2&3\\-1&1\end{pmatrix}^2+2\begin{pmatrix}2&3\\-1&1\end{pmatrix}+3\begin{pmatrix}1&0\\0&1\end{pmatrix}$$

$$=\begin{pmatrix}1&9\\-3&-2\end{pmatrix}+\begin{pmatrix}4&6\\-2&2\end{pmatrix}+\begin{pmatrix}3&0\\0&3\end{pmatrix}=\begin{pmatrix}8&15\\-5&3\end{pmatrix}$$

设有两个多项式 $f(x)$ 和 $g(x)$，由矩阵运算不难验证，如果

$$f(x)+g(x)=u(x),\quad f(x)g(x)=v(x)$$

那么

$$f(\boldsymbol{A})+g(\boldsymbol{A})=u(\boldsymbol{A})$$
$$f(\boldsymbol{A})g(\boldsymbol{A})=v(\boldsymbol{A})$$

由矩阵和行列式的乘法，我们不难得到以下定理和推论.

定理 3.1.1 设 $\boldsymbol{A},\boldsymbol{B}$ 是两个 n 阶矩阵，那么 $|\boldsymbol{AB}|=|\boldsymbol{A}||\boldsymbol{B}|$.

推论 3.1.1 设 $\boldsymbol{A}_1,\boldsymbol{A}_2,\cdots,\boldsymbol{A}_s$ 为同级矩阵，则 $|\boldsymbol{A}_1\boldsymbol{A}_2\cdots\boldsymbol{A}_s|=|\boldsymbol{A}_1||\boldsymbol{A}_2|\cdots|\boldsymbol{A}_s|$.

3.1.4 矩阵的转置

定义 3.1.4 设矩阵

$$\boldsymbol{A}=\begin{pmatrix}a_{11}&a_{12}&\cdots&a_{1n}\\a_{21}&a_{22}&\cdots&a_{2n}\\\vdots&\vdots&&\vdots\\a_{s1}&a_{s2}&\cdots&a_{sn}\end{pmatrix}$$

则矩阵

$$\begin{pmatrix}a_{11}&a_{21}&\cdots&a_{s1}\\a_{12}&a_{22}&\cdots&a_{s2}\\\vdots&\vdots&&\vdots\\a_{1n}&a_{2n}&\cdots&a_{sn}\end{pmatrix}$$

称为 $\boldsymbol{A}$ 的转置，记为 $\boldsymbol{A}^{\mathrm{T}}$.

显然，$s\times n$ 矩阵的转置是 $n\times s$ 矩阵. 例如矩阵

$$\boldsymbol{A}=\begin{pmatrix}1&2&3\\4&5&6\end{pmatrix}$$

的转置为

$$\boldsymbol{A}^{\mathrm{T}}=\begin{pmatrix}1&4\\2&5\\3&6\end{pmatrix}$$

矩阵转置满足下列算律：

$$(\boldsymbol{A}^{\mathrm{T}})^{\mathrm{T}}=\boldsymbol{A}\tag{3.1.17}$$

$$(\boldsymbol{A}+\boldsymbol{B})^{\mathrm{T}}=\boldsymbol{A}^{\mathrm{T}}+\boldsymbol{B}^{\mathrm{T}} \tag{3.1.18}$$

$$(k\boldsymbol{A})^{\mathrm{T}}=k\boldsymbol{A}^{\mathrm{T}} \tag{3.1.19}$$

$$(\boldsymbol{AB})^{\mathrm{T}}=\boldsymbol{B}^{\mathrm{T}}\boldsymbol{A}^{\mathrm{T}} \tag{3.1.20}$$

这里仅证明(3.1.20),其他留给读者证明.

设矩阵$\boldsymbol{A}=(a_{ij})_{s\times n}$,$\boldsymbol{B}=(b_{ij})_{n\times p}$,记$\boldsymbol{AB}=\boldsymbol{C}=(c_{ij})_{s\times p}$,$\boldsymbol{B}^{\mathrm{T}}\boldsymbol{A}^{\mathrm{T}}=\boldsymbol{D}=(d_{ij})_{p\times n}$,于是按乘法定义有

$$c_{ij}=a_{i1}b_{1j}+a_{i2}b_{2j}+\cdots+a_{in}b_{nj}$$

而$\boldsymbol{B}^{\mathrm{T}}$的第$i$行为$(b_{1i},b_{2i},\cdots,b_{1i})$,$\boldsymbol{A}^{\mathrm{T}}$第$j$列为$(a_{j1},a_{j2},\cdots,a_{jn})^{\mathrm{T}}$,因此

$$\begin{aligned}d_{ij}&=(b_{1i},b_{2i},\cdots,b_{1i})\begin{pmatrix}a_{j1}\\a_{j2}\\\vdots\\a_{jn}\end{pmatrix}\\&=a_{j1}b_{1i}+a_{j2}b_{2i}+\cdots+a_{jn}b_{1i}\end{aligned}$$

所以

$$d_{ij}=c_{ji},\quad i=1,2,\cdots,n,j=1,2,\cdots,m$$

故$\boldsymbol{D}=\boldsymbol{C}^{\mathrm{T}}$,亦即$\boldsymbol{B}^{\mathrm{T}}\boldsymbol{A}^{\mathrm{T}}=(\boldsymbol{AB})^{\mathrm{T}}$.

例如设

$$\boldsymbol{A}=(1,-1,2),\quad \boldsymbol{B}=\begin{pmatrix}2&-1&0\\1&1&3\\4&2&1\end{pmatrix}$$

则

$$\boldsymbol{AB}=(1,-1,2)\begin{pmatrix}2&-1&0\\1&1&3\\4&2&1\end{pmatrix}=(9,2,-1)$$

$$\boldsymbol{B}^{\mathrm{T}}\boldsymbol{A}^{\mathrm{T}}=\begin{pmatrix}2&1&4\\-1&1&2\\0&3&1\end{pmatrix}\begin{pmatrix}1\\-1\\2\end{pmatrix}=\begin{pmatrix}9\\2\\-1\end{pmatrix}=(\boldsymbol{AB})^{\mathrm{T}}$$

定义 3.1.5 若$\boldsymbol{A}^{\mathrm{T}}=\boldsymbol{A}$,则称矩阵$\boldsymbol{A}$是对称矩阵;若$\boldsymbol{A}^{\mathrm{T}}=-\boldsymbol{A}$,则称矩阵$\boldsymbol{A}$是反对称矩阵.

【例 3.1.6】 证明任一n阶矩阵$\boldsymbol{A}$可以表成一个对称矩阵和反对称矩阵之和,并且这种表示法是唯一的.

证明 记

$$\boldsymbol{B}=\frac{1}{2}(\boldsymbol{A}+\boldsymbol{A}^{\mathrm{T}}),\quad \boldsymbol{C}=\frac{1}{2}(\boldsymbol{A}-\boldsymbol{A}^{\mathrm{T}})$$

则

$$\boldsymbol{B}^{\mathrm{T}}=\frac{1}{2}(\boldsymbol{A}+\boldsymbol{A}^{\mathrm{T}})=\boldsymbol{B},\quad \boldsymbol{C}^{\mathrm{T}}=-\frac{1}{2}(\boldsymbol{A}-\boldsymbol{A}^{\mathrm{T}})=-\boldsymbol{C}$$

即$\boldsymbol{B}$是对称矩阵,$\boldsymbol{C}$是反对称矩阵,且$\boldsymbol{A}=\boldsymbol{B}+\boldsymbol{C}$.

设另有

$$A = B_1 + C_1$$

其中，$B_1^{\mathrm{T}} = B_1$，$C_1^{\mathrm{T}} = -C_1$.

则

$$A^{\mathrm{T}} = (B_1 + C_1)^{\mathrm{T}} = B_1^{\mathrm{T}} + C_1^{\mathrm{T}} = B_1 - C_1$$

于是

$$B_1 = \frac{1}{2}(A + A^{\mathrm{T}}), \quad C_1 = \frac{1}{2}(A - A^{\mathrm{T}})$$

因此 $B_1 = B$，$C_1 = C$，至此唯一性得证.

3.2 可逆矩阵

在矩阵理论及应用中，可逆矩阵占有重要的地位，本节来讨论可逆矩阵相关问题.

这节讨论的矩阵，不加特别说明，都是 n 阶矩阵.

3.2.1 可逆矩阵的概念

定义 3.2.1 设 A 是 n 阶矩阵，若存在 n 阶矩阵 B，使得

$$AB = BA = E \tag{3.2.1}$$

这里 E 是单位矩阵，则称 A 是可逆矩阵，同时称 B 为 A 的逆矩阵.

可逆矩阵也叫做**非奇异矩阵**或**非退化矩阵**. 从定义 3.2.1 可以看出，若 B 是 A 的逆矩阵，则 A 也是 B 的逆矩阵，即 A 和 B 互为逆矩阵.

注意，并不是每个矩阵都有逆矩阵. 例如，n 阶零矩阵没有逆矩阵，这是因为任何矩阵与零矩阵相乘都不是单位矩阵.

定理 3.2.1 可逆矩阵的逆矩阵是唯一的.

证明 设 B_1，B_2 都是可逆矩阵 A 的逆矩阵，则有

$$AB_1 = E, \quad B_2A = E$$

于是

$$B_1 = EB_1 = (B_2A)B_1 = B_2(AB_1) = B_2E = B_2$$

故定理结论成立.

可逆矩阵 A 唯一的逆矩阵记作 A^{-1}.

定理 3.2.2 可逆矩阵 A 的转置 A^{T} 也是可逆矩阵，且

$$(A^{\mathrm{T}})^{-1} = (A^{-1})^{\mathrm{T}}$$

证明 由于矩阵 A 可逆，故它的逆矩阵 A^{-1} 存在，于是有

$$AA^{-1} = A^{-1}A = E$$

根据转置矩阵的运算性质，得

$$(A^{-1})^{\mathrm{T}}A^{\mathrm{T}} = A^{\mathrm{T}}(A^{-1})^{\mathrm{T}} = E$$

由此可见 A^{T} 也是可逆矩阵，且

$$(A^{\mathrm{T}})^{-1} = (A^{-1})^{\mathrm{T}}$$

定理 3.2.3 可逆矩阵 $\boldsymbol{A}$ 与 $\boldsymbol{B}$ 的乘积 $\boldsymbol{AB}$ 也是可逆矩阵,且

$$(\boldsymbol{AB})^{-1}=\boldsymbol{B}^{-1}\boldsymbol{A}^{-1}$$

证明 根据矩阵乘法满足结合律,我们有

$$(\boldsymbol{B}^{-1}\boldsymbol{A}^{-1})(\boldsymbol{AB})=\boldsymbol{B}^{-1}(\boldsymbol{A}^{-1}\boldsymbol{A})\boldsymbol{B}=\boldsymbol{B}^{-1}\boldsymbol{B}=\boldsymbol{E}$$

$$(\boldsymbol{AB})(\boldsymbol{B}^{-1}\boldsymbol{A}^{-1})=\boldsymbol{A}(\boldsymbol{BB}^{-1})\boldsymbol{A}^{-1}=\boldsymbol{AA}^{-1}=\boldsymbol{E}$$

因此定理结论成立.

由定理 3.2.3 立即可得下面的推论.

推论 3.2.1 可逆矩阵 $\boldsymbol{A}_1,\boldsymbol{A}_2,\cdots,\boldsymbol{A}_s$ 的乘积 $\boldsymbol{A}_1\boldsymbol{A}_2\cdots\boldsymbol{A}_s$ 也是可逆矩阵,且

$$(\boldsymbol{A}_1\boldsymbol{A}_2\cdots\boldsymbol{A}_s)^{-1}=\boldsymbol{A}_s^{-1}\boldsymbol{A}_{s-1}^{-1}\cdots\boldsymbol{A}_1^{-1}$$

3.2.2 矩阵可逆的条件

下面要解决的问题是:在什么条件下矩阵是可逆的? 如果矩阵 $\boldsymbol{A}$ 可逆,怎样求 $\boldsymbol{A}^{-1}$? 为此,先介绍伴随矩阵的概念.

定义 3.2.2 设 n 阶矩阵 $\boldsymbol{A}=(a_{ij})$,$\boldsymbol{A}_{ij}$ 表示矩阵 $\boldsymbol{A}$ 的元素 a_{ij} 的代数余子式,那么矩阵

$$\boldsymbol{A}^*=\begin{pmatrix}A_{11} & A_{21} & \cdots & A_{n1}\\ A_{12} & A_{22} & \cdots & A_{n2}\\ \vdots & \vdots & & \vdots\\ A_{1n} & A_{2n} & \cdots & A_{nn}\end{pmatrix}$$

称为 $\boldsymbol{A}$ 的伴随矩阵.

【例 3.2.1】 设 $\boldsymbol{A}=(a_{ij})$,$\boldsymbol{A}^*$ 表示 $\boldsymbol{A}$ 的伴随矩阵,试证明:$\boldsymbol{AA}^*=\boldsymbol{A}^*\boldsymbol{A}=|\boldsymbol{A}|\boldsymbol{E}$.

证明 利用推论 1.5.1 及矩阵的乘法,可得

$$\begin{pmatrix}a_{11} & a_{12} & \cdots & a_{1n}\\ a_{21} & a_{22} & \cdots & a_{2n}\\ \vdots & \vdots & & \vdots\\ a_{n1} & a_{n2} & \cdots & a_{nn}\end{pmatrix}\begin{pmatrix}A_{11} & A_{21} & \cdots & A_{n1}\\ A_{12} & A_{22} & \cdots & A_{n2}\\ \vdots & \vdots & & \vdots\\ A_{1n} & A_{2n} & \cdots & A_{nn}\end{pmatrix}=\begin{pmatrix}|\boldsymbol{A}| & 0 & \cdots & 0\\ 0 & |\boldsymbol{A}| & \cdots & 0\\ \vdots & \vdots & & \vdots\\ 0 & 0 & \cdots & |\boldsymbol{A}|\end{pmatrix}$$

即有

$$\boldsymbol{AA}^*=|\boldsymbol{A}|\boldsymbol{E} \qquad (3.3.2)$$

同理可证

$$\boldsymbol{A}^*\boldsymbol{A}=|\boldsymbol{A}|\boldsymbol{E} \qquad (3.3.3)$$

综合(3.2.2)和(3.2.3)式有

$$\boldsymbol{AA}^*=\boldsymbol{A}^*\boldsymbol{A}=|\boldsymbol{A}|\boldsymbol{E}$$

定理 3.2.4 矩阵 $\boldsymbol{A}$ 是可逆的充分必要条件是 $|\boldsymbol{A}|\neq 0$,且 $\boldsymbol{A}^{-1}=\frac{1}{|\boldsymbol{A}|}\boldsymbol{A}^*$.

证明 充分性:设 $\boldsymbol{A}=(a_{ij})$,由 $|\boldsymbol{A}|\neq 0$ 及例 1 的结论有

$$\boldsymbol{A}\left(\frac{1}{|\boldsymbol{A}|}\boldsymbol{A}^*\right)=\left(\frac{1}{|\boldsymbol{A}|}\boldsymbol{A}^*\right)\boldsymbol{A}=\boldsymbol{E}$$

根据可逆矩阵定义知 $\boldsymbol{A}$ 是可逆,且 $\boldsymbol{A}^{-1}=\frac{1}{|\boldsymbol{A}|}\boldsymbol{A}^*$.

必要性:由于 $\boldsymbol{A}$ 是可逆矩阵,于是有

$$\boldsymbol{AA}^{-1}=\boldsymbol{E}$$

两边取行列式得

$$|\boldsymbol{A}||\boldsymbol{A}^{-1}|=1$$

故

$$|\boldsymbol{A}|\neq 0$$

定理 3.2.4 回答了矩阵为可逆矩阵的条件,即其行列式不等于零,同时提供我们计算逆矩阵的一个方法.

【例 3.2.2】 判别下面矩阵是否可逆?若可逆,试求其逆矩阵.

$$\boldsymbol{A}=\begin{pmatrix}-2 & 3 & -1\\ 0 & 7 & 4\\ 1 & 5 & 6\end{pmatrix}$$

解 由于

$$|\boldsymbol{A}|=\begin{vmatrix}-2 & 3 & -1\\ 0 & 7 & 4\\ 1 & 5 & 6\end{vmatrix}=-25\neq 0$$

故矩阵 $\boldsymbol{A}$ 可逆. 计算 $|\boldsymbol{A}|$ 中各个元素的代数余子式,有

$$A_{11}=22,\quad A_{12}=4,\quad A_{13}=-7,$$
$$A_{21}=-23,\quad A_{22}=-11,\quad A_{23}=13,$$
$$A_{31}=19,\quad A_{32}=8,\quad A_{33}=-14$$

故

$$\boldsymbol{A}^{*}=\begin{pmatrix}22 & -23 & 19\\ 4 & -11 & 8\\ -7 & 13 & -14\end{pmatrix}$$

从而利用定理 3.2.4,得

$$\boldsymbol{A}^{-1}=-\frac{1}{25}\begin{pmatrix}22 & -23 & 19\\ 4 & -11 & 8\\ -7 & 13 & -14\end{pmatrix}$$

【例 3.2.3】 已知 $\begin{pmatrix}2 & 5\\ 1 & 3\end{pmatrix}\boldsymbol{X}=\begin{pmatrix}4 & -6\\ 2 & 1\end{pmatrix}$,求矩阵 $\boldsymbol{X}$.

解 设

$$\boldsymbol{A}=\begin{pmatrix}2 & 5\\ 1 & 3\end{pmatrix},\quad \boldsymbol{B}=\begin{pmatrix}4 & -6\\ 2 & 1\end{pmatrix}$$

因

$$|\boldsymbol{A}|=\begin{vmatrix}2 & 5\\ 1 & 3\end{vmatrix}=1\neq 0$$

故矩阵 $\boldsymbol{A}$ 可逆. 在等式 $\boldsymbol{AX}=\boldsymbol{B}$ 两端同左乘以 $\boldsymbol{A}^{-1}$,得

$$\boldsymbol{A}^{-1}\boldsymbol{AX}=\boldsymbol{A}^{-1}\boldsymbol{B}$$

于是有

$$X = A^{-1}B$$

而

$$A^{-1} = \begin{pmatrix} 3 & -5 \\ -1 & 2 \end{pmatrix}$$

故

$$X = \begin{pmatrix} 3 & -5 \\ -1 & 2 \end{pmatrix}\begin{pmatrix} 4 & -6 \\ 2 & 1 \end{pmatrix} = \begin{pmatrix} 2 & -23 \\ 0 & 8 \end{pmatrix}$$

仿照定理 3.2.4 的证明方法,可得下面定理.

定理 3.2.5 若 $\boldsymbol{A}$ 是可逆矩阵,则其伴随矩阵 $\boldsymbol{A}^*$ 是可逆矩阵,且 $(\boldsymbol{A}^*)^{-1} = \dfrac{\boldsymbol{A}}{|\boldsymbol{A}|}$.

【例 3.2.4】 已知 $\boldsymbol{A} = \dfrac{1}{2}\begin{pmatrix} 2 & 0 & 0 \\ 0 & 1 & 3 \\ 0 & 2 & 5 \end{pmatrix}$,求 $|\boldsymbol{A}|$,$(\boldsymbol{A}^*)^{-1}$.

解 由于

$$|\boldsymbol{A}| = \left| \frac{1}{2}\begin{pmatrix} 2 & 0 & 0 \\ 0 & 1 & 3 \\ 0 & 2 & 5 \end{pmatrix} \right| = -\frac{1}{4}$$

故

$$(\boldsymbol{A}^*)^{-1} = \frac{\boldsymbol{A}}{|\boldsymbol{A}|} = -2\begin{pmatrix} 2 & 0 & 0 \\ 0 & 1 & 3 \\ 0 & 2 & 5 \end{pmatrix}$$

推论 3.2.1 若方阵 $\boldsymbol{A}$,$\boldsymbol{B}$ 满足

$$\boldsymbol{AB} = \boldsymbol{E} \quad 或 \quad \boldsymbol{BA} = \boldsymbol{E}$$

则 $\boldsymbol{B} = \boldsymbol{A}^{-1}$,$\boldsymbol{A} = \boldsymbol{B}^{-1}$,即 $\boldsymbol{A}$,$\boldsymbol{B}$ 都是可逆矩阵,且互为逆矩阵.

推论 3.2.2 n 阶方阵 $\boldsymbol{A}$ 可逆的充要条件是 $\boldsymbol{A}$ 的秩为 n.

可逆矩阵还具有下列性质:

(1) 若 $\boldsymbol{A}$ 可逆,则 $\boldsymbol{A}^{-1}$ 亦可逆,且 $(\boldsymbol{A}^{-1})^{-1} = \boldsymbol{A}$.

(2) 若 $\boldsymbol{A}$ 可逆,数 $k \neq 0$,则 $k\boldsymbol{A}$ 可逆,且 $(k\boldsymbol{A})^{-1} = \dfrac{1}{k}\boldsymbol{A}^{-1}$.

【例 3.2.5】 设方阵满足 $\boldsymbol{A}^2 - \boldsymbol{A} - 2\boldsymbol{E} = \boldsymbol{0}$,证明 $\boldsymbol{A}$ 及 $\boldsymbol{A} + 2\boldsymbol{E}$ 都可逆,并求 $\boldsymbol{A}^{-1}$ 及 $(\boldsymbol{A} + 2\boldsymbol{E})^{-1}$.

解 因为

$$\boldsymbol{A}^2 - \boldsymbol{A} - 2\boldsymbol{E} = \boldsymbol{0}$$

所以

$$\boldsymbol{A}\,\frac{1}{2}(\boldsymbol{A} - \boldsymbol{E}) = \boldsymbol{E}$$

故 $\boldsymbol{A}$ 可逆,且

$$\boldsymbol{A}^{-1} = \frac{1}{2}(\boldsymbol{A} - \boldsymbol{E})$$

又根据 $\boldsymbol{A}^2-\boldsymbol{A}-2\boldsymbol{E}=\boldsymbol{0}$ 可知，$\boldsymbol{A}+2\boldsymbol{E}=\boldsymbol{A}^2$，而 $\boldsymbol{A}$ 可逆，故 $\boldsymbol{A}+2\boldsymbol{E}$ 可逆，且

$$\begin{aligned}(\boldsymbol{A}+2\boldsymbol{E})^{-1}&=(\boldsymbol{A}^2)^{-1}=(\boldsymbol{A}^{-1})^2\\&=\left(\frac{1}{2}(\boldsymbol{A}-\boldsymbol{E})\right)^2=\frac{1}{4}(3\boldsymbol{E}-\boldsymbol{A})\end{aligned}$$

3.3 初等矩阵

这一节我们建立矩阵的初等变换与矩阵乘法的联系，并在这个基础上给出用初等变换求逆矩阵的方法.

定义 3.3.1 单位矩阵经过一次初等变换得到的矩阵称为初等矩阵.

根据定义，初等矩阵有下面几种类型.

(1) 互换单位矩阵第 i 行与第 j 行：

$$\boldsymbol{E}\xrightarrow{[i,j]}\begin{array}{c}\\ \\ (i)\\ \\ \\ \\ (j)\\ \\ \\ \end{array}\begin{pmatrix}1 & & & & & & \\ & \ddots & & & & & \\ & & 0 & \cdots & 1 & & \\ & & & 1 & & & \\ & & \vdots & \ddots & \vdots & & \\ & & & 1 & & & \\ & & 1 & \cdots & 0 & & \\ & & & & & \ddots & \\ & & & & & & 1\end{pmatrix}\overset{\text{记作}}{=\!=\!=}\boldsymbol{P}[i,j]$$

(2) 用非零数 λ 乘单位矩阵第 i 行：

$$\boldsymbol{E}\xrightarrow{[i(\lambda)]}\begin{array}{c}\\ \\ (i)\\ \\ \\ \\ \\ \end{array}\begin{pmatrix}1 & & & & & \\ & \ddots & & & & \\ & & 1 & & & \\ & & & \lambda & & \\ & & & & 1 & \\ & & & & & \ddots & \\ & & & & & & 1\end{pmatrix}\overset{\text{记作}}{=\!=\!=}\boldsymbol{P}[i(\lambda)]$$

(3) 单位矩阵第 j 行乘以 λ 加到第 i 行：

$$\boldsymbol{E}\xrightarrow{[j(\lambda)+i]}\begin{array}{c}\\ \\ (i)\\ \\ (j)\\ \\ \\ \end{array}\begin{pmatrix}1 & & & & \\ & \ddots & & & \\ & & 1 & & \lambda & \\ & & & \ddots & & \\ & & & & 1 & \\ & & & & & \ddots & \\ & & & & & & 1\end{pmatrix}\overset{\text{记作}}{=\!=\!=}\boldsymbol{P}[j(\lambda)+i]$$

例如，

$$\begin{pmatrix}1&0&0\\0&0&1\\0&1&0\end{pmatrix},\quad\begin{pmatrix}1&0&0\\0&1&0\\0&0&-5\end{pmatrix},\quad\begin{pmatrix}1&3&0\\0&1&0\\0&0&1\end{pmatrix}$$

都是 3 阶初等矩阵，分别记作 $\boldsymbol{P}[2,3]$，$\boldsymbol{P}[3(-5)]$，$\boldsymbol{P}[2(3)+1]$.

单位矩阵经过一次列的初等变换得到的矩阵包含在上述三种类型之中，具体地说，互换单位矩阵第 i 列与第 j 列即得矩阵 $\boldsymbol{P}[i,j]$，用非零数 λ 乘单位矩阵第 i 列即得矩阵 $\boldsymbol{P}[i(\lambda)]$，单位矩阵第 i 列乘以 λ 加到第 j 列即得矩阵 $\boldsymbol{P}[j(\lambda)+i]$，因此三种类型矩阵 $\boldsymbol{P}[i,j]$、$\boldsymbol{P}[i(\lambda)]$与 $\boldsymbol{P}[j(\lambda)+i]$代表全部初等矩阵.

利用初等矩阵，可以建立矩阵的初等变换与矩阵乘法之间的联系.

定理 3.3.1 对 $s\times n$ 矩阵 $\boldsymbol{A}$ 作一次初等行变换相当于在 $\boldsymbol{A}$ 的左边乘上一个相应的 s 阶初等矩阵；对 $\boldsymbol{A}$ 作一次初等列变换相当于在 $\boldsymbol{A}$ 的右边乘上一个相应的 n 阶初等矩阵.

证明 用 s 阶初等矩阵 $\boldsymbol{P}[i,j]$左乘 $\boldsymbol{A}$，其结果相当于交换 $\boldsymbol{A}$ 的第 i 行与第 j 行；用 n 阶初等矩阵 $\boldsymbol{P}[i,j]$右乘 $\boldsymbol{A}$，其结果相当于交换 $\boldsymbol{A}$ 的第 i 列与第 j 列；同样可以验证，用 s 阶初等矩阵 $\boldsymbol{P}[i(\lambda)]$左乘 $\boldsymbol{A}$，其结果相当于用非零数 λ 乘 $\boldsymbol{A}$ 的第 i 行；用 n 阶初等矩阵 $\boldsymbol{P}[i(\lambda)]$右乘 $\boldsymbol{A}$，其结果相当于用非零数 λ 乘 $\boldsymbol{A}$ 的第 i 列，用 s 阶初等矩阵 $\boldsymbol{P}[j(\lambda)+i]$左乘 $\boldsymbol{A}$，其结果相当于 $\boldsymbol{A}$ 的第 j 行乘以 λ 加到第 i 行；用 n 阶初等矩阵 $\boldsymbol{P}[j(\lambda)+i]$右乘 $\boldsymbol{A}$，其结果相当于 $\boldsymbol{A}$ 的第 i 列乘以 λ 加到第 j 列.

定理 3.3.2 初等矩阵是可逆矩阵，且其逆矩阵仍是初等矩阵.

证明 因为交换 $\boldsymbol{P}[i,j]$第 i 行与第 j 行即得单位矩阵 $\boldsymbol{E}$，根据定理 3.3.1 有

$$\boldsymbol{P}[i,j]\boldsymbol{P}[i,j]=\boldsymbol{E}$$

这表明 $\boldsymbol{P}[i,j]$是可逆矩阵，且 $\boldsymbol{P}^{-1}[i,j]=\boldsymbol{P}[i,j]$.

同理可知：

$$\boldsymbol{P}\left[i\left(\frac{1}{\lambda}\right)\right]\boldsymbol{P}[i(\lambda)]=\boldsymbol{E}$$

$$\boldsymbol{P}[j(-\lambda)+i]\boldsymbol{P}[j(\lambda)+i]=\boldsymbol{E}$$

故

$$\boldsymbol{P}^{-1}[i(\lambda)]=\boldsymbol{P}\left(i\left(\frac{1}{\lambda}\right)\right)$$

$$\boldsymbol{P}^{-1}[j(\lambda)+i]=\boldsymbol{P}[j(-\lambda)+i]$$

因此定理 3.3.2 结论成立.

定理 3.3.3 n 阶矩阵 $\boldsymbol{A}$ 为可逆矩阵的充要条件为 A 能表示成一些初等矩阵的乘积.

证明 由于初等矩阵是可逆矩阵，又可逆矩阵的乘积是可逆矩阵，故定理的充分性成立. 下面证明必要性：

设 $\boldsymbol{A}$ 为 n 阶可逆矩阵，由推论 3.2.2 知 $r(\boldsymbol{A})=n$，则 $\boldsymbol{A}$ 可以经若干次初等变换化为单位矩阵 $\boldsymbol{E}$，根据定理 3.3.1，存在初等矩阵 $\boldsymbol{P}_1,\boldsymbol{P}_2,\cdots\boldsymbol{P}_l$ 与 $\boldsymbol{Q}_1,\boldsymbol{Q}_2,\cdots\boldsymbol{Q}_t$ 使得

$$\boldsymbol{P}_1\boldsymbol{P}_2\cdots\boldsymbol{P}_l\boldsymbol{A}\boldsymbol{Q}_1\boldsymbol{Q}_2\cdots\boldsymbol{Q}_t=\boldsymbol{E}$$

利用初等矩阵是可逆的，从而有

$$A = P_l^{-1}P_{l-1}^{-1}\cdots P_1^{-1}Q_t^{-1}Q_{t-1}^{-1}\cdots Q_1^{-1}$$

根据定理 3.3.2 知初等矩阵的逆矩阵仍是初等矩阵，于是定理的必要性成立.

利用定理 3.3.1 和定理 3.3.3 可得下面推论.

推论 3.3.1　可逆矩阵总可以经过一系列初等行(列)变换化为单位矩阵.

以上讨论提供我们求逆矩阵的又一个方法. 设 $\boldsymbol{A}$ 为 n 阶可逆矩阵，由推论，有一系列初等矩阵 $\boldsymbol{P}_1,\boldsymbol{P}_2,\cdots,\boldsymbol{P}_l$，使得

$$\boldsymbol{P}_1\boldsymbol{P}_2\cdots\boldsymbol{P}_l\boldsymbol{A} = \boldsymbol{E}$$

于是

$$\boldsymbol{A}^{-1} = \boldsymbol{P}_1\boldsymbol{P}_2\cdots\boldsymbol{P}_l\boldsymbol{E}$$

从而有

$$\boldsymbol{P}_1\boldsymbol{P}_2\cdots\boldsymbol{P}_l(\boldsymbol{A},\boldsymbol{E}) = (\boldsymbol{E},\boldsymbol{A}^{-1})$$

由此可见，构造 $n\times 2n$ 矩阵$(\boldsymbol{A},\boldsymbol{E})$，用一系列初等行变换把它的左边一半 $\boldsymbol{A}$ 化成单位矩阵 $\boldsymbol{E}$ 时，右边的一半 $\boldsymbol{E}$ 就变成$\boldsymbol{A}^{-1}$，这种求逆矩阵的方法称为**初等变换法**.

【例 3.3.1】　设

$$\boldsymbol{A} = \begin{pmatrix} 0 & 1 & 2 \\ 1 & 1 & 4 \\ 2 & -1 & 0 \end{pmatrix}$$

求 $\boldsymbol{A}^{-1}$.

解　由于

$$(\boldsymbol{A},\boldsymbol{E}) = \left(\begin{array}{ccc|ccc} 0 & 1 & 2 & 1 & 0 & 0 \\ 1 & 1 & 4 & 0 & 1 & 0 \\ 2 & -1 & 0 & 0 & 0 & 1 \end{array}\right)$$

$$\xrightarrow{[1,2]} \left(\begin{array}{ccc|ccc} 1 & 1 & 4 & 0 & 1 & 0 \\ 0 & 1 & 2 & 1 & 0 & 0 \\ 2 & -1 & 0 & 0 & 0 & 1 \end{array}\right)$$

$$\xrightarrow{[1(-2)+3]} \left(\begin{array}{ccc|ccc} 1 & 1 & 4 & 0 & 1 & 0 \\ 0 & 1 & 2 & 1 & 0 & 0 \\ 0 & -3 & -8 & 0 & -2 & 1 \end{array}\right)$$

$$\xrightarrow{[2(3)+3]} \left(\begin{array}{ccc|ccc} 1 & 1 & 4 & 0 & 1 & 0 \\ 0 & 1 & 2 & 1 & 0 & 0 \\ 0 & 0 & -2 & 3 & -2 & 1 \end{array}\right)$$

$$\xrightarrow[{[3(2)+1]}]{[3(1)+2]} \left(\begin{array}{ccc|ccc} 1 & 1 & 0 & 6 & -3 & 2 \\ 0 & 1 & 0 & 4 & -2 & 1 \\ 0 & 0 & -2 & 3 & -2 & 1 \end{array}\right)$$

$$\xrightarrow[{\left[3\left(-\frac{1}{2}\right)\right]}]{[2(-1)+1]} \left(\begin{array}{ccc|ccc} 1 & 0 & 0 & 2 & -1 & 1 \\ 0 & 1 & 0 & 4 & -2 & 1 \\ 0 & 0 & 1 & -\frac{3}{2} & 1 & -\frac{1}{2} \end{array}\right)$$

所以

$$A^{-1}=\begin{pmatrix}2 & -1 & 1\\ 4 & -2 & 1\\ -\frac{3}{2} & 1 & -\frac{1}{2}\end{pmatrix}$$

【例 3.3.2】 已知矩阵

$$A=\begin{pmatrix}0 & 3 & 3\\ 1 & 1 & 0\\ -1 & 2 & 3\end{pmatrix}$$

满足 $AB=A+2B$，求矩阵 B.

解 因为 $AB=A+2B$，所以 $(A-2E)B=A$. 又

$$A=\begin{pmatrix}0 & 3 & 3\\ 1 & 1 & 0\\ -1 & 2 & 3\end{pmatrix}$$

故

$$A-2E=\begin{pmatrix}-2 & 3 & 3\\ 1 & -1 & 0\\ -1 & 2 & 1\end{pmatrix}$$

进而

$$|A-2E|=\begin{vmatrix}-2 & 3 & 3\\ 1 & -1 & 0\\ -1 & 2 & 1\end{vmatrix}=2\neq 0$$

故 $A-2E$ 是可逆矩阵，因此 $B=(A-2E)^{-1}A$. 利用初等变换法可求得

$$(A-2E)^{-1}=\frac{1}{2}\begin{pmatrix}-1 & 3 & 3\\ -1 & 1 & 3\\ 1 & 1 & -1\end{pmatrix}$$

故

$$\begin{aligned}B&=\frac{1}{2}\begin{pmatrix}-1 & 3 & 3\\ -1 & 1 & 3\\ 1 & 1 & -1\end{pmatrix}\begin{pmatrix}0 & 3 & 3\\ 1 & 1 & 0\\ -1 & 2 & 3\end{pmatrix}\\ &=\frac{1}{2}\begin{pmatrix}0 & 6 & 6\\ -2 & 4 & 6\\ 2 & 2 & 0\end{pmatrix}=\begin{pmatrix}0 & 3 & 3\\ -1 & 2 & 3\\ 1 & 1 & 0\end{pmatrix}\end{aligned}$$

同样可以证明，可逆矩阵也可以用列的初等变换化为单位矩阵，从而相应地求出其逆矩阵.

定理 3.3.4 设 A 是秩为 r 的 $m\times n$ 矩阵，则必存在 m 阶可逆矩阵 P 与 n 阶可逆矩阵 Q，使得

$$\boldsymbol{PAQ} = \begin{pmatrix} 1 & 0 & \cdots & 0 & 0 & \cdots & 0 \\ 0 & 1 & \cdots & 0 & 0 & \cdots & 0 \\ \vdots & \vdots & & \vdots & \vdots & & \vdots \\ 0 & 0 & \cdots & 1 & 0 & \cdots & 0 \\ 0 & 0 & \cdots & 0 & 0 & \cdots & 0 \\ \vdots & \vdots & & \vdots & \vdots & & \vdots \\ 0 & 0 & \cdots & 0 & 0 & \cdots & 0 \end{pmatrix}$$

其中 1 的个数为 r.

证明　利用定理 2.3.4、定理 3.3.1 和定理 3.3.3 可证明此定理.

3.4　矩阵的分块

在这一节,我们来介绍一个在处理阶数较高的矩阵时常用的方法,即矩阵的分块. 我们将矩阵 $\boldsymbol{A}$ 用若干条纵线和横线划分成许多小矩阵,每一个小矩阵称为 $\boldsymbol{A}$ 的子块,以子块为元素的形式上的矩阵称为分块矩阵.

例如,将 3×4 矩阵

$$\boldsymbol{A} = \begin{pmatrix} a_{11} & a_{12} & a_{13} & a_{14} \\ a_{21} & a_{22} & a_{23} & a_{24} \\ a_{31} & a_{32} & a_{33} & a_{34} \end{pmatrix}$$

进行分块,方法很多,下面举出三种分块形式:

(1) $\boldsymbol{A}=\left(\begin{array}{cc|cc} a_{11} & a_{12} & a_{13} & a_{14} \\ a_{21} & a_{22} & a_{23} & a_{24} \\ \hline a_{31} & a_{32} & a_{33} & a_{34} \end{array}\right)$　　(2) $\boldsymbol{A}=\left(\begin{array}{cccc} a_{11} & a_{12} & a_{13} & a_{14} \\ \hline a_{21} & a_{22} & a_{23} & a_{24} \\ \hline a_{31} & a_{32} & a_{33} & a_{34} \end{array}\right)$

(3) $\boldsymbol{A}=\left(\begin{array}{c|c|c|c} a_{11} & a_{12} & a_{13} & a_{14} \\ a_{21} & a_{22} & a_{23} & a_{24} \\ a_{31} & a_{32} & a_{33} & a_{34} \end{array}\right)$

分法(1)可记为

$$\boldsymbol{A} = \begin{pmatrix} \boldsymbol{A}_{11} & \boldsymbol{A}_{12} \\ \boldsymbol{A}_{21} & \boldsymbol{A}_{22} \end{pmatrix} \tag{3.4.1}$$

其中

$$\boldsymbol{A}_{11} = \begin{pmatrix} a_{11} & a_{12} \\ a_{21} & a_{22} \end{pmatrix}, \quad \boldsymbol{A}_{12} = \begin{pmatrix} a_{13} & a_{14} \\ a_{23} & a_{24} \end{pmatrix}$$

$$\boldsymbol{A}_{21} = (a_{31} \quad a_{32}), \quad \boldsymbol{A}_{21} = (a_{33} \quad a_{34})$$

即 $\boldsymbol{A}_{11}, \boldsymbol{A}_{12}, \boldsymbol{A}_{21}, \boldsymbol{A}_{22}$ 为 $\boldsymbol{A}$ 的子块,而(3.4.1)形式上成为以这些子块为元素的分块矩阵. 分法(2)、(3)的分块矩阵请读者写出.

分块矩阵同样可以按矩阵进行运算,因而高阶矩阵就化为较低阶矩阵的计算.

【例 3.4.1】　设

$$A=\begin{pmatrix}1&0&0&0\\0&1&0&0\\-1&2&1&0\\1&1&0&1\end{pmatrix},\quad B=\begin{pmatrix}1&0&3&2\\-1&2&0&1\\1&0&4&1\\-1&-1&2&0\end{pmatrix}$$

计算乘积 $\boldsymbol{AB}$.

解 先将 $\boldsymbol{A},\boldsymbol{B}$ 进行如下分块

$$A=\left(\begin{array}{cc|cc}1&0&0&0\\0&1&0&0\\\hline -1&2&1&0\\1&1&0&1\end{array}\right)=\begin{pmatrix}E_2&O\\A_{21}&E_2\end{pmatrix}$$

$$B=\left(\begin{array}{cc|cc}1&0&3&2\\-1&2&0&1\\\hline 1&0&4&1\\-1&-1&2&0\end{array}\right)=\begin{pmatrix}B_{11}&B_{12}\\B_{21}&B_{22}\end{pmatrix}$$

则

$$\begin{aligned}AB&=\begin{pmatrix}E_2&O\\A_{21}&E_2\end{pmatrix}\begin{pmatrix}B_{11}&B_{12}\\B_{21}&B_{22}\end{pmatrix}\\&=\begin{pmatrix}E_2B_{11}+OB_{21}&E_2B_{12}+OB_{22}\\A_{21}B_{11}+E_2B_{21}&A_{21}B_{12}+E_2B_{22}\end{pmatrix}\\&=\begin{pmatrix}B_{11}&B_{12}\\A_{21}B_{11}+B_{21}&A_{21}B_{12}+B_{22}\end{pmatrix}\end{aligned}$$

又

$$B_{11}=\begin{pmatrix}1&0\\-1&2\end{pmatrix},\quad B_{12}=\begin{pmatrix}3&2\\0&1\end{pmatrix}$$

$$A_{21}B_{11}+B_{21}=\begin{pmatrix}-1&2\\1&1\end{pmatrix}\begin{pmatrix}1&0\\-1&2\end{pmatrix}+\begin{pmatrix}1&0\\-1&-1\end{pmatrix}=\begin{pmatrix}-2&4\\-1&1\end{pmatrix}$$

$$A_{21}B_{12}+B_{22}=\begin{pmatrix}-1&2\\1&1\end{pmatrix}\begin{pmatrix}3&2\\0&1\end{pmatrix}+\begin{pmatrix}4&1\\2&0\end{pmatrix}=\begin{pmatrix}1&1\\5&3\end{pmatrix}$$

故

$$AB=\begin{pmatrix}1&0&3&2\\-1&2&0&1\\-2&4&1&1\\-1&1&5&3\end{pmatrix}$$

不难验证,直接按四阶矩阵乘积的定义来做,结果是一样的.

从上面的例子可以看出,矩阵分块的方法是多样的,既要充分利用零矩阵和单位矩阵的作用,又要注意符合矩阵的运算规律.譬如,两个矩阵的乘法规律,一定要满足前面矩阵的列数等于后面矩阵的行数,对于这一点,只要分块时前面矩阵列的分法与后面矩阵行的分法保持一致,就能得到保证.

一般地，分块矩阵的运算规律与普通矩阵的运算规律相类似，读者可以证明下面结论.

1. 分块矩阵加法

设 $\boldsymbol{A},\boldsymbol{B}$ 均为 $m\times n$ 矩阵，有相同的分块，即

$$\boldsymbol{A}=\begin{pmatrix}\boldsymbol{A}_{11} & \boldsymbol{A}_{12} & \cdots & \boldsymbol{A}_{1t}\\ \boldsymbol{A}_{21} & \boldsymbol{A}_{22} & \cdots & \boldsymbol{A}_{2t}\\ \vdots & \vdots & & \vdots\\ \boldsymbol{A}_{s1} & \boldsymbol{A}_{s2} & \cdots & \boldsymbol{A}_{st}\end{pmatrix}\begin{matrix}m_1\\ m_2\\ \vdots\\ m_s\end{matrix},\quad \boldsymbol{B}=\begin{pmatrix}\boldsymbol{B}_{11} & \boldsymbol{B}_{12} & \cdots & \boldsymbol{B}_{1t}\\ \boldsymbol{B}_{21} & \boldsymbol{B}_{22} & \cdots & \boldsymbol{B}_{2t}\\ \vdots & \vdots & & \vdots\\ \boldsymbol{B}_{s1} & \boldsymbol{B}_{s2} & \cdots & \boldsymbol{B}_{st}\end{pmatrix}\begin{matrix}m_1\\ m_2\\ \vdots\\ m_s\end{matrix}$$
$$\begin{matrix}n_1 & n_2 & \cdots & n_t\end{matrix}\qquad\qquad \begin{matrix}n_1 & n_2 & \cdots & n_t\end{matrix}$$

其中，$m_1+m_2+\cdots+m_s=m,n_1+n_2+\cdots+n_t=n$，则

$$\boldsymbol{A}+\boldsymbol{B}=\begin{pmatrix}\boldsymbol{A}_{11}+\boldsymbol{B}_{11} & \boldsymbol{A}_{12}+\boldsymbol{B}_{12} & \cdots & \boldsymbol{A}_{1t}+\boldsymbol{B}_{1t}\\ \boldsymbol{A}_{21}+\boldsymbol{B}_{21} & \boldsymbol{A}_{22}+\boldsymbol{B}_{22} & \cdots & \boldsymbol{A}_{2t}+\boldsymbol{B}_{2t}\\ \vdots & \vdots & & \vdots\\ \boldsymbol{A}_{s1}+\boldsymbol{B}_{s1} & \boldsymbol{A}_{s2}+\boldsymbol{B}_{s2} & \cdots & \boldsymbol{A}_{st}+\boldsymbol{B}_{st}\end{pmatrix}$$

2. 分块矩阵数乘

$$k\boldsymbol{A}=k\begin{pmatrix}\boldsymbol{A}_{11} & \boldsymbol{A}_{12} & \cdots & \boldsymbol{A}_{1t}\\ \boldsymbol{A}_{21} & \boldsymbol{A}_{22} & \cdots & \boldsymbol{A}_{2t}\\ \vdots & \vdots & & \vdots\\ \boldsymbol{A}_{s1} & \boldsymbol{A}_{s2} & \cdots & \boldsymbol{A}_{st}\end{pmatrix}=\begin{pmatrix}k\boldsymbol{A}_{11} & k\boldsymbol{A}_{12} & \cdots & k\boldsymbol{A}_{1t}\\ k\boldsymbol{A}_{21} & k\boldsymbol{A}_{22} & \cdots & k\boldsymbol{A}_{2t}\\ \vdots & \vdots & & \vdots\\ k\boldsymbol{A}_{s1} & k\boldsymbol{A}_{s2} & \cdots & k\boldsymbol{A}_{st}\end{pmatrix}$$

3. 分块矩阵乘法

设 $\boldsymbol{A}$ 为 $m\times n$ 矩阵，$\boldsymbol{B}$ 为 $n\times t$ 矩阵，它们的分块分别为

$$\boldsymbol{A}=\begin{pmatrix}\boldsymbol{A}_{11} & \boldsymbol{A}_{12} & \cdots & \boldsymbol{A}_{1k}\\ \boldsymbol{A}_{21} & \boldsymbol{A}_{21} & \cdots & \boldsymbol{A}_{2k}\\ \vdots & \vdots & & \vdots\\ \boldsymbol{A}_{s1} & \boldsymbol{A}_{s2} & \cdots & \boldsymbol{A}_{sk}\end{pmatrix}\begin{matrix}m_1\\ m_2\\ \vdots\\ m_s\end{matrix},\quad \boldsymbol{B}=\begin{pmatrix}\boldsymbol{B}_{11} & \boldsymbol{B}_{12} & \cdots & \boldsymbol{B}_{1q}\\ \boldsymbol{B}_{21} & \boldsymbol{B}_{21} & \cdots & \boldsymbol{B}_{2q}\\ \vdots & \vdots & & \vdots\\ \boldsymbol{B}_{k1} & \boldsymbol{B}_{k2} & \cdots & \boldsymbol{B}_{kq}\end{pmatrix}\begin{matrix}n_1\\ n_2\\ \vdots\\ n_k\end{matrix}$$
$$\begin{matrix}n_1 & n_2 & \cdots & n_k\end{matrix}\qquad\qquad \begin{matrix}t_1 & t_2 & \cdots & t_q\end{matrix}$$

其中，$m_1+m_2+\cdots+m_s=m,n_1+n_2+\cdots+n_k=n,t_1+t_2+\cdots+t_q=t$，则

$$\boldsymbol{AB}=\begin{pmatrix}\boldsymbol{C}_{11} & \boldsymbol{C}_{12} & \cdots & \boldsymbol{C}_{1q}\\ \boldsymbol{C}_{21} & \boldsymbol{C}_{22} & \cdots & \boldsymbol{C}_{2q}\\ \vdots & \vdots & & \vdots\\ \boldsymbol{C}_{s1} & \boldsymbol{C}_{s2} & \cdots & \boldsymbol{C}_{sq}\end{pmatrix}$$

其中

$$\boldsymbol{C}_{ij}=\boldsymbol{A}_{i1}\boldsymbol{B}_{1j}+\boldsymbol{A}_{i2}\boldsymbol{B}_{2j}+\cdots+\boldsymbol{A}_{ik}\boldsymbol{B}_{kj},\quad 1\leqslant i\leqslant s,1\leqslant j\leqslant q$$

需要强调的是，分块矩阵相乘，前面矩阵列的分法与后面矩阵行的分法必须一致，否则它们不能相乘.

4. 分块矩阵转置

若

$$\boldsymbol{A}=\begin{pmatrix}\boldsymbol{A}_{11} & \boldsymbol{A}_{12} & \cdots & \boldsymbol{A}_{1t}\\ \boldsymbol{A}_{21} & \boldsymbol{A}_{22} & \cdots & \boldsymbol{A}_{2t}\\ \vdots & \vdots & & \vdots\\ \boldsymbol{A}_{s1} & \boldsymbol{A}_{s2} & \cdots & \boldsymbol{A}_{st}\end{pmatrix}$$

则

$$\boldsymbol{A}^{\mathrm{T}}=\begin{pmatrix}\boldsymbol{A}_{11}^{\mathrm{T}} & \boldsymbol{A}_{21}^{\mathrm{T}} & \cdots & \boldsymbol{A}_{s1}^{\mathrm{T}}\\ \boldsymbol{A}_{12}^{\mathrm{T}} & \boldsymbol{A}_{22}^{\mathrm{T}} & \cdots & \boldsymbol{A}_{s2}^{\mathrm{T}}\\ \vdots & \vdots & & \vdots\\ \boldsymbol{A}_{1t}^{\mathrm{T}} & \boldsymbol{A}_{2t}^{\mathrm{T}} & \cdots & \boldsymbol{A}_{st}^{\mathrm{T}}\end{pmatrix}$$

同一矩阵采用不同的分法可得到不同的分块矩阵,对矩阵进行分块的目的在于揭示矩阵中某些部分的特性及它们之间的联系,有时也为了简化.例如,对矩阵采用不同的分块,矩阵的乘积有不同的表示方法.

设 $\boldsymbol{A}=(a_{ij})_{m\times n}$,$\boldsymbol{B}=(b_{ij})_{n\times t}$,

(1) 将 $\boldsymbol{A}$ 按列分块,即 $\boldsymbol{A}=(\boldsymbol{A}_1,\boldsymbol{A}_2,\cdots,\boldsymbol{A}_n)$,则有

$$\begin{aligned}\boldsymbol{AB}&=(\boldsymbol{A}_1,\boldsymbol{A}_2,\cdots,\boldsymbol{A}_n)\begin{pmatrix}b_{11} & b_{12} & \cdots & b_{1t}\\ b_{21} & b_{22} & \cdots & b_{2t}\\ \vdots & \vdots & & \vdots\\ b_{n1} & b_{n2} & \cdots & b_{nt}\end{pmatrix}\\ &=(\boldsymbol{A}_1b_{11}+\boldsymbol{A}_2b_{21}+\cdots+\boldsymbol{A}_nb_{n1},\boldsymbol{A}_1b_{12}+\boldsymbol{A}_2b_{22}+\cdots+\boldsymbol{A}_nb_{n2},\cdots,\\ &\quad\ \boldsymbol{A}_1b_{1t}+\boldsymbol{A}_2b_{2t}+\cdots+\boldsymbol{A}_nb_{nt})\end{aligned}\tag{3.4.2}$$

由此可见矩阵 $\boldsymbol{AB}$ 的列向量组可经 $\boldsymbol{A}$ 的列向量组线性表出.

(2) 将 $\boldsymbol{B}$ 按行分块,即

$$\boldsymbol{B}=\begin{pmatrix}\boldsymbol{B}_1\\ \boldsymbol{B}_2\\ \vdots\\ \boldsymbol{B}_n\end{pmatrix}$$

则有

$$\boldsymbol{AB}=\begin{pmatrix}a_{11} & a_{12} & \cdots & a_{1n}\\ a_{21} & a_{22} & \cdots & a_{2n}\\ \vdots & \vdots & & \vdots\\ a_{m1} & a_{m2} & \cdots & a_{mn}\end{pmatrix}\begin{pmatrix}\boldsymbol{B}_1\\ \boldsymbol{B}_2\\ \vdots\\ \boldsymbol{B}_n\end{pmatrix}=\begin{pmatrix}a_{11}\boldsymbol{B}_1+a_{12}\boldsymbol{B}_2+\cdots+a_{1n}\boldsymbol{B}_n\\ a_{21}\boldsymbol{B}_1+a_{22}\boldsymbol{B}_2+\cdots+a_{2n}\boldsymbol{B}_n\\ \vdots\\ a_{m1}\boldsymbol{B}_1+a_{m2}\boldsymbol{B}_2+\cdots+a_{mn}\boldsymbol{B}_n\end{pmatrix}\tag{3.4.3}$$

由此可见矩阵 $\boldsymbol{AB}$ 的行向量组可经 $\boldsymbol{B}$ 的行向量组线性表出.

(3) 将 $\boldsymbol{A}$ 按行分块,将 $\boldsymbol{B}$ 按列分块,即

$$\boldsymbol{A}=\begin{pmatrix}\boldsymbol{A}_1\\ \boldsymbol{A}_2\\ \vdots\\ \boldsymbol{A}_m\end{pmatrix},\quad \boldsymbol{B}=(\boldsymbol{B}_1,\boldsymbol{B}_2,\cdots,\boldsymbol{B}_t)$$

则有

$$\boldsymbol{AB}=\begin{pmatrix}\boldsymbol{A}_1\\ \boldsymbol{A}_2\\ \vdots\\ \boldsymbol{A}_m\end{pmatrix}(\boldsymbol{B}_1,\boldsymbol{B}_2,\cdots,\boldsymbol{B}_t)=\begin{pmatrix}\boldsymbol{A}_1\boldsymbol{B}_1 & \boldsymbol{A}_1\boldsymbol{B}_2 & \cdots & \boldsymbol{A}_1\boldsymbol{B}_t\\ \boldsymbol{A}_2\boldsymbol{B}_1 & \boldsymbol{A}_2\boldsymbol{B}_2 & \cdots & \boldsymbol{A}_2\boldsymbol{B}_t\\ \vdots & \vdots & & \vdots\\ \boldsymbol{A}_m\boldsymbol{B}_1 & \boldsymbol{A}_m\boldsymbol{B}_2 & \cdots & \boldsymbol{A}_m\boldsymbol{B}_t\end{pmatrix}\tag{3.4.4}$$

此结果与矩阵乘法定义结果一致.

定理 3.4.1　设矩阵 $\boldsymbol{A},\boldsymbol{B}$ 可乘,则 $r(\boldsymbol{AB})\leqslant\min\{r(\boldsymbol{A}),r(\boldsymbol{B})\}$. 即矩阵乘积的秩不大于每个因子的秩.

证明　根据上面矩阵乘积不同表示的说明,一方面 $\boldsymbol{AB}$ 的列向量组可经 $\boldsymbol{A}$ 的列向量组线性表出(见 3.4.2),所以 $\boldsymbol{AB}$ 的秩不能超过 $\boldsymbol{A}$ 的秩(参看习题二第 10 题);另一方面 $\boldsymbol{AB}$ 的行向量组可经 $\boldsymbol{B}$ 的行向量组线性表出(见 3.4.3),所以 $\boldsymbol{AB}$ 的秩不能超过 $\boldsymbol{B}$ 的秩. 因此定理结论成立.

推论 3.4.1　设 $\boldsymbol{A}=\boldsymbol{A}_1\boldsymbol{A}_2\cdots\boldsymbol{A}_s$,则 $r(\boldsymbol{A})\leqslant\min\{r(\boldsymbol{A}_1),r(\boldsymbol{A}_2),\cdots,r(\boldsymbol{A}_s)\}$.

定理 3.4.2　设 $\boldsymbol{A}$ 是一个 $m\times n$ 矩阵,如果 $\boldsymbol{P}$ 是 m 级可逆矩阵,$\boldsymbol{Q}$ 是 n 级可逆矩阵,那么 $r(\boldsymbol{A})=r(\boldsymbol{PA})=r(\boldsymbol{AQ})=r(\boldsymbol{PAQ})$.

证明　令

$$\boldsymbol{B}=\boldsymbol{PA}\tag{3.4.5}$$

由定理 3.4.1,

$$r(\boldsymbol{B})\leqslant r(\boldsymbol{A})\tag{3.4.6}$$

式(3.4.5)两端左乘 $\boldsymbol{P}^{-1}$,可得

$$\boldsymbol{A}=\boldsymbol{P}^{-1}\boldsymbol{B}$$

于是

$$r(\boldsymbol{A})\leqslant r(\boldsymbol{B})\tag{3.4.7}$$

由式(3.4.6)和式(3.4.7),我们有

$$r(\boldsymbol{A})=r(\boldsymbol{B})=r(\boldsymbol{PA})$$

同理可证

$$r(\boldsymbol{A})=r(\boldsymbol{AQ})$$

进而可证

$$r(\boldsymbol{A})=r(\boldsymbol{PAQ})$$

因此定理结论成立.

【例 3.4.2】　求矩阵

$$\boldsymbol{D}=\begin{pmatrix}\boldsymbol{A} & \boldsymbol{0}\\ \boldsymbol{C} & \boldsymbol{B}\end{pmatrix}$$

的逆矩阵，其中，$\boldsymbol{A},\boldsymbol{B}$ 分别是 k 阶和 r 阶的可逆矩阵，$\boldsymbol{C}$ 是 $r\times k$ 矩阵，$\boldsymbol{0}$ 是 $k\times r$ 矩阵.

解 因为 $\boldsymbol{A},\boldsymbol{B}$ 是可逆矩阵，所以 $|\boldsymbol{A}|\neq 0$，$|\boldsymbol{B}|\neq 0$，故 $|\boldsymbol{D}|=|\boldsymbol{A}||\boldsymbol{B}|\neq 0$，因此 $\boldsymbol{D}$ 是可逆的. 设

$$\boldsymbol{X}=\begin{pmatrix}\boldsymbol{X}_{11} & \boldsymbol{X}_{12}\\ \boldsymbol{X}_{21} & \boldsymbol{X}_{22}\end{pmatrix}$$

是 $\boldsymbol{D}$ 的逆矩阵，于是

$$\boldsymbol{DX}=\begin{pmatrix}\boldsymbol{A} & \boldsymbol{0}\\ \boldsymbol{C} & \boldsymbol{B}\end{pmatrix}\begin{pmatrix}\boldsymbol{X}_{11} & \boldsymbol{X}_{12}\\ \boldsymbol{X}_{21} & \boldsymbol{X}_{22}\end{pmatrix}=\boldsymbol{E}=\begin{pmatrix}\boldsymbol{E}_k & \boldsymbol{0}\\ \boldsymbol{0} & \boldsymbol{E}_r\end{pmatrix}$$

即

$$\begin{pmatrix}\boldsymbol{AX}_{11} & \boldsymbol{AX}_{12}\\ \boldsymbol{CX}_{11}+\boldsymbol{BX}_{21} & \boldsymbol{CX}_{12}+\boldsymbol{BX}_{22}\end{pmatrix}=\begin{pmatrix}\boldsymbol{E}_k & \boldsymbol{0}\\ \boldsymbol{0} & \boldsymbol{E}_r\end{pmatrix}$$

从而有

$$\begin{cases}\boldsymbol{AX}_{11}=\boldsymbol{E}_k\\ \boldsymbol{AX}_{12}=\boldsymbol{0}\\ \boldsymbol{CX}_{11}+\boldsymbol{BX}_{21}=\boldsymbol{0}\\ \boldsymbol{CX}_{12}+\boldsymbol{BX}_{22}=\boldsymbol{E}_r\end{cases}$$

可以求得

$$\boldsymbol{X}_{11}=\boldsymbol{A}^{-1},\quad \boldsymbol{X}_{12}=0,\quad \boldsymbol{X}_{22}=\boldsymbol{B}^{-1},\quad \boldsymbol{X}_{21}=-\boldsymbol{B}^{-1}\boldsymbol{CA}^{-1}$$

因此

$$\boldsymbol{D}^{-1}=\begin{pmatrix}\boldsymbol{A}^{-1} & \boldsymbol{0}\\ -\boldsymbol{B}^{-1}\boldsymbol{CA}^{-1} & \boldsymbol{B}^{-1}\end{pmatrix}$$

特别地，当 $\boldsymbol{C}=0$ 时，

$$\boldsymbol{D}^{-1}=\begin{pmatrix}\boldsymbol{A}^{-1} & \boldsymbol{0}\\ \boldsymbol{0} & \boldsymbol{B}^{-1}\end{pmatrix}$$

习 题 三

1. 设

$$\boldsymbol{A}=\begin{pmatrix}2 & 4 & 1\\ 0 & 3 & 5\end{pmatrix},\quad \boldsymbol{B}=\begin{pmatrix}-1 & 3 & 1\\ 2 & 0 & 5\end{pmatrix},\quad \boldsymbol{C}=\begin{pmatrix}0 & 1 & 2\\ -3 & -1 & 3\end{pmatrix}$$

求 $3\boldsymbol{A}-2\boldsymbol{B}+\boldsymbol{C}$.

2. 计算

(1) $\begin{pmatrix}2 & 1 & 1\\ 3 & 1 & 0\\ 0 & 1 & 2\end{pmatrix}^2$　　(2) $\begin{pmatrix}1 & 1\\ 0 & 1\end{pmatrix}^n$　　(3) $(-3\ \ 1\ \ 2\ \ 5)\begin{pmatrix}4\\ 0\\ 7\\ -3\end{pmatrix}$

(4) $\begin{pmatrix}4\\ 0\\ 7\\ -3\end{pmatrix}(-3\ \ 1\ \ 2\ \ 5)$　　(5) $\begin{pmatrix}\lambda & 1 & 0\\ 0 & \lambda & 1\\ 0 & 0 & \lambda\end{pmatrix}^n$　　(6) $(x\ \ y\ \ 1)\begin{pmatrix}a_{11} & a_{12} & b_1\\ a_{21} & a_{22} & b_2\\ b_1 & b_2 & c\end{pmatrix}\begin{pmatrix}x\\ y\\ 1\end{pmatrix}$

(7) $\begin{pmatrix} 1 & -1 & -1 & -1 \\ -1 & 1 & -1 & -1 \\ -1 & -1 & 1 & -1 \\ -1 & -1 & -1 & 1 \end{pmatrix}^n$

3. 设

$$A=\begin{pmatrix} 3 & 1 & 1 \\ 2 & 1 & 2 \\ 1 & 2 & 3 \end{pmatrix},\quad B=\begin{pmatrix} 1 & 1 & -1 \\ 2 & -1 & 0 \\ 1 & 0 & 1 \end{pmatrix}$$

计算(1) AB. (2) $AB-BA$.

4. 设

$$A=\begin{pmatrix} 1 & 2 & -1 \\ -2 & 1 & 0 \\ 0 & 2 & 5 \end{pmatrix},\quad B=\begin{pmatrix} 2 & 1 & -2 \\ 3 & 1 & 4 \end{pmatrix},\quad C=\begin{pmatrix} 3 & 2 \\ 2 & 1 \\ 0 & -4 \end{pmatrix}$$

求 $AB^{\mathrm{T}}-C$.

5. 如果 $A=\frac{1}{2}(B+E)$，证明 $A^2=A$ 的充要条件是 $B^2=E$.

6. 设 A、B 为 n 阶矩阵，若 $A+B=E$，证明 $AB=BA$.

7. 已知矩阵

$$A=\begin{pmatrix} 2 & 1 & 1 \\ 3 & -1 & 2 \\ 1 & -1 & 0 \end{pmatrix}$$

$f(x)=x^2-2x-1$，求 $f(A)$.

8. 求所有与矩阵 A 可交换的矩阵.

(1) $A=\begin{pmatrix} 1 & 0 & 0 \\ 0 & 1 & 2 \\ 3 & 1 & 2 \end{pmatrix}$　　(2) $A=\begin{pmatrix} 0 & 1 & 0 \\ 0 & 0 & 1 \\ 0 & 0 & 0 \end{pmatrix}$

9. 已知 n 阶方阵 A 满足矩阵方程 $A^2-3A-3E=0$，证明 A 可逆，并求 A^{-1}.

10. 设 n 阶矩阵 A 和 B 满足条件 $A+B=AB$，证明 $A-E$ 为可逆矩阵，并求 $(A-E)^{-1}$，其中 E 为 n 阶单位矩阵.

11. 已知 n 阶方阵 A 满足 $A^2+2A+4E=0$，证明 $A+E$ 可逆，并求 $(A+E)^{-1}$.

12. 证明若 A 为 n 阶方阵且 $A^2=A$，$A\neq E$，则 $|A|=0$.

13. 设 A 是方阵，且 $A^k=0$（k 为正整数）. 证明：

$$(E-A)^{-1}=E+A+A^2+\cdots+A^{k-1}$$

14. 设 A 是方阵，且 $A\neq E$，如果 $A^2=A$，证明 A 不可逆.

15. 求下列矩阵的逆矩阵

(1) $A=\begin{pmatrix} 2 & 0 & 1 \\ -1 & 3 & 1 \\ 0 & 2 & 4 \end{pmatrix}$　　(2) $A=\begin{pmatrix} 0 & 1 & 3 \\ -1 & 1 & 7 \\ 2 & -1 & 4 \end{pmatrix}$

(3) $\boldsymbol{A}=\begin{pmatrix}1&1&1&1\\1&1&-1&-1\\1&-1&1&-1\\1&-1&-1&1\end{pmatrix}$　　(4) $\boldsymbol{A}=\begin{pmatrix}1&2&3&4\\2&3&1&2\\1&1&1&-1\\1&0&-2&-6\end{pmatrix}$

(5) $\boldsymbol{A}=\begin{pmatrix}2&1&0&0\\3&2&0&0\\5&7&1&8\\-1&-3&-1&-6\end{pmatrix}$　　(6) $\boldsymbol{A}=\begin{pmatrix}2&1&0&0&0\\0&2&1&0&0\\0&0&2&1&0\\0&0&0&2&1\\0&0&0&0&2\end{pmatrix}$

16. 设 $\boldsymbol{A}=\begin{pmatrix}3&0&0\\1&4&0\\0&0&3\end{pmatrix}$，$\boldsymbol{E}=\begin{pmatrix}1&0&0\\0&1&0\\0&0&1\end{pmatrix}$求$(\boldsymbol{A}-2\boldsymbol{E})^{-1}$.

17. 解矩阵方程.

(1) $\boldsymbol{X}\begin{pmatrix}2&2&3\\1&-1&0\\-1&2&1\end{pmatrix}=\begin{pmatrix}1&-1&0\\-1&1&1\\2&0&1\end{pmatrix}$

(2) $\boldsymbol{X}=\boldsymbol{A}\boldsymbol{X}-\boldsymbol{A}^2+\boldsymbol{E}$，其中 $\boldsymbol{A}=\begin{pmatrix}1&0&1\\0&2&0\\1&0&1\end{pmatrix}$

18. 计算下列分块矩阵的乘法.

(1) $\boldsymbol{A}=\left(\begin{array}{cc|ccc}1&0&1&2&-1\\0&1&3&2&-2\\\hline -1&4&0&0&0\\0&2&0&0&0\end{array}\right)$，$\boldsymbol{B}=\left(\begin{array}{cc|cc}2&-3&0&0\\0&-2&0&0\\\hline 1&0&5&-1\\1&1&0&2\\0&0&3&0\end{array}\right)$

(2) $\boldsymbol{A}=\left(\begin{array}{cc|cc}1&0&0&1\\0&1&1&0\\\hline 0&-1&1&0\\-1&0&0&1\end{array}\right)$，$\boldsymbol{B}=\left(\begin{array}{cc|cc}0&1&0&-1\\0&0&-1&0\\\hline 0&0&0&1\\1&0&0&1\end{array}\right)$

19. 设有分块矩阵 $\boldsymbol{C}=\begin{pmatrix}\boldsymbol{0}&\boldsymbol{A}\\\boldsymbol{B}&\boldsymbol{0}\end{pmatrix}$，其中 $\boldsymbol{A}$，$\boldsymbol{B}$ 为可逆矩阵，求 $\boldsymbol{C}$ 的逆矩阵.

20. 设 $\boldsymbol{A}$ 为 n 阶可逆矩阵，b 为常数，记 $\boldsymbol{P}=\begin{pmatrix}\boldsymbol{E}&\boldsymbol{0}\\-\boldsymbol{\alpha}^{\mathrm{T}}\boldsymbol{A}^{*}&|\boldsymbol{A}|\end{pmatrix}$，$\boldsymbol{Q}=\begin{pmatrix}\boldsymbol{A}&\boldsymbol{\alpha}\\\boldsymbol{\alpha}^{\mathrm{T}}&b\end{pmatrix}$，

(1) 计算并化简 $\boldsymbol{PQ}$.

(2) 证明 $\boldsymbol{Q}$ 可逆的充分必要条件是 $\boldsymbol{\alpha}^{\mathrm{T}}\boldsymbol{A}^{-1}\boldsymbol{\alpha}\neq b$.

第 4 章　矩阵的特征值

方阵的特征值、特征向量以及对角化方法是线性代数的重要内容，它们不仅在数学的许多分支中起着重要作用，而且在工程技术、数量经济等领域中也有广泛的应用. 本章先讨论矩阵特征值的概念、求法与基本性质，然后利用矩阵的特征值与特征向量讨论矩阵与对角矩阵相似的问题，最后给出实对称矩阵与对角矩阵相似的结论.

在本章中，如不加说明，提到的矩阵都是指方阵.

4.1　特征值的概念与性质

4.1.1　特征值与特征向量的概念

定义 4.1.1　设 $\boldsymbol{A}$ 是一个 n 阶矩阵，λ 是一个复数，若有 n 维非零列向量 $\boldsymbol{\alpha}$，使得

$$\boldsymbol{A\alpha} = \lambda\boldsymbol{\alpha} \tag{4.1.1}$$

则称 λ 为矩阵 $\boldsymbol{A}$ 的一个特征值，$\boldsymbol{\alpha}$ 为矩阵 $\boldsymbol{A}$ 的对应于特征值 λ 的一个特征向量.

用定义 4.1.1 可以证明，若 $\boldsymbol{\alpha}_1,\boldsymbol{\alpha}_2,\cdots,\boldsymbol{\alpha}_s$ 都是矩阵 $\boldsymbol{A}$ 的对应于特征值 λ 的特征向量，$k_1,k_2,\cdots,k_s$ 是一组不全为零的数，则 $k_1\boldsymbol{\alpha}_1+k_2\boldsymbol{\alpha}_2+\cdots+k_s\boldsymbol{\alpha}_s$ 也是矩阵 $\boldsymbol{A}$ 的对应于特征值 λ 的特征向量.

【例 4.1.1】　考虑 n 阶数量矩阵 $k\boldsymbol{E}$，由于对任意非零的 n 维列向量 $\boldsymbol{\alpha}$，都有 $(k\boldsymbol{E})(\boldsymbol{\alpha})=k\boldsymbol{\alpha}$，所以 k 是数量矩阵 $k\boldsymbol{E}$ 的特征值，而任意 n 维非零向量 $\boldsymbol{\alpha}$ 都 $k\boldsymbol{E}$ 的对应于特征值 k 的特征向量.

【例 4.1.2】　设 λ 是 n 阶矩阵 $\boldsymbol{A}$ 的一个特征值，证明

(1) λ^2 是矩阵 $\boldsymbol{A}^2$ 的一个特征值.

(2) 若 $\boldsymbol{A}$ 是可逆矩阵，则 $\lambda\neq0$，并且 $\dfrac{1}{\lambda}$ 是矩阵 $\boldsymbol{A}^{-1}$ 的一个特征值.

证明　设 $\boldsymbol{\alpha}$ 是矩阵 $\boldsymbol{A}$ 的对应于特征值 λ 的一个特征向量，即 $\boldsymbol{A\alpha}=\lambda\boldsymbol{\alpha}$.

(1) 由于

$$\boldsymbol{A}^2\boldsymbol{\alpha} = \boldsymbol{A}(\boldsymbol{A\alpha}) = \boldsymbol{A}(\lambda\boldsymbol{\alpha}) = \lambda(\boldsymbol{A\alpha}) = \lambda(\lambda\boldsymbol{\alpha}) = \lambda^2\boldsymbol{\alpha}$$

而 $\boldsymbol{\alpha}\neq0$，所以 λ^2 是矩阵 $\boldsymbol{A}^2$ 的一个特征值，并且 $\boldsymbol{\alpha}$ 也是矩阵 $\boldsymbol{A}^2$ 的对应于特征值 λ^2 的一个特征向量.

(2) 由于 $\boldsymbol{A}$ 是可逆矩阵，所以 $\boldsymbol{A}^{-1}$ 存在，于是由 $\boldsymbol{A\alpha}=\lambda\boldsymbol{\alpha}$ 有，$\boldsymbol{\alpha}=\lambda\boldsymbol{A}^{-1}\boldsymbol{\alpha}$，由于 $\boldsymbol{\alpha}\neq0$，所以 $\lambda\neq0$，并且 $\boldsymbol{A}^{-1}\boldsymbol{\alpha}=\dfrac{1}{\lambda}\boldsymbol{\alpha}$，因此 $\dfrac{1}{\lambda}$ 是矩阵 $\boldsymbol{A}^{-1}$ 的一个特征值，并且 $\boldsymbol{\alpha}$ 也是矩阵 $\boldsymbol{A}^{-1}$ 的对应于特征值 $\dfrac{1}{\lambda}$ 的一个特征向量.

同样可以证明：若 λ 是 n 阶矩阵 $\boldsymbol{A}$ 的一个特征值，则

(1) $k\lambda$ 是矩阵 $k\boldsymbol{A}$ 的一个特征值.

(2) λ^m 是矩阵 $\boldsymbol{A}^m$ 的一个特征值.

(3) 设 $f(x)=a_0+a_1x+a_2x^2+\cdots+a_sx^s$，则 $f(\lambda)$是矩阵 $f(\boldsymbol{A})$的一个特征值.

(4) 若 $\boldsymbol{A}$ 是可逆矩阵，则$\dfrac{|\boldsymbol{A}|}{\lambda}$是$\boldsymbol{A}$ 的伴随矩阵$\boldsymbol{A}^*$的一个特征值.

(5) 若 $\boldsymbol{A}^2=\boldsymbol{E}$，则 λ 只可能为 1 或 -1.

(6) 若 $\boldsymbol{A}^2=\boldsymbol{A}$，则 λ 只可能为 1 或 0.

(7) 若 $\boldsymbol{A}^k=\boldsymbol{0}$，则 λ 只能为 0.

4.1.2 特征值与特征向量的求法

为了讨论特征值与特征向量的求法，我们先给出矩阵的特征多项式的概念.

定义 4.1.2 设 $\boldsymbol{A}$ 是一个 n 阶矩阵，则 n 阶行列式

$$|\lambda\boldsymbol{E}-\boldsymbol{A}|=\begin{vmatrix}\lambda-a_{11} & -a_{12} & \cdots & -a_{1n}\\ -a_{21} & \lambda-a_{22} & \cdots & -a_{2n}\\ \vdots & \vdots & & \vdots\\ -a_{n1} & -a_{n2} & \cdots & \lambda-a_{nn}\end{vmatrix} \tag{4.1.2}$$

是关于λ的一个 n 次多项式，称之为矩阵 $\boldsymbol{A}$ 的特征多项式，记作 $f_A(\lambda)$，即 $f_A(\lambda)=|\lambda\boldsymbol{E}-\boldsymbol{A}|$.

【例 4.1.3】 矩阵

$$\boldsymbol{A}=\begin{pmatrix}1 & 0 & 0\\ 0 & 2 & 0\\ 0 & 0 & 3\end{pmatrix},\quad \boldsymbol{B}=\begin{pmatrix}1 & 2 & 2\\ 2 & 1 & 2\\ 2 & 2 & 1\end{pmatrix}$$

的特征多项式分别为

$$f_A(\lambda)=|\lambda\boldsymbol{E}-\boldsymbol{A}|=\begin{vmatrix}\lambda-1 & 0 & 0\\ 0 & \lambda-2 & 0\\ 0 & 0 & \lambda-3\end{vmatrix}=(\lambda-1)(\lambda-2)(\lambda-3)$$

$$f_B(\lambda)=|\lambda\boldsymbol{E}-\boldsymbol{B}|=\begin{vmatrix}\lambda-1 & -2 & -2\\ -2 & \lambda-1 & -2\\ -2 & -2 & \lambda-1\end{vmatrix}=(\lambda+1)^2(\lambda-5)$$

下面讨论特征值与特征向量的求法.

设 $\boldsymbol{\alpha}$ 是矩阵 $\boldsymbol{A}$ 的对应于特征值λ_0 的一个特征向量，即 $\boldsymbol{A\alpha}=\lambda_0\boldsymbol{\alpha}$，并且 $\boldsymbol{\alpha}\neq0$. 于是$(\lambda_0\boldsymbol{E}-\boldsymbol{A})\boldsymbol{\alpha}=\boldsymbol{0}$，这表明 $\boldsymbol{\alpha}$ 是齐次线性方程组$(\lambda_0\boldsymbol{E}-\boldsymbol{A})\boldsymbol{X}=\boldsymbol{0}$ 的非零解，从而由推论 2.3.1，方程组$(\lambda_0\boldsymbol{E}-\boldsymbol{A})\boldsymbol{X}=\boldsymbol{0}$ 的系数行列式$|\lambda_0\boldsymbol{E}-\boldsymbol{A}|=\boldsymbol{0}$，所以 λ_0 是矩阵 $\boldsymbol{A}$ 的特征多项式$|\lambda\boldsymbol{E}-\boldsymbol{A}|$的一个根.

反之，若 λ_0 是矩阵 $\boldsymbol{A}$ 的特征多项式$|\lambda\boldsymbol{E}-\boldsymbol{A}|$的一个根，即$|\lambda_0\boldsymbol{E}-\boldsymbol{A}|=0$，于是齐次线性方程组$(\lambda_0\boldsymbol{E}-\boldsymbol{A})\boldsymbol{X}=\boldsymbol{0}$ 有非零解 $\boldsymbol{\alpha}$，即$(\lambda_0\boldsymbol{E}-\boldsymbol{A})\boldsymbol{\alpha}=\boldsymbol{0}$，于是有 $\boldsymbol{A\alpha}=\lambda_0\boldsymbol{\alpha}$，并且 $\boldsymbol{\alpha}\neq0$，所以 $\boldsymbol{A}$ 的特征多项式$|\lambda\boldsymbol{E}-\boldsymbol{A}|$的根 λ_0 是矩阵 $\boldsymbol{A}$ 的特征值，而齐次线性方程组$(\lambda_0\boldsymbol{E}-\boldsymbol{A})\boldsymbol{X}=\boldsymbol{0}$ 的非零解 $\boldsymbol{\alpha}$ 是矩阵$\boldsymbol{A}$ 的对应于特征值λ_0 的特征向量.

综上可知，λ_0 为矩阵 $\boldsymbol{A}$ 的特征值当且仅当λ_0 是特征多项式 $f_A(\lambda)$的根. $\boldsymbol{\alpha}$ 是 $\boldsymbol{A}$ 的对

应于特征值λ_0的特征向量当且仅当$\boldsymbol{\alpha}$是齐次线性方程组$(\lambda_0\boldsymbol{E}-\boldsymbol{A})\boldsymbol{X}=\boldsymbol{0}$的非零解.

求矩阵的特征值与特征向量的步骤如下.

(1) 计算矩阵$\boldsymbol{A}$的特征多项式$|\lambda\boldsymbol{E}-\boldsymbol{A}|$,它的$n$个根$\lambda_1,\lambda_2,\cdots,\lambda_n$就是矩阵$\boldsymbol{A}$的全部特征值.

(2) 对于特征值λ_i,解齐次方程组$(\lambda_i\boldsymbol{E}-\boldsymbol{A})\boldsymbol{X}=\boldsymbol{0}$,求出一个基础解系$\boldsymbol{\eta}_1,\boldsymbol{\eta}_2,\cdots,\boldsymbol{\eta}_{r_i}$,则$\boldsymbol{\eta}_1,\boldsymbol{\eta}_2,\cdots,\boldsymbol{\eta}_{r_i}$就是矩阵$\boldsymbol{A}$的对于特征值$\lambda_i$的$r_i$个线性无关的特征向量,从而矩阵$\boldsymbol{A}$的对应于特征值$\lambda_i$的全部特征向量为$k_1\boldsymbol{\eta}_1+k_2\boldsymbol{\eta}_2+\cdots+k_{r_i}\boldsymbol{\eta}_{r_i}$. 其中$k_1,k_2,\cdots,k_{r_i}$是不全为零的数.

【例 4.1.4】 求矩阵

$$\boldsymbol{A}=\begin{pmatrix}1&2&2\\2&1&2\\2&2&1\end{pmatrix}$$

的特征值与特征向量.

解　矩阵$\boldsymbol{A}$的特征多项式

$$f_A(\lambda)=|\lambda\boldsymbol{E}-\boldsymbol{A}|=\begin{vmatrix}\lambda-1&-2&-2\\-2&\lambda-1&-2\\-2&-2&\lambda-1\end{vmatrix}$$

$$=\begin{vmatrix}\lambda-5&-2&-2\\\lambda-5&\lambda-1&-2\\\lambda-5&-2&\lambda-1\end{vmatrix}=\begin{vmatrix}\lambda-5&-2&-2\\0&\lambda+1&0\\0&0&\lambda+1\end{vmatrix}$$

$$=(\lambda+1)^2(\lambda-5)$$

所以矩阵$\boldsymbol{A}$的特征值为$\lambda_1=\lambda_2=-1,\lambda_3=5$.

对于特征值$\lambda_1=\lambda_2=-1$,解对应的齐次线性方程组$(-\boldsymbol{E}-\boldsymbol{A})\boldsymbol{X}=\boldsymbol{0}$,即

$$\begin{cases}-2x_1-2x_2-2x_3=0\\-2x_1-2x_2-2x_3=0\\-2x_1-2x_2-2x_3=0\end{cases}$$

得一个基础解系

$$\boldsymbol{\alpha}_1=\begin{pmatrix}-1\\1\\0\end{pmatrix},\quad \boldsymbol{\alpha}_2=\begin{pmatrix}-1\\0\\1\end{pmatrix}$$

所以矩阵$\boldsymbol{A}$的对应于特征值$\lambda_1=\lambda_2=-1$的全部特征向量为$k_1\boldsymbol{\alpha}_1+k_2\boldsymbol{\alpha}_2$,其中$k_1,k_2$为不全为零的数.

对于特征值$\lambda_3=5$,解对应的齐次线性方程组$(5\boldsymbol{E}-\boldsymbol{A})\boldsymbol{X}=\boldsymbol{0}$,即

$$\begin{cases}4x_1-2x_2-2x_3=0\\-2x_1+4x_2-2x_3=0\\-2x_1-2x_2+4x_3=0\end{cases}$$

得一个基础解系

$$\boldsymbol{\alpha}_3=\begin{pmatrix}1\\1\\1\end{pmatrix}$$

所以矩阵 $\boldsymbol{A}$ 的对应于特征值 $\lambda_3=5$ 的全部特征向量为 $k\boldsymbol{\alpha}_3$，其中 $k\neq 0$.

4.1.3 特征值、特征向量与特征多项式的性质

先讨论特征值的基本性质.

设矩阵 $\boldsymbol{A}=(a_{ij})_{n\times n}$ 的 n 个特征值为 $\lambda_1,\lambda_2,\cdots,\lambda_n$，则

$$\begin{aligned}f_{\boldsymbol{A}}(\lambda)&=(\lambda-\lambda_1)(\lambda-\lambda_2)\cdots(\lambda-\lambda_n)\\&=\lambda^n-(\lambda_1+\lambda_2+\cdots+\lambda_n)\lambda^{n-1}+\cdots+(-1)^n\lambda_1\lambda_2\cdots\lambda_n\end{aligned}\tag{4.1.3}$$

而在矩阵 $\boldsymbol{A}$ 的特征多项式

$$f_A(\lambda)=|\lambda\boldsymbol{E}-\boldsymbol{A}|=\begin{vmatrix}\lambda-a_{11}&-a_{12}&\cdots&-a_{1n}\\-a_{21}&\lambda-a_{22}&\cdots&-a_{2n}\\\vdots&\vdots&&\vdots\\-a_{n1}&-a_{n2}&\cdots&\lambda-a_{nn}\end{vmatrix}$$

的展开式中，有一项是对角元素的乘积

$$(\lambda-a_{11})(\lambda-a_{22})\cdots(\lambda-a_{nn})=\lambda^n-(a_{11}+a_{22}+\cdots+a_{nn})\lambda^{n-1}+\cdots+(-1)^n a_{11}a_{22}\cdots a_{nn}$$

由于展开式的其他项的次数都不超过 $n-2$，因此上式中的 n 次项和 $n-1$ 次项就是展开式的 n 次项和 $n-1$ 次项. 其次，在特征多项式中取 $\lambda=0$，得到展开式的常数项为 $(-1)^n|\boldsymbol{A}|$，于是

$$f_A(\lambda)=\lambda^n-(a_{11}+a_{22}+\cdots+a_{nn})\lambda^{n-1}+\cdots+(-1)^n\,|\boldsymbol{A}|\tag{4.1.4}$$

比较式(4.1.3)、式(4.1.4)中同次项的系数，我们有

定理 4.1.1 设 $\lambda_1,\lambda_2,\cdots,\lambda_n$ 是 n 阶矩阵 $\boldsymbol{A}$ 的全部特征值，则

$$|\boldsymbol{A}|=\lambda_1\lambda_2\cdots\lambda_n,\quad tr(\boldsymbol{A})=\sum_{i=1}^{n}a_{ii}=\lambda_1+\lambda_2+\cdots+\lambda_n$$

其中，$tr(\boldsymbol{A})$ 表示矩阵 $\boldsymbol{A}$ 的对角元素之和，称之为矩阵 $\boldsymbol{A}$ 的迹.

这个结论给出了矩阵的特征值与矩阵的行列式以及矩阵迹的关系.

【例 4.1.5】 已知三阶矩阵 $\boldsymbol{A}$ 的特征值为 1,2,3，求行列式 $|\boldsymbol{A}^3-5\boldsymbol{A}^2+7\boldsymbol{A}|$.

解 由矩阵 $\boldsymbol{A}$ 的特征值为 1,2,3 可知，矩阵 $\boldsymbol{A}^3-5\boldsymbol{A}^2+7\boldsymbol{A}$ 的特征值为

$$1^3-5\times1^2+7\times1=3$$
$$2^3-5\times2^2+7\times2=2$$
$$3^3-5\times3^2+7\times3=3$$

所以由定理 4.1.1 得

$$|\boldsymbol{A}^3-5\boldsymbol{A}^2+7\boldsymbol{A}|=3\times2\times3=18$$

再讨论特征向量的性质

定理 4.1.2 矩阵的对应于不同特征值的特征向量是线性无关的.

证明 设 $\lambda_1,\lambda_2,\cdots,\lambda_s$ 是矩阵 $\boldsymbol{A}$ 的两两不同的特征值，$\boldsymbol{\alpha}_i$ 是矩阵 $\boldsymbol{A}$ 的对应于特征值 λ_i 的一个特征向量，即 $\boldsymbol{A}\boldsymbol{\alpha}_i=\lambda_i\boldsymbol{\alpha}_i$，$i=1,2,\cdots,s$. 设

$$k_1\boldsymbol{\alpha}_1+k_2\boldsymbol{\alpha}_2+\cdots+k_s\boldsymbol{\alpha}_s=\mathbf{0}$$

用矩阵 **A** 左乘上式两端，得

$$\lambda_1k_1\boldsymbol{\alpha}_1+\lambda_2k_2\boldsymbol{\alpha}_2+\cdots+\lambda_sk_s\boldsymbol{\alpha}_s=\mathbf{0}$$

再用矩阵 **A** 左乘上式两端，并依次下去，我们有

$$\lambda_1^lk_1\boldsymbol{\alpha}_1+\lambda_2^lk_2\boldsymbol{\alpha}_2+\cdots+\lambda_s^lk_s\boldsymbol{\alpha}_s=\mathbf{0},\quad l=0,1,\cdots,s-1$$

将上述 s 个等式用矩阵写出来就是

$$(k_1\boldsymbol{\alpha}_1,k_2\boldsymbol{\alpha}_2,\cdots,k_s\boldsymbol{\alpha}_s)\begin{pmatrix}1&\lambda_1&\cdots&\lambda_1^{s-1}\\1&\lambda_2&\cdots&\lambda_2^{s-1}\\\vdots&\vdots&&\vdots\\1&\lambda_s&\cdots&\lambda_s^{s-1}\end{pmatrix}=(\mathbf{0},\mathbf{0},\cdots,\mathbf{0})$$

由于 $\lambda_1,\lambda_2,\cdots,\lambda_s$ 是两两不同的，所以

$$\begin{pmatrix}1&\lambda_1&\cdots&\lambda_1^{s-1}\\1&\lambda_2&\cdots&\lambda_2^{s-1}\\\vdots&\vdots&&\vdots\\1&\lambda_s&\cdots&\lambda_s^{s-1}\end{pmatrix}$$

是一个可逆矩阵，于是有$(k_1\boldsymbol{\alpha}_1,k_2\boldsymbol{\alpha}_2,\cdots,k_s\boldsymbol{\alpha}_s)=(\mathbf{0},\mathbf{0},\cdots,\mathbf{0})$，即 $k_i\boldsymbol{\alpha}_i=\mathbf{0}$，而 $\boldsymbol{\alpha}_i\neq\mathbf{0}$，所以 $k_i=0,i=1,2,\cdots,s$. 从而 $\boldsymbol{\alpha}_1,\boldsymbol{\alpha}_2,\cdots,\boldsymbol{\alpha}_s$ 是线性无关的.

用定理 4.1.2 和数学归纳法可以证明：如果 $\lambda_1,\lambda_2,\cdots,\lambda_s$ 是矩阵**A** 的互不相同的特征值，$\boldsymbol{\alpha}_{i1},\boldsymbol{\alpha}_{i2},\cdots,\boldsymbol{\alpha}_{ir_i}$ 是对应于特征值 λ_i 的线性无关的特征向量，则向量 $\boldsymbol{\alpha}_{11},\boldsymbol{\alpha}_{12},\cdots,\boldsymbol{\alpha}_{1r_1}$，$\boldsymbol{\alpha}_{21},\boldsymbol{\alpha}_{22},\cdots,\boldsymbol{\alpha}_{2r_2},\cdots,\boldsymbol{\alpha}_{s1},\boldsymbol{\alpha}_{s2},\cdots,\boldsymbol{\alpha}_{sr_s}$ 也是线性无关的.

【例 4.1.6】 设 $\boldsymbol{\alpha}_1,\boldsymbol{\alpha}_2$ 是矩阵 **A** 的分别对应于特征值 λ_1,λ_2 的特征向量，若 $\lambda_1\neq\lambda_2$，证明$\boldsymbol{\alpha}_1+\boldsymbol{\alpha}_2$不是矩阵 **A** 的特征向量.

证明　用反证法. 若 $\boldsymbol{\alpha}_1+\boldsymbol{\alpha}_2$ 是矩阵 **A** 的对应于特征值 λ_0 的特征向量，则

$$\boldsymbol{A}(\boldsymbol{\alpha}_1+\boldsymbol{\alpha}_2)=\lambda_0(\boldsymbol{\alpha}_1+\boldsymbol{\alpha}_2)=\lambda_0\boldsymbol{\alpha}_1+\lambda_0\boldsymbol{\alpha}_2\tag{4.1.5}$$

而由题设条件有

$$\boldsymbol{A\alpha}_1=\lambda_1\boldsymbol{\alpha}_1,\quad \boldsymbol{A\alpha}_2=\lambda_2\boldsymbol{\alpha}_2$$

两式相加得，

$$\boldsymbol{A}(\boldsymbol{\alpha}_1+\boldsymbol{\alpha}_2)=\boldsymbol{A\alpha}_1+\boldsymbol{A\alpha}_2=\lambda_1\boldsymbol{\alpha}_1+\lambda_2\boldsymbol{\alpha}_2\tag{4.1.6}$$

从而由式(4.1.5)和(4.1.6)得

$$(\lambda_0-\lambda_1)\boldsymbol{\alpha}_1+(\lambda_0-\lambda_2)\boldsymbol{\alpha}_2=\mathbf{0}\tag{4.1.7}$$

由于 $\lambda_1\neq\lambda_2$，所以由定理 4.1.2，向量 $\boldsymbol{\alpha}_1,\boldsymbol{\alpha}_2$ 是线性无关的，从而由式(式 4.1.7)得 $\lambda_0-\lambda_1=0,\lambda_0-\lambda_2=0$，即 $\lambda_0=\lambda_1=\lambda_2$，这与 $\lambda_1\neq\lambda_2$ 相矛盾，从而 $\boldsymbol{\alpha}_1+\boldsymbol{\alpha}_2$ 不是矩阵 **A** 的特征向量.

最后讨论特征多项式的性质.

定理 4.1.3　(哈密尔顿—凯莱(Hamilton-Caylay)定理)　设 $f_A(\lambda)$是矩阵 **A** 的特征多项式，则

$$f_A(\boldsymbol{A})=0.\tag{4.1.8}$$

【例 4.1.7】 设

$$A=\begin{pmatrix}1&0&0\\1&0&1\\0&1&0\end{pmatrix}$$

$$g(\lambda)=\lambda^7-\lambda^5-\lambda2+2\lambda+3$$

求 $g(\boldsymbol{A})$.

解 矩阵 $\boldsymbol{A}$ 的特征多项式为

$$f_A(\lambda)=|\lambda\boldsymbol{E}-\boldsymbol{A}|=\begin{vmatrix}\lambda-1&0&0\\-1&\lambda&-1\\0&-1&\lambda\end{vmatrix}=\lambda^3-\lambda^2-\lambda+1$$

由于

$$g(\lambda)=f_A(\lambda)(\lambda^4+\lambda^3+\lambda^2+\lambda+1)+2\lambda+2$$

而 $f_A(\boldsymbol{A})=0$,所以

$$g(\boldsymbol{A})=f_A(\boldsymbol{A})(\boldsymbol{A}^4+\boldsymbol{A}^3+\boldsymbol{A}^2+\boldsymbol{A}+\boldsymbol{E})+2\boldsymbol{A}+2\boldsymbol{E}=2\boldsymbol{A}+2\boldsymbol{E}$$

$$=\begin{pmatrix}4&0&0\\2&2&2\\0&2&2\end{pmatrix}$$

4.2 矩阵的对角化问题

对角矩阵是一类特殊的易于计算的矩阵,本节先给出相似矩阵的概念与基本性质,然后讨论矩阵和对角矩阵相似的条件.

若一个矩阵和对角矩阵相似,我们就说这个矩阵可以对角化.

4.2.1 矩阵的相似

定义 4.2.1 设 $\boldsymbol{A},\boldsymbol{B}$ 是 n 阶矩阵,若有可逆矩阵 $\boldsymbol{P}$,使

$$\boldsymbol{B}=\boldsymbol{P}^{-1}\boldsymbol{A}\boldsymbol{P} \tag{4.2.1}$$

则称矩阵 $\boldsymbol{A}$ 相似于 $\boldsymbol{B}$,记作 $\boldsymbol{A}\sim\boldsymbol{B}$.

由定义 4.2.1 不难看出:设 $\boldsymbol{A},\boldsymbol{B},\boldsymbol{C}$ 是 n 阶矩阵,则 $\boldsymbol{A}\sim\boldsymbol{A}$;若 $\boldsymbol{A}\sim\boldsymbol{B}$,则 $\boldsymbol{B}\sim\boldsymbol{A}$;若 $\boldsymbol{A}\sim\boldsymbol{B},\boldsymbol{B}\sim\boldsymbol{C}$,则 $\boldsymbol{A}\sim\boldsymbol{C}$.

定理 4.2.1 相似的矩阵有相同的特征值.

证明 设矩阵 $\boldsymbol{A}$ 与 $\boldsymbol{B}$ 相似,则有可逆矩阵 $\boldsymbol{P}$,使 $\boldsymbol{B}=\boldsymbol{P}^{-1}\boldsymbol{A}\boldsymbol{P}$,于是

$$\begin{aligned}f_B(\lambda)&=|\lambda\boldsymbol{E}-\boldsymbol{B}|=|\lambda\boldsymbol{E}-\boldsymbol{P}^{-1}\boldsymbol{A}\boldsymbol{P}|=|\lambda\boldsymbol{P}^{-1}\boldsymbol{P}-\boldsymbol{P}^{-1}\boldsymbol{A}\boldsymbol{P}|\\&=|\boldsymbol{P}^{-1}(\lambda\boldsymbol{E}-\boldsymbol{A})\boldsymbol{P}|=|\boldsymbol{P}^{-1}||\lambda\boldsymbol{E}-\boldsymbol{A}||\boldsymbol{P}|\\&=|\boldsymbol{P}||\boldsymbol{P}^{-1}||\lambda\boldsymbol{E}-\boldsymbol{A}|=|\lambda\boldsymbol{E}-\boldsymbol{A}|=f_A(\lambda)\end{aligned}$$

所以 $\boldsymbol{A},\boldsymbol{B}$ 有相同的特征值.

定理 4.2.1 的逆命题不成立,即有相同特征值的矩阵未必相似. 如矩阵

$$\boldsymbol{A}=\begin{pmatrix}1&0\\0&1\end{pmatrix},\quad \boldsymbol{B}=\begin{pmatrix}1&1\\0&1\end{pmatrix}$$

的特征值都是 $\lambda_1=\lambda_2=1$，但是它们是不相似的.

虽然相似的矩阵有相同的特征值，但是相同特征值所对应的特征向量未必相同. 事实上，设 $\boldsymbol{B}=\boldsymbol{P}^{-1}\boldsymbol{AP}$，$\lambda$ 是 $\boldsymbol{A},\boldsymbol{B}$ 的一个特征值，$\boldsymbol{\alpha}$ 是 $\boldsymbol{A}$ 的对应于特征值 λ 的特征向量，则 $\lambda\boldsymbol{\alpha}=\boldsymbol{A\alpha}=\boldsymbol{PBP}^{-1}\boldsymbol{\alpha}$，于是 $\boldsymbol{BP}^{-1}\boldsymbol{\alpha}=\lambda\boldsymbol{P}^{-1}\boldsymbol{\alpha}$，即 $\boldsymbol{P}^{-1}\boldsymbol{\alpha}$ 是 $\boldsymbol{B}$ 的属于特征值 λ 的特征向量.

由定义 4.2.1、定理 4.2.1 以及定理 4.1.1，我们可以证明下述结论.

定理 4.2.2 设 $f(x)=a_0+a_1x+a_2x^2+\cdots+a_sx^s$，若 $\boldsymbol{A}\sim\boldsymbol{B}$，则

(1) $k\boldsymbol{A}\sim k\boldsymbol{B}$.

(2) $\boldsymbol{A}^m\sim\boldsymbol{B}^m$.

(3) $f(\boldsymbol{A})\sim f(\boldsymbol{B})$.

(4) 若 $\boldsymbol{A}$ 可逆，则 $\boldsymbol{B}$ 也可逆，且 $\boldsymbol{A}^{-1}\sim\boldsymbol{B}^{-1}$.

(5) $|\boldsymbol{A}|=|\boldsymbol{B}|$.

(6) $tr\boldsymbol{A}=tr\boldsymbol{B}$.

4.2.2 矩阵可对角化的一个充分必要条件

定理 4.2.3 设 $\boldsymbol{A}$ 是一个 n 阶矩阵，则 $\boldsymbol{A}$ 可以对角化的一个充分必要条件是 $\boldsymbol{A}$ 有 n 个线性无关的特征向量.

证明 充分性. 设矩阵 $\boldsymbol{A}$ 有 n 个线性无关的特征向量 $\boldsymbol{\alpha}_1,\boldsymbol{\alpha}_2,\cdots,\boldsymbol{\alpha}_n$，它们所对应的特征值依次为 $\lambda_1,\lambda_2,\cdots,\lambda_n$，即

$$\boldsymbol{A\alpha}_i=\lambda_i\boldsymbol{\alpha}_i,\quad i=1,2,\cdots,n \tag{4.2.2}$$

以 $\boldsymbol{\alpha}_1,\boldsymbol{\alpha}_2,\cdots,\boldsymbol{\alpha}_n$ 为列向量作矩阵 $\boldsymbol{P}=(\boldsymbol{\alpha}_1,\boldsymbol{\alpha}_2,\cdots,\boldsymbol{\alpha}_n)$，则由 $\boldsymbol{\alpha}_1,\boldsymbol{\alpha}_2,\cdots,\boldsymbol{\alpha}_n$ 线性无关知 $\boldsymbol{P}$ 是一个可逆矩阵，从而由式(4.2.2)有

$$\boldsymbol{AP}=\boldsymbol{A}(\boldsymbol{\alpha}_1,\boldsymbol{\alpha}_2,\cdots,\boldsymbol{\alpha}_n)=(\boldsymbol{A\alpha}_1,\boldsymbol{A\alpha}_2,\cdots,\boldsymbol{A\alpha}_n)=(\lambda_1\boldsymbol{\alpha}_1,\lambda_2\boldsymbol{\alpha}_2,\cdots,\lambda_n\boldsymbol{\alpha}_n)$$

$$=(\boldsymbol{\alpha}_1,\boldsymbol{\alpha}_2,\cdots,\boldsymbol{\alpha}_n)\begin{pmatrix}\lambda_1 & 0 & \cdots & 0\\ 0 & \lambda_2 & \cdots & 0\\ \vdots & \vdots & & \vdots\\ 0 & 0 & \cdots & \lambda_n\end{pmatrix}=\boldsymbol{P\Lambda}$$

其中

$$\boldsymbol{\Lambda}=\begin{pmatrix}\lambda_1 & 0 & \cdots & 0\\ 0 & \lambda_2 & \cdots & 0\\ \vdots & \vdots & & \vdots\\ 0 & 0 & \cdots & \lambda_n\end{pmatrix}$$

于是有 $\boldsymbol{P}^{-1}\boldsymbol{AP}=\boldsymbol{\Lambda}$，即矩阵 $\boldsymbol{A}$ 可以对角化.

必要性. 若矩阵 $\boldsymbol{A}$ 可以对角化，设矩阵 $\boldsymbol{A}$ 与对角矩阵 $\boldsymbol{\Lambda}$ 相似，则有可逆矩阵 $\boldsymbol{P}$ 使 $\boldsymbol{P}^{-1}\boldsymbol{AP}=\boldsymbol{\Lambda}$，即 $\boldsymbol{AP}=\boldsymbol{P\Lambda}$，将矩阵 $\boldsymbol{P}$ 按列分块，$\boldsymbol{P}=(\boldsymbol{\alpha}_1,\boldsymbol{\alpha}_2,\cdots,\boldsymbol{\alpha}_n)$，则由 $\boldsymbol{AP}=\boldsymbol{P\Lambda}$ 有

$$\boldsymbol{A\alpha}_i=\lambda_i\boldsymbol{\alpha}_i,\quad i=1,2,\cdots,n$$

而由矩阵 $\boldsymbol{P}$ 可逆知向量组 $\boldsymbol{\alpha}_1,\boldsymbol{\alpha}_2,\cdots,\boldsymbol{\alpha}_n$ 是线性无关的，所以 $\boldsymbol{\alpha}_1,\boldsymbol{\alpha}_2,\cdots,\boldsymbol{\alpha}_n$ 是 n 个线性无关的特征向量.

推论 4.2.1 设 $\boldsymbol{A}$ 是 n 阶矩阵，若 $\boldsymbol{A}$ 有 n 个不同的特征值，则 $\boldsymbol{A}$ 可以对角化.

由定理 4.2.3 的证明可知,若矩阵 $\boldsymbol{A}$ 相似于对角矩阵 $\boldsymbol{\Lambda}$,则对角矩阵 $\boldsymbol{\Lambda}$ 的主对角线元素就是 $\boldsymbol{A}$ 的所有特征值.

【例 4.2.1】 矩阵

$$\boldsymbol{A}=\begin{pmatrix}1&2&2\\2&1&2\\2&2&1\end{pmatrix}$$

是否可以对角化?若可以对角化,求出可逆矩阵 $\boldsymbol{P}$ 以及相应的对角矩阵 $\boldsymbol{P}^{-1}\boldsymbol{AP}$.

解 由 4.1.2 节例 4,矩阵 $\boldsymbol{A}$ 特征值为 $\lambda_1=\lambda_2=-1,\lambda_3=5$.

对于特征值 $\lambda_1=\lambda_2=-1$,有两个线性无关的特征向量

$$\boldsymbol{\alpha}_1=\begin{pmatrix}-1\\1\\0\end{pmatrix},\quad \boldsymbol{\alpha}_2=\begin{pmatrix}-1\\0\\1\end{pmatrix}$$

对于特征值 $\lambda_3=5$,有一个线性无关的特征向量

$$\boldsymbol{\alpha}_3=\begin{pmatrix}1\\1\\1\end{pmatrix}$$

而由定理 4.1.2,矩阵 $\boldsymbol{A}$ 的三个特征向量 $\boldsymbol{\alpha}_1,\boldsymbol{\alpha}_2,\boldsymbol{\alpha}_3$ 是线性无关的,从而由定理 4.2.3,矩阵 $\boldsymbol{A}$ 可以对角化,令

$$\boldsymbol{P}=(\boldsymbol{\alpha}_1,\boldsymbol{\alpha}_2,\boldsymbol{\alpha}_3)=\begin{pmatrix}-1&-1&1\\1&0&1\\0&1&1\end{pmatrix}$$

则 $\boldsymbol{P}$ 是一个可逆矩阵,并且有

$$\boldsymbol{P}^{-1}\boldsymbol{AP}=\begin{pmatrix}-1&0&0\\0&-1&0\\0&0&5\end{pmatrix}$$

【例 4.2.2】 设

$$\boldsymbol{A}=\begin{pmatrix}0&0&1\\1&1&a\\1&0&0\end{pmatrix}$$

当 a 取何值时,矩阵 $\boldsymbol{A}$ 可以对角化?

解 矩阵 $\boldsymbol{A}$ 的特征多项式为

$$f_A(\lambda)=\begin{vmatrix}\lambda&0&-1\\-1&\lambda-1&-a\\-1&0&\lambda\end{vmatrix}=(\lambda-1)^2(\lambda+1)$$

所以矩阵 $\boldsymbol{A}$ 的特征值为 $\lambda_1=\lambda_2=1,\lambda_3=-1$.

容易看出,矩阵 $\boldsymbol{A}$ 的对应于特征值 $\lambda_3=-1$ 的线性无关的特征向量只有一个,因此由定理 4.2.3,矩阵 $\boldsymbol{A}$ 可以对角化的充分必要条件是对应于特征值 $\lambda_1=\lambda_2=1$ 的线性无关的特征向量的个数为 2,即对应齐次线性方程组的系数矩阵

$$\boldsymbol{E}-\boldsymbol{A}=\begin{pmatrix}1&0&-1\\-1&0&-a\\-1&0&1\end{pmatrix}$$

的秩为 1，观察可知，当且仅当 $a=-1$ 时 $r(\boldsymbol{E}-\boldsymbol{A})=1$.

因此，当且仅当 $a=-1$ 时，矩阵 $\boldsymbol{A}$ 可对角化.

【例 4.2.3】 设矩阵

$$\boldsymbol{A}=\begin{pmatrix}1&4&2\\0&-3&4\\0&4&3\end{pmatrix}$$

求 $\boldsymbol{A}^{100}$.

解 矩阵 $\boldsymbol{A}$ 的特征多项式为

$$f(\lambda)=\begin{vmatrix}\lambda-1&-4&-2\\0&\lambda+3&-4\\0&-4&\lambda-3\end{vmatrix}=(\lambda-1)(\lambda-5)(\lambda+5)$$

所以 $\boldsymbol{A}$ 的特征值为 $\lambda_1=1,\lambda_2=5,\lambda_3=-5$，于是由推论 4.2.1，$\boldsymbol{A}$ 可以对角化.

容易求得，矩阵 $\boldsymbol{A}$ 的分别对应于特征值 $\lambda_1,\lambda_2,\lambda_3$ 的一个特征向量分别为

$$\boldsymbol{\alpha}_1=\begin{pmatrix}1\\0\\0\end{pmatrix},\quad \boldsymbol{\alpha}_2=\begin{pmatrix}2\\1\\2\end{pmatrix},\quad \boldsymbol{\alpha}_3=\begin{pmatrix}1\\-2\\1\end{pmatrix}$$

由定理 4.1.2，向量组 $\boldsymbol{\alpha}_1,\boldsymbol{\alpha}_2,\boldsymbol{\alpha}_3$ 是线性无关的，令

$$\boldsymbol{P}=(\boldsymbol{\alpha}_1,\boldsymbol{\alpha}_2,\boldsymbol{\alpha}_3)=\begin{pmatrix}1&2&1\\0&1&-2\\0&2&1\end{pmatrix}$$

则 $\boldsymbol{P}$ 是一个可逆矩阵，且

$$\boldsymbol{P}^{-1}\boldsymbol{AP}=\begin{pmatrix}1&0&0\\0&5&0\\0&0&-5\end{pmatrix}$$

即

$$\boldsymbol{A}=\boldsymbol{P}\begin{pmatrix}1&0&0\\0&5&0\\0&0&-5\end{pmatrix}\boldsymbol{P}^{-1}$$

于是

$$\boldsymbol{A}^{100}=\boldsymbol{P}\begin{pmatrix}1&0&0\\0&5&0\\0&0&-5\end{pmatrix}^{100}\boldsymbol{P}^{-1}=\boldsymbol{P}\begin{pmatrix}1&0&0\\0&5^{100}&0\\0&0&(-5)^{100}\end{pmatrix}\boldsymbol{P}^{-1}$$

$$= \begin{pmatrix} 1 & 2 & 1 \\ 0 & 1 & -2 \\ 0 & 2 & 1 \end{pmatrix} \begin{pmatrix} 1 & 0 & 0 \\ 0 & 5^{100} & 0 \\ 0 & 0 & (-5)^{100} \end{pmatrix} \begin{pmatrix} 1 & 0 & -1 \\ 0 & \frac{1}{5} & \frac{2}{5} \\ 0 & -\frac{2}{5} & \frac{1}{5} \end{pmatrix}$$

$$= \begin{pmatrix} 1 & 0 & 5^{100}-1 \\ 0 & 5^{100} & 0 \\ 0 & 0 & 5^{100} \end{pmatrix}$$

4.3 实对称矩阵

实对称矩阵是一类可以对角化的矩阵，为了讨论实对称矩阵的对角化问题，要用到向量内积的一些结果.

如不加说明，本节中所提到的向量都是实 n 维列向量.

4.3.1 向量的内积

定义 4.3.1 对于 n 维实向量 $\boldsymbol{\alpha}=(a_1,a_2,\cdots,a_n)^{\mathrm{T}}$，$\boldsymbol{\beta}=(b_1,b_2,\cdots,b_n)^{\mathrm{T}}$，称实数

$$\boldsymbol{\alpha}^{\mathrm{T}}\boldsymbol{\beta} = a_1b_1 + a_2b_2 + \cdots + a_nb_n \tag{4.3.1}$$

为向量 $\boldsymbol{\alpha}$ 与 $\boldsymbol{\beta}$ 的内积，记为 $(\boldsymbol{\alpha},\boldsymbol{\beta})$.

如果 $\boldsymbol{\alpha}=(a_1,a_2,\cdots,a_n)$，$\boldsymbol{\beta}=(b_1,b_2,\cdots,b_n)$ 是实 n 维行向量，则

$$(\boldsymbol{\alpha},\boldsymbol{\beta}) = \boldsymbol{\alpha}\boldsymbol{\beta}^{\mathrm{T}} = a_1b_1 + a_2b_2 + \cdots + a_nb_n.$$

由定义 3.1.1 不难证明，向量的内积具有下列性质.

(1) 对称性. $(\boldsymbol{\alpha},\boldsymbol{\beta})=(\boldsymbol{\beta},\boldsymbol{\alpha})$.

(2) 线性性. $(k\boldsymbol{\alpha},\boldsymbol{\beta})=k(\boldsymbol{\alpha},\boldsymbol{\beta})$；$(\boldsymbol{\alpha}+\boldsymbol{\beta},\boldsymbol{\gamma})=(\boldsymbol{\alpha},\boldsymbol{\gamma})+(\boldsymbol{\beta},\boldsymbol{\gamma})$.

(3) 正定性. $(\boldsymbol{\alpha},\boldsymbol{\alpha})\geqslant 0$；当且仅当 $\boldsymbol{\alpha}=\mathbf{0}$ 时 $(\boldsymbol{\alpha},\boldsymbol{\alpha})=0$.

这里 $\boldsymbol{\alpha},\boldsymbol{\beta},\boldsymbol{\gamma}$ 是任意 n 维向量，k 是任意实数.

利用内积的性质可以证明

定理 4.3.1 (施瓦兹(Schwarz)不等式) 设 $\boldsymbol{\alpha},\boldsymbol{\beta}$ 为 n 维实向量，则有

$$(\boldsymbol{\alpha},\boldsymbol{\beta})^2 \leqslant (\boldsymbol{\alpha},\boldsymbol{\alpha})(\boldsymbol{\beta},\boldsymbol{\beta}) \tag{4.3.2}$$

当且仅当向量 $\boldsymbol{\alpha},\boldsymbol{\beta}$ 线性相关时，$(\boldsymbol{\alpha},\boldsymbol{\beta})^2=(\boldsymbol{\alpha},\boldsymbol{\alpha})(\boldsymbol{\beta},\boldsymbol{\beta})$.

4.3.2 向量的长度、夹角与正交

定义 4.3.2 设 $\boldsymbol{\alpha}=(a_1,a_2,\cdots,a_n)^{\mathrm{T}}$ 是实向量，称

$$\sqrt{(\boldsymbol{\alpha},\boldsymbol{\alpha})} = \sqrt{a_1^2 + a_2^2 + \cdots + a_n^2} \tag{4.3.3}$$

为向量 $\boldsymbol{\alpha}$ 的长度，记作 $\|\boldsymbol{\alpha}\|$.

当 $\|\boldsymbol{\alpha}\|=1$ 时，称 $\boldsymbol{\alpha}$ 为单位向量. 显然，若 $\boldsymbol{\alpha}\neq 0$，则 $\frac{1}{\|\boldsymbol{\alpha}\|}\boldsymbol{\alpha}$ 是一个单位向量；由一个非零向量求单位向量的过程叫做将向量单位化.

向量的长度具有下列性质.

(1) 非负性. $\|\boldsymbol{\alpha}\|\geqslant 0$,当且仅当 $\boldsymbol{\alpha}=\mathbf{0}$ 时 $\|\boldsymbol{\alpha}\|=0$.

(2) 齐次性. $\|k\boldsymbol{\alpha}\|=|k|\,\|\boldsymbol{\alpha}\|$.

(3) 三角不等式. $\|\boldsymbol{\alpha}+\boldsymbol{\beta}\|\leqslant\|\boldsymbol{\alpha}\|+\|\boldsymbol{\beta}\|$.

利用定义 4.3.2 和定理 4.3.1,可以定义两个非零实向量 $\boldsymbol{\alpha},\boldsymbol{\beta}$ 的夹角 $\langle\boldsymbol{\alpha},\boldsymbol{\beta}\rangle$ 为

$$\langle\boldsymbol{\alpha},\boldsymbol{\beta}\rangle=\arccos\frac{(\boldsymbol{\alpha},\boldsymbol{\beta})}{\|\boldsymbol{\alpha}\|\,\|\boldsymbol{\beta}\|} \tag{4.3.4}$$

定义 4.3.3　设 $\boldsymbol{\alpha},\boldsymbol{\beta}$ 为 n 维实向量,若 $(\boldsymbol{\alpha},\boldsymbol{\beta})=0$,则称 $\boldsymbol{\alpha}$ 与 $\boldsymbol{\beta}$ 正交.

显然,只有零向量与自己正交.

若 $(\boldsymbol{\alpha},\boldsymbol{\beta})=0$,则有 $\|\boldsymbol{\alpha}+\boldsymbol{\beta}\|^2=\|\boldsymbol{\alpha}\|^2+\|\boldsymbol{\beta}\|^2$.

【例 4.3.1】　n 个标准列向量

$$e_1=\begin{pmatrix}1\\0\\\vdots\\0\end{pmatrix},\quad e_2=\begin{pmatrix}0\\1\\\vdots\\0\end{pmatrix},\quad\cdots,\quad e_n=\begin{pmatrix}0\\\vdots\\0\\1\end{pmatrix}$$

中的每一个都是单位向量,并且它们是两两正交的.

【例 4.3.2】　求两个单位向量,使它们与向量 $\boldsymbol{\alpha}=(2,1,-4,0)$,$\boldsymbol{\beta}=(-1,-1,2,2)$,$\boldsymbol{\gamma}=(3,2,5,4)$都正交.

解　设所求的向量为 $\boldsymbol{\xi}=(x_1,x_2,x_3,x_4)$,由题设条件有

$$(\boldsymbol{\alpha},\boldsymbol{\xi})=0,\quad(\boldsymbol{\beta},\boldsymbol{\xi})=0,\quad(\boldsymbol{\gamma},\boldsymbol{\xi})=0$$

即

$$\begin{cases}2x_1+x_2-4x_3=0\\-x_1-x_2+2x_3+2x_4=0\\3x_1+2x_2+5x_3+4x_4=0\end{cases}$$

解这个齐次线性方程组,得两个非零解 $\pm(-34,44,-6,11)$. 将它们单位化得

$$\pm\frac{1}{57}(-34,44,-6,11)$$

令

$$\boldsymbol{\xi}_1=\frac{1}{57}(-34,44,-6,11),\quad\boldsymbol{\xi}_2=-\frac{1}{57}(-34,44,-6,11)$$

则 $\boldsymbol{\xi}_1,\boldsymbol{\xi}_2$ 是与向量 $\boldsymbol{\alpha},\boldsymbol{\beta},\boldsymbol{\gamma}$ 都正交的单位向量.

4.3.3　标准正交组

定义 4.3.4　一组两两正交的非零 n 维实向量称为一个正交向量组.

如向量组

$$\boldsymbol{\alpha}_1=(0,1,0),\quad\boldsymbol{\alpha}_2=(1,0,1),\quad\boldsymbol{\alpha}_3=(1,0,-1)$$

是一个正交向量组.

为方便应用,我们约定,由单个非零向量组成的向量组是正交向量组.

定理 4.3.2 正交向量组是线性无关的.

证明 设 $\boldsymbol{\alpha}_1,\boldsymbol{\alpha}_2,\cdots,\boldsymbol{\alpha}_s$ 是一个正交向量组,令

$$k_1\boldsymbol{\alpha}_1+k_2\boldsymbol{\alpha}_2+\cdots+k_s\boldsymbol{\alpha}_s=0$$

用 $\boldsymbol{\alpha}_i$ 与上式两端作内积,由 $\boldsymbol{\alpha}_1,\boldsymbol{\alpha}_2,\cdots,\boldsymbol{\alpha}_s$ 两两正交可得

$$k_i(\boldsymbol{\alpha}_i,\boldsymbol{\alpha}_i)=0$$

而 $\boldsymbol{\alpha}_i\neq 0$,所以 $(\boldsymbol{\alpha}_i,\boldsymbol{\alpha}_i)\neq 0$,从而有 $k_i=0,i=1,2,\cdots,s$. 所以 $\boldsymbol{\alpha}_1,\boldsymbol{\alpha}_2,\cdots,\boldsymbol{\alpha}_s$ 是线性无关的.

用的比较多的正交向量组是标准正交组.

定义 4.3.5 由单位向量组成的正交向量组称为标准正交组.

如向量组

$$\boldsymbol{e}_1=\begin{pmatrix}1\\0\\0\end{pmatrix},\quad \boldsymbol{e}_2=\begin{pmatrix}0\\1\\0\end{pmatrix},\quad \boldsymbol{e}_3=\begin{pmatrix}0\\0\\1\end{pmatrix}$$

和向量组

$$\boldsymbol{\alpha}_1=\begin{pmatrix}0\\1\\0\end{pmatrix},\quad \boldsymbol{\alpha}_2=\begin{pmatrix}\frac{1}{\sqrt{2}}\\0\\\frac{1}{\sqrt{2}}\end{pmatrix},\quad \boldsymbol{\alpha}_2=\begin{pmatrix}-\frac{1}{\sqrt{2}}\\0\\\frac{1}{\sqrt{2}}\end{pmatrix}$$

都是标准正交组.

从一个线性无关的向量组 $\boldsymbol{\alpha}_1,\boldsymbol{\alpha}_2,\cdots,\boldsymbol{\alpha}_s$ 出发,利用下述的施密特(Schimidt)正交化方法,可以求得一个标准正交组.

定理 4.3.3 (施密特(Schimidt)正交化方法)设 $\boldsymbol{\alpha}_1,\boldsymbol{\alpha}_2,\cdots,\boldsymbol{\alpha}_s$ 是线性无关的实向量组,令

$$\boldsymbol{\beta}_1=\boldsymbol{\alpha}_1$$

$$\boldsymbol{\beta}_2=\boldsymbol{\alpha}_2-\frac{(\boldsymbol{\beta}_1,\boldsymbol{\alpha}_2)}{(\boldsymbol{\beta}_1,\boldsymbol{\beta}_1)}\boldsymbol{\beta}_1$$

$$\vdots$$

$$\boldsymbol{\beta}_s=\boldsymbol{\alpha}_s-\frac{(\boldsymbol{\beta}_1,\boldsymbol{\alpha}_s)}{(\boldsymbol{\beta}_1,\boldsymbol{\beta}_1)}\boldsymbol{\beta}_1-\frac{(\boldsymbol{\beta}_2,\boldsymbol{\alpha}_s)}{(\boldsymbol{\beta}_2,\boldsymbol{\beta}_2)}\boldsymbol{\beta}_2-\cdots-\frac{(\boldsymbol{\beta}_{s-1},\boldsymbol{\alpha}_s)}{(\boldsymbol{\beta}_{s-1},\boldsymbol{\beta}_{s-1})}\boldsymbol{\beta}_{s-1}$$

则 $\boldsymbol{\beta}_1,\boldsymbol{\beta}_2,\cdots,\boldsymbol{\beta}_s$ 是一个正交向量组,再令

$$\boldsymbol{\eta}_1=\frac{\boldsymbol{\beta}_1}{\|\boldsymbol{\beta}_1\|},\quad \boldsymbol{\eta}_2=\frac{\boldsymbol{\beta}_2}{\|\boldsymbol{\beta}_2\|},\cdots,\quad \boldsymbol{\eta}_s=\frac{\boldsymbol{\beta}_s}{\|\boldsymbol{\beta}_s\|}$$

则 $\boldsymbol{\eta}_1,\boldsymbol{\eta}_2,\cdots,\boldsymbol{\eta}_s$ 是一个标准正交组.

【例 4.3.3】 已知向量组

$$\boldsymbol{\alpha}_1=(1,1,0,0),\quad \boldsymbol{\alpha}_2=(1,0,1,0),\quad \boldsymbol{\alpha}_3=(-1,0,0,1,),\quad \boldsymbol{\alpha}_4=(1,-1,-1,1)$$

是线性无关的,用施密特正交化方法求一个标准正交组.

解 先将向量组 $\boldsymbol{\alpha}_1,\boldsymbol{\alpha}_2,\boldsymbol{\alpha}_3,\boldsymbol{\alpha}_4$ 正交化,得

$$\boldsymbol{\beta}_1=\boldsymbol{\alpha}_1=(1,1,0,0)$$

$$\boldsymbol{\beta}_2=\boldsymbol{\alpha}_2-\frac{(\boldsymbol{\beta}_1,\boldsymbol{\alpha}_2)}{(\boldsymbol{\beta}_1,\boldsymbol{\beta}_1)}\boldsymbol{\beta}_1=\left(\frac{1}{2},-\frac{1}{2},1,0\right)$$

$$\boldsymbol{\beta}_3=\boldsymbol{\alpha}_3-\frac{(\boldsymbol{\beta}_1,\boldsymbol{\alpha}_3)}{(\boldsymbol{\beta}_1,\boldsymbol{\beta}_1)}\boldsymbol{\beta}_1-\frac{(\boldsymbol{\beta}_2,\boldsymbol{\alpha}_3)}{(\boldsymbol{\beta}_2,\boldsymbol{\beta}_2)}\boldsymbol{\beta}_2=\left(-\frac{1}{3},\frac{1}{3},\frac{1}{3},1\right)$$

$$\boldsymbol{\beta}_4=\boldsymbol{\alpha}_4-\frac{(\boldsymbol{\beta}_1,\boldsymbol{\alpha}_4)}{(\boldsymbol{\beta}_1,\boldsymbol{\beta}_1)}\boldsymbol{\beta}_1-\frac{(\boldsymbol{\beta}_2,\boldsymbol{\alpha}_4)}{(\boldsymbol{\beta}_2,\boldsymbol{\beta}_2)}\boldsymbol{\beta}_2-\frac{(\boldsymbol{\beta}_3,\boldsymbol{\alpha}_4)}{(\boldsymbol{\beta}_3,\boldsymbol{\beta}_3)}\boldsymbol{\beta}_3=(1,-1,-1,1)$$

则 $\boldsymbol{\beta}_1,\boldsymbol{\beta}_2,\boldsymbol{\beta}_3,\boldsymbol{\beta}_4$ 是一个正交向量组. 再将向量组 $\boldsymbol{\beta}_1,\boldsymbol{\beta}_2,\boldsymbol{\beta}_3,\boldsymbol{\beta}_4$ 单位化,得

$$\boldsymbol{\eta}_1=\frac{1}{\|\boldsymbol{\beta}_1\|}\boldsymbol{\beta}_1=\left(\frac{1}{\sqrt{2}},\frac{1}{\sqrt{2}},0,0\right)$$

$$\boldsymbol{\eta}_2=\frac{1}{\|\boldsymbol{\beta}_2\|}\boldsymbol{\beta}_2=\left(\frac{1}{\sqrt{6}},\frac{1}{\sqrt{6}},\frac{2}{\sqrt{6}},0\right)$$

$$\boldsymbol{\eta}_3=\frac{1}{\|\boldsymbol{\beta}_3\|}\boldsymbol{\beta}_3=\left(-\frac{1}{\sqrt{12}},\frac{1}{\sqrt{12}},\frac{1}{\sqrt{12}},\frac{3}{\sqrt{12}}\right)$$

$$\boldsymbol{\eta}_4=\frac{1}{\|\boldsymbol{\beta}_4\|}\boldsymbol{\beta}_4=\left(\frac{1}{2},-\frac{1}{2},-\frac{1}{2},\frac{1}{2}\right)$$

则 $\boldsymbol{\eta}_1,\boldsymbol{\eta}_2,\boldsymbol{\eta}_3,\boldsymbol{\eta}_4$ 是一个标准正交组.

利用向量的长度和正交性,可以讨论一类特殊的矩阵:正交矩阵.

4.3.4　正交矩阵

定义 4.3.6　设 $\boldsymbol{A}$ 是一个 n 阶实矩阵,若 $\boldsymbol{A}^{\mathrm{T}}\boldsymbol{A}=\boldsymbol{E}$,则称 $\boldsymbol{A}$ 是一个正交矩阵.

如矩阵

$$\begin{pmatrix}1&0&0\\0&1&0\\0&0&1\end{pmatrix},\quad\begin{pmatrix}\frac{1}{\sqrt{3}}&\frac{1}{\sqrt{3}}&\frac{1}{\sqrt{3}}\\-\frac{1}{\sqrt{2}}&0&\frac{1}{\sqrt{2}}\\\frac{1}{\sqrt{6}}&-\frac{2}{\sqrt{6}}&\frac{1}{\sqrt{6}}\end{pmatrix},\quad\begin{pmatrix}1&0&0\\0&\cos\theta&\sin\theta\\0&-\sin\theta&\cos\theta\end{pmatrix}$$

都是正交矩阵.

由定义 4.3.6 不难证明,若 $\boldsymbol{A},\boldsymbol{B}$ 是 n 阶正交矩阵,则 $|\boldsymbol{A}|=1$ 或 $|\boldsymbol{A}|=-1$,并且 $\boldsymbol{AB}$ 是正交矩阵.

设正交矩阵 $\boldsymbol{A}$ 的列向量组为 $\boldsymbol{\alpha}_1,\boldsymbol{\alpha}_2,\cdots,\boldsymbol{\alpha}_n$,即 $\boldsymbol{A}=(\boldsymbol{\alpha}_1,\boldsymbol{\alpha}_2,\cdots,\boldsymbol{\alpha}_n)$,则

$$\boldsymbol{A}^{\mathrm{T}}=\begin{pmatrix}\boldsymbol{\alpha}_1^{\mathrm{T}}\\\boldsymbol{\alpha}_2^{\mathrm{T}}\\\vdots\\\boldsymbol{\alpha}_n^{\mathrm{T}}\end{pmatrix}$$

于是由 $\boldsymbol{A}^{\mathrm{T}}\boldsymbol{A}=\boldsymbol{E}$ 有

$$(\boldsymbol{\alpha}_i,\boldsymbol{\alpha}_j)=\boldsymbol{\alpha}_i^{\mathrm{T}}\boldsymbol{\alpha}_j=\begin{cases}1, & i=j\\0, & i\neq j\end{cases},\quad i,j=1,2,\cdots,n$$

即正交矩阵的列向量组是一个标准正交组.反之若 n 阶实矩阵 $\boldsymbol{A}$ 的列向量组是一个标准正交组,则 $\boldsymbol{A}$ 一定是一个正交矩阵.

又由 $\boldsymbol{A}^{\mathrm{T}}\boldsymbol{A}=\boldsymbol{E}$ 可知,$\boldsymbol{A}$ 是一个可逆矩阵,且 $\boldsymbol{A}^{-1}=\boldsymbol{A}^{\mathrm{T}}$,从而 $\boldsymbol{A}\boldsymbol{A}^{\mathrm{T}}=\boldsymbol{E}$,于是仿上可知,正交矩阵的行向量组也是一个标准正交组.

综上所述,我们有

定理 4.3.4 设 $\boldsymbol{A}$ 是一个 n 阶实矩阵,则下列条件是等价的.

(1) $\boldsymbol{A}$ 是一个正交矩阵,即 $\boldsymbol{A}^{\mathrm{T}}\boldsymbol{A}=\boldsymbol{E}$.

(2) $\boldsymbol{A}$ 是可逆矩阵,且 $\boldsymbol{A}^{-1}=\boldsymbol{A}^{\mathrm{T}}$ 是正交矩阵.

(3) $\boldsymbol{A}\boldsymbol{A}^{\mathrm{T}}=\boldsymbol{E}$.

(4) $\boldsymbol{A}$ 的列向量组是一个标准正交组.

(5) $\boldsymbol{A}$ 的行向量组是一个标准正交组.

【例 4.3.4】 设 $\boldsymbol{A}$ 是 n 阶正交矩阵,若 $|\boldsymbol{A}|=-1$,证明 $|\boldsymbol{A}+\boldsymbol{E}|=0$.

证明 由 $\boldsymbol{A}$ 是正交矩阵有 $\boldsymbol{A}^{\mathrm{T}}\boldsymbol{A}=\boldsymbol{E}$,于是由 $|\boldsymbol{A}|=-1$ 得

$$\begin{aligned}|\boldsymbol{A}+\boldsymbol{E}|&=|\boldsymbol{A}+\boldsymbol{A}^{\mathrm{T}}\boldsymbol{A}|=|(\boldsymbol{E}+\boldsymbol{A}^{\mathrm{T}})\boldsymbol{A}|=|\boldsymbol{E}+\boldsymbol{A}^{\mathrm{T}}||\boldsymbol{A}|=-|\boldsymbol{E}+\boldsymbol{A}^{\mathrm{T}}|\\&=-|(\boldsymbol{E}+\boldsymbol{A})^{\mathrm{T}}|=-|\boldsymbol{E}+\boldsymbol{A}|^{\mathrm{T}}=-|\boldsymbol{E}+\boldsymbol{A}|=-|\boldsymbol{A}+\boldsymbol{E}|,\end{aligned}$$

所以 $|\boldsymbol{A}+\boldsymbol{E}|=0$.

4.3.5 实对称矩阵可以对角化

实对称矩阵的特征值与特征向量具有下列性质.

定理 4.3.4 实对称矩阵的特征值都是实数.

证明 设 λ 是实对称矩阵 $\boldsymbol{A}$ 的一个特征值,$\boldsymbol{\alpha}$ 是对应的一个特征向量,则有 $\boldsymbol{A\alpha}=\lambda\boldsymbol{\alpha}$,两边取共轭转置,有 $\bar{\boldsymbol{\alpha}}^{\mathrm{T}}\boldsymbol{A}=\bar{\lambda}\bar{\boldsymbol{\alpha}}^{\mathrm{T}}$,用 $\boldsymbol{\alpha}$ 右乘上式两端,由 $\boldsymbol{A\alpha}=\lambda\boldsymbol{\alpha}$ 得,$\lambda\bar{\boldsymbol{\alpha}}^{\mathrm{T}}\boldsymbol{\alpha}=\bar{\lambda}\bar{\boldsymbol{\alpha}}^{\mathrm{T}}\boldsymbol{\alpha}$,由于 $\boldsymbol{\alpha}\neq 0$,所以 $\bar{\boldsymbol{\alpha}}^{\mathrm{T}}\boldsymbol{\alpha}$ 是一个非零数,从而有 $\lambda=\bar{\lambda}$,因此 λ 是实数.

定理 4.3.5 实对称矩阵的对应于不同特征值的特征向量是正交的.

证明 设 λ,μ 是实对称矩阵 $\boldsymbol{A}$ 的两个不同的特征值,$\boldsymbol{\alpha},\boldsymbol{\beta}$ 是分别与之对应的特征向量,即 $\boldsymbol{A\alpha}=\lambda\boldsymbol{\alpha}$,$\boldsymbol{A\beta}=\mu\boldsymbol{\beta}$,则有

$$\lambda(\boldsymbol{\alpha},\boldsymbol{\beta})=(\lambda\boldsymbol{\alpha},\boldsymbol{\beta})=(\boldsymbol{A\alpha},\boldsymbol{\beta})=(\boldsymbol{A\alpha})^{\mathrm{T}}\boldsymbol{\beta}=\boldsymbol{\alpha}^{\mathrm{T}}(\boldsymbol{A\beta})=(\boldsymbol{\alpha},\boldsymbol{A\beta})=(\boldsymbol{\alpha},\mu\boldsymbol{\beta})=\mu(\boldsymbol{\alpha},\boldsymbol{\beta})$$

因为 $\lambda\neq\mu$,所以 $(\boldsymbol{\alpha},\boldsymbol{\beta})=0$,即 $\boldsymbol{\alpha}$ 与 $\boldsymbol{\beta}$ 是正交的.

定理 4.3.6 设 λ_0 是实对称矩阵 $\boldsymbol{A}$ 的一个 r 重特征值,则对应于 λ_0 的线性无关的特征向量恰有 r 个.

利用上述结论可以证明

定理 4.3.7 设 $\boldsymbol{A}$ 是一个 n 阶实对称矩阵,则存在一个 n 阶正交矩阵 $\boldsymbol{P}$,使 $\boldsymbol{P}^{\mathrm{T}}\boldsymbol{AP}=\boldsymbol{P}^{-1}\boldsymbol{AP}$ 为对角矩阵.

对于实对称矩阵 $\boldsymbol{A}$,求正交矩阵 $\boldsymbol{P}$,使 $\boldsymbol{P}^{\mathrm{T}}\boldsymbol{AP}$ 为对角矩阵的步骤为

(1) 求出 $\boldsymbol{A}$ 的全部不同的特征值 $\lambda_1,\lambda_2,\cdots,\lambda_s$,设它们的重数依次为 $r_1,r_2,\cdots,r_s$.

(2) 对于每个特征值 λ_i,求出齐次线性方程组 $(\lambda_i\boldsymbol{E}-\boldsymbol{A})\boldsymbol{X}=\boldsymbol{0}$ 的一个基础解系.由这组向量出发,用施密特正交化方法求一个标准正交组 $\boldsymbol{\eta}_{i1},\boldsymbol{\eta}_{i2},\cdots,\boldsymbol{\eta}_{ir_i}$,$i=1,2,\cdots,s$.

(3) 令

$$\boldsymbol{P}=(\boldsymbol{\eta}_{11},\boldsymbol{\eta}_{12},\cdots,\boldsymbol{\eta}_{1r_1},\boldsymbol{\eta}_{21},\boldsymbol{\eta}_{22},\cdots,\boldsymbol{\eta}_{2r_2},\cdots,\boldsymbol{\eta}_{s1},\boldsymbol{\eta}_{s2},\cdots,\boldsymbol{\eta}_{sr_s}),$$

则 $\boldsymbol{P}$ 是一个正交矩阵,并且 $\boldsymbol{P}^{\mathrm{T}}\boldsymbol{AP}$ 为对角矩阵.

【例 4.3.5】 设

$$\boldsymbol{A}=\begin{pmatrix}4&2&2\\2&4&2\\2&2&4\end{pmatrix}$$

求一个正交矩阵 $\boldsymbol{P}$,使 $\boldsymbol{P}^{\mathrm{T}}\boldsymbol{AP}$ 为对角矩阵.

解　矩阵 $\boldsymbol{A}$ 的特征多项式为

$$f_A(\lambda)=\begin{vmatrix}\lambda-4&-2&-2\\-2&\lambda-4&-2\\-2&-2&\lambda-4\end{vmatrix}=(\lambda-2)^2(\lambda-8)$$

所以矩阵 $\boldsymbol{A}$ 的特征值为 $\lambda_1=\lambda_2=2,\lambda_3=8$.

对于特征值 $\lambda_1=\lambda_2=2$,解对应的齐次线性方程组

$$\begin{cases}-2x_1-2x_2-2x_3=0\\-2x_1-2x_2-2x_3=0\\-2x_1-2x_2-2x_3=0\end{cases}$$

得一个基础解系

$$\boldsymbol{\alpha}_1=\begin{pmatrix}-1\\1\\0\end{pmatrix},\quad \boldsymbol{\alpha}_2=\begin{pmatrix}-1\\0\\1\end{pmatrix}$$

将 $\boldsymbol{\alpha}_1,\boldsymbol{\alpha}_2$ 正交化得

$$\boldsymbol{\eta}_1=\begin{pmatrix}-\dfrac{1}{\sqrt{2}}\\\dfrac{1}{\sqrt{2}}\\0\end{pmatrix},\quad \boldsymbol{\eta}_2=\begin{pmatrix}-\dfrac{1}{\sqrt{6}}\\-\dfrac{1}{\sqrt{6}}\\\dfrac{2}{\sqrt{6}}\end{pmatrix}$$

对于特征值 $\lambda_3=8$,解对应的齐次线性方程组

$$\begin{pmatrix}4&-2&-2\\-2&4&-2\\-2&-2&4\end{pmatrix}\begin{pmatrix}x_1\\x_2\\x_3\end{pmatrix}=\boldsymbol{0}$$

得一个基础解系

$$\boldsymbol{\alpha}_3=\begin{pmatrix}1\\1\\1\end{pmatrix}$$

将 $\boldsymbol{\alpha}_3$ 单位化得

$$\boldsymbol{\eta}_3 = \begin{pmatrix} \frac{1}{\sqrt{3}} \\ \frac{1}{\sqrt{3}} \\ \frac{1}{\sqrt{3}} \end{pmatrix}$$

令

$$\boldsymbol{P} = (\boldsymbol{\eta}_1, \boldsymbol{\eta}_2, \boldsymbol{\eta}_3) = \begin{pmatrix} -\frac{1}{\sqrt{2}} & -\frac{1}{\sqrt{6}} & \frac{1}{\sqrt{3}} \\ \frac{1}{\sqrt{2}} & -\frac{1}{\sqrt{6}} & \frac{1}{\sqrt{3}} \\ 0 & \frac{2}{\sqrt{6}} & \frac{1}{\sqrt{3}} \end{pmatrix}$$

则 $\boldsymbol{P}$ 是一个正交矩阵,并且

$$\boldsymbol{P}^{\mathrm{T}}\boldsymbol{A}\boldsymbol{P} = \begin{pmatrix} 2 & 0 & 0 \\ 0 & 2 & 0 \\ 0 & 0 & 8 \end{pmatrix}$$

习 题 四

1. 求下列矩阵的特征值与特征向量.

(1) $\boldsymbol{A}=\begin{pmatrix} 3 & 4 \\ 5 & 2 \end{pmatrix}$

(2) $\boldsymbol{A}=\begin{pmatrix} 2 & -1 & 2 \\ 5 & -3 & 3 \\ -1 & 0 & -2 \end{pmatrix}$

(3) $\boldsymbol{A}=\begin{pmatrix} 0 & 0 & 0 & 1 \\ 0 & 0 & 1 & 0 \\ 0 & 1 & 0 & 0 \\ 1 & 0 & 0 & 0 \end{pmatrix}$

2. 设 $\boldsymbol{\alpha}=(a_1,a_2,\cdots,a_n)$,$\boldsymbol{\beta}=(b_1,b_2,\cdots,b_n)$是两个非零向量,若 $\boldsymbol{\alpha}\boldsymbol{\beta}^{\mathrm{T}}=0$,求矩阵 $\boldsymbol{A}=\boldsymbol{\alpha}^{\mathrm{T}}\boldsymbol{\beta}$ 的特征值和特征向量.

3. 设 n 阶矩阵 $\boldsymbol{A}$ 满足:$\boldsymbol{A}^2-3\boldsymbol{A}+2\boldsymbol{E}=0$,证明矩阵 $\boldsymbol{A}$ 的特征值只可能为 1 或 2.

4. 已知 $\boldsymbol{A}=\begin{pmatrix} a & -1 & c \\ 5 & b & 3 \\ 1-c & 0 & -a \end{pmatrix}$ 的行列式为 -1,伴随矩阵 $\boldsymbol{A}^*$ 的属于特征值 λ_0 的一个特征向量为 $\boldsymbol{\alpha}=(-1,-1,1)^{\mathrm{T}}$,求 a,b,c,λ_0.

5. 设 λ_1,λ_2 是矩阵 $\boldsymbol{A}$ 的两个不同的特征值,$\boldsymbol{\alpha}_1,\boldsymbol{\alpha}_2$ 是 $\boldsymbol{A}$ 的分别属于特征值 λ_1,λ_2 的特

征向量，则 $\boldsymbol{\alpha}_1$，$\boldsymbol{A}(\boldsymbol{\alpha}_1+\boldsymbol{\alpha}_2)$ 线性无关的充分必要条件为（　　）.

(A) $\lambda_1=0$　　(B) $\lambda_2=0$　　(C) $\lambda_1\neq 0$　　(D) $\lambda_2\neq 0$

6. 设 $\boldsymbol{A}$ 是一个 n 阶矩阵，证明 $\boldsymbol{A}^{\mathrm{T}}$ 与 $\boldsymbol{A}$ 有相同的特征值.

7. 设 3 阶矩阵 $\boldsymbol{A}$ 的特征值为 1，2，−3，求 $|\boldsymbol{A}^*+3\boldsymbol{A}+2\boldsymbol{E}|$.

8. 设 $\boldsymbol{A},\boldsymbol{B}$ 是 n 阶矩阵，若矩阵 $\boldsymbol{A}$ 可逆，证明矩阵 $\boldsymbol{AB}$ 与 $\boldsymbol{BA}$ 相似.

9. 设 $\boldsymbol{\alpha}=(1,1,1)$，$\boldsymbol{\beta}=(1,0,k)$，若矩阵 $\boldsymbol{\alpha}^{\mathrm{T}}\boldsymbol{\beta}$ 相似于 $\begin{pmatrix}3&0&0\\0&0&0\\0&0&0\end{pmatrix}$，求 k 的值.

10. 若四阶矩阵 $\boldsymbol{A},\boldsymbol{B}$ 相似，矩阵 $\boldsymbol{A}$ 的特征值为 $2^{-1},3^{-1},4^{-1},5^{-1}$，求 $|\boldsymbol{B}^{-1}-\boldsymbol{E}|$.

11. 设

$$\boldsymbol{A}=\begin{pmatrix}3&2&2\\2&3&2\\2&2&3\end{pmatrix},\quad \boldsymbol{P}=\begin{pmatrix}0&1&0\\1&0&1\\0&0&1\end{pmatrix},\quad \boldsymbol{B}=\boldsymbol{P}^{-1}\boldsymbol{A}^*\boldsymbol{P}$$

求 $\boldsymbol{B}+2\boldsymbol{E}$ 的特征值与特征向量，其中 $\boldsymbol{A}^*$ 是矩阵 $\boldsymbol{A}$ 的伴随矩阵.

12. 设 n 阶矩阵 $\boldsymbol{A},\boldsymbol{B}$ 满足 $r(\boldsymbol{A})+r(\boldsymbol{B})<n$，证明 $\boldsymbol{A},\boldsymbol{B}$ 有相同的特征值和特征向量.

13. 设 λ_0 是矩阵 $\boldsymbol{A}$ 的一个 r 重特征值，证明矩阵 $\boldsymbol{A}$ 的对应于特征值 λ_0 的特征向量中最多有 r 个是线性无关的.

14. 求可逆矩阵 $\boldsymbol{P}$，使 $\boldsymbol{P}^{-1}\boldsymbol{AP}$ 为对角矩阵.

(1) $\boldsymbol{A}=\begin{pmatrix}3&2&-1\\-2&-2&2\\3&6&-1\end{pmatrix}$

(2) $\boldsymbol{A}=\begin{pmatrix}1&1&1&1\\1&1&-1&-1\\1&-1&1&-1\\1&-1&-1&1\end{pmatrix}$

15. 设 n 阶矩阵

$$\boldsymbol{A}=\begin{pmatrix}1&b&\cdots&b\\b&1&\cdots&b\\\vdots&\vdots&&\vdots\\b&b&\cdots&1\end{pmatrix}$$

(1) 求 $\boldsymbol{A}$ 的特征值和特征向量.

(2) 求可逆矩阵 $\boldsymbol{P}$ 使 $\boldsymbol{P}^{-1}\boldsymbol{AP}$ 为对角矩阵.

16. 设矩阵

$$\boldsymbol{A}=\begin{pmatrix}2&0&1\\3&1&x\\4&0&5\end{pmatrix}$$

可以对角化，求 x 的值.

17. 已知 $\boldsymbol{\alpha}=(1,1,-1)^{\mathrm{T}}$ 是矩阵

$$A=\begin{pmatrix}2&-1&2\\5&x&3\\-1&y&-2\end{pmatrix}$$

的一个特征向量.

(1) 求参数 x,y.

(2) 求特征向量 $\boldsymbol{\alpha}$ 所对应的特征值 λ.

(3) $\boldsymbol{A}$ 是否可以对角化？为什么？

18. 若矩阵

$$A=\begin{pmatrix}1&2&-3\\-1&4&-3\\1&a&5\end{pmatrix}$$

的特征多项式有一个二重根，求 a 的值，并讨论 $\boldsymbol{A}$ 是否与对角矩阵相似.

19. 设

$$A=\begin{pmatrix}0&1&1\\1&0&1\\1&1&0\end{pmatrix}$$

求 $\boldsymbol{A}^{100}$.

20. 设 $\boldsymbol{\alpha}=(a_1,a_2,\cdots,a_n)$，其中 $a_1\neq0$，试

(1) 证明 $\lambda_2=\cdots=\lambda_n=0$ 是矩阵 $\boldsymbol{A}=\boldsymbol{\alpha}^{\mathrm{T}}\boldsymbol{\alpha}$ 的 $n-1$ 重特征值.

(2) 求 $\boldsymbol{A}$ 的非零特征值 λ_1.

(3) 求可逆矩阵 $\boldsymbol{P}$，使 $\boldsymbol{P}^{-1}\boldsymbol{AP}$ 为对角矩阵.

21. 设矩阵

$$A=\begin{pmatrix}-2&0&0\\2&x&2\\3&1&1\end{pmatrix},\quad B=\begin{pmatrix}-1&0&0\\0&2&0\\0&0&y\end{pmatrix}$$

相似，求

(1) x,y 的值.

(2) 可逆矩阵 $\boldsymbol{P}$ 使 $\boldsymbol{P}^{-1}\boldsymbol{AP}=\boldsymbol{B}$.

22. 设 $\boldsymbol{\alpha}_1,\boldsymbol{\alpha}_2$ 是三阶矩阵 $\boldsymbol{A}$ 的分别属于特征值 $-1,1$ 的特征向量，$\boldsymbol{\alpha}_3$ 满足 $\boldsymbol{A\alpha}_3=\boldsymbol{\alpha}_2+\boldsymbol{\alpha}_3$.

(1) 证明 $\boldsymbol{\alpha}_1,\boldsymbol{\alpha}_2,\boldsymbol{\alpha}_3$ 线性无关.

(2) 令 $\boldsymbol{P}=(\boldsymbol{\alpha}_1,\boldsymbol{\alpha}_2,\boldsymbol{\alpha}_3)$，求 $\boldsymbol{P}^{-1}\boldsymbol{AP}$.

23. 设 $\boldsymbol{\alpha}_1=(1,1,1)^{\mathrm{T}},\boldsymbol{\alpha}_2=(1,2,4)^{\mathrm{T}},\boldsymbol{\alpha}_3=(1,3,9)^{\mathrm{T}}$ 分别是矩阵 $\boldsymbol{A}$ 的对应于特征值 $\lambda_1=1,\lambda_2=2,\lambda_3=3$ 的特征向量.

(1) 将向量 $\boldsymbol{\beta}=(1,2,3)^{\mathrm{T}}$ 用 $\boldsymbol{\alpha}_1,\boldsymbol{\alpha}_2,\boldsymbol{\alpha}_3$ 线性表示.

(2) 求 $\boldsymbol{A}^n\boldsymbol{\beta}$，其中 n 是自然数.

24. 设 $\boldsymbol{A}$ 是一个三阶矩阵，$\boldsymbol{X}$ 是一个三维列向量，若向量组 $\boldsymbol{X},\boldsymbol{AX},\boldsymbol{A}^2\boldsymbol{X}$ 线性无关，且 $\boldsymbol{A}^3\boldsymbol{X}=3\boldsymbol{AX}-2\boldsymbol{A}^2\boldsymbol{X}$.

(1) 设 $\boldsymbol{P}=(\boldsymbol{X},\boldsymbol{AX},\boldsymbol{A}^2\boldsymbol{X})$，求矩阵 $\boldsymbol{B}$，使 $\boldsymbol{A}=\boldsymbol{P}^{-1}\boldsymbol{BP}$.

(2) 计算行列式 $|\boldsymbol{A}+\boldsymbol{E}|$.

25. 设

$$\boldsymbol{\alpha}_1=\begin{pmatrix}0\\1\\1\end{pmatrix},\quad \boldsymbol{\alpha}_2=\begin{pmatrix}1\\1\\1\end{pmatrix},\quad \boldsymbol{\alpha}_3=\begin{pmatrix}1\\1\\0\end{pmatrix}$$

分别是三阶矩阶 $\boldsymbol{A}$ 的对应于特征值 2，−2，1 的特征向量，求矩阵 $\boldsymbol{A}$.

26. 求向量 $\boldsymbol{\alpha}$，$\boldsymbol{\beta}$ 的内积 $(\boldsymbol{\alpha},\boldsymbol{\beta})$：

(1) $\boldsymbol{\alpha}=(-1,0,3,-5)$，$\boldsymbol{\beta}=(4,-2,0,1)$.

(2) $\boldsymbol{\alpha}=\left(\frac{\sqrt{3}}{2},-\frac{1}{3},\frac{\sqrt{3}}{4},-1\right)$，$\boldsymbol{\beta}=\left(-\frac{\sqrt{3}}{2},-2,\sqrt{3},\frac{2}{3}\right)$.

27. 对向量组

$$\boldsymbol{\alpha}_1=(1,0,-1,1),\quad \boldsymbol{\alpha}_3=(1,-1,0,1)\boldsymbol{\alpha}_3=(-1,1,1,0)$$

施行正交化方法，求一个标准正交组.

28. 若向量 $\boldsymbol{\alpha}$ 与向量 $\boldsymbol{\alpha}_1,\boldsymbol{\alpha}_2,\cdots,\boldsymbol{\alpha}_s$ 都正交，证明 $\boldsymbol{\alpha}$ 与向量组 $\boldsymbol{\alpha}_1,\boldsymbol{\alpha}_2,\cdots,\boldsymbol{\alpha}_s$ 的任意一个线性组合也正交.

29. 下列矩阵是否是正交矩阵？

(1) $\boldsymbol{A}=\frac{1}{2}\begin{pmatrix}\sqrt{3}&-1\\1&\sqrt{3}\end{pmatrix}$

(2) $\boldsymbol{A}=\frac{1}{9}\begin{pmatrix}1&-8&-4\\-8&1&-4\\-4&-4&7\end{pmatrix}$

(3) $\boldsymbol{A}=\frac{1}{6}\begin{pmatrix}3\sqrt{2}&\sqrt{2}&2\sqrt{2}\\0&-4\sqrt{2}&2\\-3\sqrt{2}&\sqrt{2}&4\end{pmatrix}$

30. 设 $\boldsymbol{\alpha}$ 是 n 维列向量，若 $\boldsymbol{\alpha}^{\mathrm{T}}\boldsymbol{\alpha}=1$，证明矩阵 $\boldsymbol{A}=\boldsymbol{E}-2\boldsymbol{\alpha\alpha}^{\mathrm{T}}$ 是一个正交矩阵.

31. 设 $\boldsymbol{A}$ 是一个正交矩阵，若 $|\boldsymbol{A}|=-1$，证明 −1 是 $\boldsymbol{A}$ 的一个特征值.

32. 求正交矩阵 $\boldsymbol{P}$，使 $\boldsymbol{P}^{\mathrm{T}}\boldsymbol{AP}$ 为对角矩阵.

(1) $\boldsymbol{A}=\begin{pmatrix}2&-2&0\\-2&1&-2\\0&-2&0\end{pmatrix}$

(2) $\boldsymbol{A}=\begin{pmatrix}2&2&-2\\2&5&-4\\-2&-4&5\end{pmatrix}$

(3) $\boldsymbol{A}=\begin{pmatrix}1&-1&0&0\\-1&1&0&0\\0&0&1&-1\\0&0&-1&1\end{pmatrix}$

33. 设$\boldsymbol{A}$是n阶实对称矩阵，且$\boldsymbol{A}^2=\boldsymbol{E}$，证明：存在正交矩阵$\boldsymbol{T}$使得

$$\boldsymbol{T}^{-1}\boldsymbol{A}\boldsymbol{T}=\begin{pmatrix}\boldsymbol{E}_r & 0\\ 0 & -\boldsymbol{E}_{n-r}\end{pmatrix}$$

34. 设三阶实对称矩阵$\boldsymbol{A}$的特征值为1,2,3，$\boldsymbol{\alpha}_1=(-1,-1,1)^{\mathrm{T}}$，$\boldsymbol{\alpha}_2=(1,-2,-1)^{\mathrm{T}}$分别是$\boldsymbol{A}$的属于特征值1,2的特征向量.

(1) 求矩阵$\boldsymbol{A}$的属于特征值3的特征向量.

(2) 求矩阵$\boldsymbol{A}$.

35. 设三阶实对称矩阵$\boldsymbol{A}$的特征值为$\lambda_1=6$，$\lambda_2=\lambda_3=3$，对应于特征值$\lambda_1=6$的一个特征向量为$\boldsymbol{\alpha}_1=(1,1,1)^{\mathrm{T}}$，求矩阵$\boldsymbol{A}$.

36. 三阶实对称矩阵$\boldsymbol{A}$的各行元素之和都为3，向量$\boldsymbol{\alpha}_1=(-1,2,-1)^{\mathrm{T}}$，$\boldsymbol{\alpha}_2=(0,-1,1)^{\mathrm{T}}$是齐次线性方程组$\boldsymbol{AX}=0$的解.

(1) 求$\boldsymbol{A}$的特征值和特征向量.

(2) 求正交矩阵$\boldsymbol{Q}$和对角矩阵$\boldsymbol{\Lambda}$，使得$\boldsymbol{Q}^{\mathrm{T}}\boldsymbol{A}\boldsymbol{Q}=\boldsymbol{\Lambda}$.

(3) 求$\boldsymbol{A}$及$\left(\boldsymbol{A}-\dfrac{3}{2}\boldsymbol{E}\right)^6$.

37. 设三阶实对称矩阵$\boldsymbol{A}$的特征值$\lambda_1=1$，$\lambda_2=2$，$\lambda_3=-2$，$\boldsymbol{\alpha}_1=(1,-1,1)^{\mathrm{T}}$是$\boldsymbol{A}$的属于特征值$\lambda_1$一个特征向量，记$\boldsymbol{B}=\boldsymbol{A}^5-4\boldsymbol{A}^3+\boldsymbol{E}$.

(1) 验证$\boldsymbol{\alpha}_1$是$\boldsymbol{B}$的特征向量，并求$\boldsymbol{B}$的全部特征值与特征向量.

(2) 求矩阵$\boldsymbol{B}$.

38. 设$\boldsymbol{A}=\begin{pmatrix}1 & 1 & a\\ 1 & a & 1\\ a & 1 & 1\end{pmatrix}$，$\boldsymbol{\beta}=\begin{pmatrix}1\\ 1\\ -2\end{pmatrix}$，已知方程组$\boldsymbol{A}x=\boldsymbol{\beta}$有解但不唯一，求

(1) a的值.

(2) 正交矩阵$\boldsymbol{Q}$，使$\boldsymbol{Q}^{\mathrm{T}}\boldsymbol{A}\boldsymbol{Q}$为对角矩阵.

第5章 二 次 型

二次型，特别是正定二次型，在数学的许多分支以及网络理论、力学、最优化理论、信号处理等许多领域中有着广泛的应用. 本章在用矩阵表示二次型的基础上，主要讨论二次型的标准形、正定二次型等基本内容.

5.1 二次型的基本概念

5.1.1 二次型及其矩阵表示

定义 5.1.1 关于变量 $x_1, x_2, \cdots, x_n$ 的二次齐次多项式

$$\begin{aligned} f(x_1, x_2, \cdots, x_n) = & a_{11}x_1^2 + 2a_{12}x_1x_2 + 2a_{13}x_1x_3 + \cdots + 2a_{1n}x_1x_n \\ & + a_{22}x_2^2 + 2a_{23}x_2x_3 + \cdots + 2a_{2n}x_2x_n \\ & + \cdots \\ & + a_{nn}x_n^2 \end{aligned} \tag{5.1.1}$$

称为 n 元二次型，简称为二次型.

如 $f(x_1, x_2, x_3) = x_1^2 + 2x_1x_2 + 2x_1x_3 + 2x_2^2 + 8x_2x_3 + 5x_3^2$ 是一个三元二次型.

令 $a_{ij} = a_{ji}, i > j$. 由于 $x_ix_j = x_jx_i$，所以二次型(5.1.1)可表示为

$$f(x_1, x_2, \cdots, x_n) = \sum_{i=1}^{n} \sum_{j=1}^{n} a_{ij}x_ix_j \tag{5.1.2}$$

再令 $\boldsymbol{A} = (a_{ij})_{n\times n}$，由于 $a_{ij} = a_{ji}, i > j$，所以 $\boldsymbol{A}^{\mathrm{T}} = \boldsymbol{A}$，并且二次型(5.1.1)可以表示成矩阵的乘积

$$f(x_1, x_2, \cdots, x_n) = \boldsymbol{X}^{\mathrm{T}}\boldsymbol{A}\boldsymbol{X} \tag{5.1.3}$$

这时，称对称矩阵 $\boldsymbol{A}$ 为二次型(5.1.1)的矩阵.

二次型与它的矩阵是互相唯一确定的. 对称矩阵的秩也称为对应二次型的秩.

二次型

$$f(x_1, x_2, x_3) = d_1x_1^2 + d_2x_2^2 + \cdots + d_nx_n^2$$

叫做标准二次型，它的矩阵是对角矩阵

$$\begin{pmatrix} d_1 & 0 & \cdots & 0 \\ 0 & d_2 & \cdots & 0 \\ \vdots & \vdots & & \vdots \\ 0 & 0 & \cdots & d_n \end{pmatrix}$$

【例 5.1.1】 二次型

$$f(x_1, x_2, x_3) = x_1^2 + 2x_1x_2 + 2x_1x_3 + 5x_3^2$$

的矩阵为

$$\begin{pmatrix}1&1&1\\1&0&0\\1&0&5\end{pmatrix}$$

于是这个二次型可以用矩阵乘积表示为

$$f(x_1,x_2,x_3)=(x_1,x_2,x_3)\begin{pmatrix}1&1&1\\1&0&0\\1&0&5\end{pmatrix}\begin{pmatrix}x_1\\x_2\\x_3\end{pmatrix}$$

【例 5.1.2】 若二次型 $f(x_1,x_2,x_3,x_4)$ 的矩阵为

$$\begin{pmatrix}1&0&2&0\\0&2&3&1\\2&3&0&2\\0&1&2&0\end{pmatrix}$$

则这个二次型为

$$f(x_1,x_2,x_3,x_4)=x_1^2+2x_2^2+4x_1x_3+6x_2x_3+2x_2x_4+4x_3x_4$$

【例 5.1.3】 设

$$\boldsymbol{B}=\begin{pmatrix}1&2&3\\4&5&6\\7&8&9\end{pmatrix}$$

则

$$f(x_1,x_2,x_3)=(x_1,x_2,x_3)\begin{pmatrix}1&2&3\\4&5&6\\7&8&9\end{pmatrix}\begin{pmatrix}x_1\\x_2\\x_3\end{pmatrix}$$

是一个二次型，它的矩阵为

$$\frac{1}{2}(\boldsymbol{B}+\boldsymbol{B}^{\mathrm{T}})=\begin{pmatrix}1&3&5\\3&5&7\\5&7&9\end{pmatrix}$$

5.1.2 线性替换

讨论二次型的一个主要任务是用变量的线性替换将其化为标准二次型.

定义 5.1.2 设 $x_1,x_2,\cdots,x_n$ 与 $y_1,y_2,\cdots,y_n$ 是两组变量，称关系式

$$\begin{cases}x_1=c_{11}y_1+c_{12}y_2+\cdots+c_{1n}y_n\\x_2=c_{21}y_1+c_{22}y_2+\cdots+c_{2n}y_n\\\quad\vdots\\x_n=c_{n1}y_1+c_{n2}y_2+\cdots+c_{nn}y_n\end{cases}\tag{5.1.4}$$

为由 $x_1,x_2,\cdots,x_n$ 到 $y_1,y_2,\cdots,y_n$ 的一个线性替换，简称为线性替换.

线性替换(5.1.4)可以写成矩阵形式

$$\boldsymbol{X}=\boldsymbol{CY}\tag{5.1.5}$$

其中

$$X=\begin{pmatrix}x_1\\x_2\\\vdots\\x_n\end{pmatrix},\quad Y=\begin{pmatrix}y_1\\y_2\\\vdots\\y_n\end{pmatrix},\quad C=\begin{pmatrix}c_{11}&c_{12}&\cdots&c_{1n}\\c_{21}&c_{22}&\cdots&c_{2n}\\\vdots&\vdots&&\vdots\\c_{n1}&c_{n2}&\cdots&c_{nn}\end{pmatrix}$$

如果行列式$|\boldsymbol{C}|\neq 0$，那么就称线性替换(5.1.5)是非退化的.

定理 5.1.1　非退化线性替换将二次型化为二次型.

证明　设二次型$f(x_1,x_2,\cdots,x_n)=\boldsymbol{X}^{\mathrm{T}}\boldsymbol{A}\boldsymbol{X}$经过非退化线性替换$\boldsymbol{X}=\boldsymbol{C}\boldsymbol{Y}$化为

$$f(x_1,x_2,\cdots,x_n)=\boldsymbol{X}^{\mathrm{T}}\boldsymbol{A}\boldsymbol{X}=(\boldsymbol{C}\boldsymbol{Y})^{\mathrm{T}}\boldsymbol{A}(\boldsymbol{C}\boldsymbol{Y})=\boldsymbol{Y}^{\mathrm{T}}(\boldsymbol{C}^{\mathrm{T}}\boldsymbol{A}\boldsymbol{C})\boldsymbol{Y}=\boldsymbol{Y}^{\mathrm{T}}\boldsymbol{B}\boldsymbol{Y}$$

其中，$\boldsymbol{B}=\boldsymbol{C}^{\mathrm{T}}\boldsymbol{A}\boldsymbol{C}$，则易知$\boldsymbol{Y}^{\mathrm{T}}\boldsymbol{B}\boldsymbol{Y}$是一个关于变量$y_1,y_2,\cdots,y_n$的二次型，由于

$$\boldsymbol{B}^{\mathrm{T}}=(\boldsymbol{C}^{\mathrm{T}}\boldsymbol{A}\boldsymbol{C})^{\mathrm{T}}=\boldsymbol{C}^{\mathrm{T}}\boldsymbol{A}^{\mathrm{T}}(\boldsymbol{C}^{\mathrm{T}})^{\mathrm{T}}=\boldsymbol{C}^{\mathrm{T}}\boldsymbol{A}\boldsymbol{C}=\boldsymbol{B}$$

所以$\boldsymbol{B}$也是一个对称矩阵，从而它是二次型$\boldsymbol{Y}^{\mathrm{T}}\boldsymbol{B}\boldsymbol{Y}$的矩阵.

5.1.3　矩阵的合同

定义 5.1.3　设$\boldsymbol{A}$、$\boldsymbol{B}$是$n\times n$矩阵，如果有可逆的$n\times n$矩阵$\boldsymbol{C}$，使$\boldsymbol{B}=\boldsymbol{C}^{\mathrm{T}}\boldsymbol{A}\boldsymbol{C}$，则称$\boldsymbol{A}$、$\boldsymbol{B}$是合同的.

由定理5.1.1的证明可知，若二次型$f(x_1,x_2,\cdots,x_n)=\boldsymbol{X}^{\mathrm{T}}\boldsymbol{A}\boldsymbol{X}$经过非退化线性替换$\boldsymbol{X}=\boldsymbol{C}\boldsymbol{Y}$化为二次型$\boldsymbol{Y}^{\mathrm{T}}\boldsymbol{B}\boldsymbol{Y}$，则前后两个二次型的矩阵$\boldsymbol{A}$，$\boldsymbol{B}$是合同的，且有$\boldsymbol{B}=\boldsymbol{C}^{\mathrm{T}}\boldsymbol{A}\boldsymbol{C}$.

由定义5.1.3不难证明：设$\boldsymbol{A}$，$\boldsymbol{B}$，$\boldsymbol{C}$是n阶矩阵，则$\boldsymbol{A}$与$\boldsymbol{A}$合同；若$\boldsymbol{A}$与$\boldsymbol{B}$合同，则$\boldsymbol{B}$与$\boldsymbol{A}$合同；若$\boldsymbol{A}$与$\boldsymbol{B}$合同，$\boldsymbol{B}$与$\boldsymbol{C}$合同，则$\boldsymbol{A}$与$\boldsymbol{C}$合同.

矩阵的合同还具有下列性质.

性质 5.1.1　若矩阵$\boldsymbol{A}$，$\boldsymbol{B}$合同，则

(1) 矩阵$k\boldsymbol{A}$，$k\boldsymbol{B}$合同.

(2) 如果$\boldsymbol{A}$可逆，那么$\boldsymbol{B}$可逆，并且$\boldsymbol{A}^{-1}$，$\boldsymbol{B}^{-1}$合同，$\boldsymbol{A}^*$，$\boldsymbol{B}^*$合同.

(3) 矩阵$\boldsymbol{A}$，$\boldsymbol{B}$有相同的秩、对称性与反对称性.

5.2　标　准　形

二次型经过非退化线性替换所变成的标准二次型称为二次型的标准形.

5.2.1　主要结论

定理 5.2.1　任意一个二次型都可以经非退化线性替换化为标准形.

化二次型为标准形的方法主要有配方法和合同变换法.

5.2.2　配方法

用配方法化二次型

$$f(x_1,x_2,\cdots,x_n)=\boldsymbol{X}^{\mathrm{T}}\boldsymbol{A}\boldsymbol{X},\quad \boldsymbol{A}=(a_{ij})_{n\times n},\quad \boldsymbol{X}^{\mathrm{T}}=(x_1,x_2,\cdots,x_n)$$

为标准形的步骤是：

(1) 若二次型 $f(x_1,x_2,\cdots,x_n)$ 中有一个平方项的系数不为零，不妨设平方项 $a_{11}x_1^2$ 的系数 a_{11} 不为零，这时将所有含有 x_1 的项集中，对 x_1 进行配方. 即作非退化线性替换

$$\begin{cases} y_1 = x_1 + \dfrac{a_{12}}{a_{11}}x_2 + \cdots + \dfrac{a_{1n}}{a_{11}}x_n \\ y_2 = x_2 \\ \quad\vdots \\ y_n = x_n \end{cases}$$

即

$$\begin{cases} x_1 = y_1 - \dfrac{a_{12}}{a_{11}}y_2 - \cdots - \dfrac{a_{1n}}{a_{11}}y_n \\ x_2 = y_2 \\ \quad\vdots \\ x_n = y_n \end{cases} \tag{5.2.1}$$

则原二次型化为

$$a_{11}y_1^2 + \sum_{i=2}^{n}\sum_{j=2}^{n} b_{ij}y_iy_j$$

然后再对二次型 $\sum_{i=2}^{n}\sum_{j=2}^{n} b_{ij}y_iy_j$ 进行配方.

(2) 若 $f(x_1,x_2,\cdots,x_n)$ 的平方项系数全为零，但是有一个乘积项的系数不为零，不妨设 $a_{12}x_1x_2$ 的系数 a_{12} 不为零，作非退化线性替换

$$\begin{cases} x_1 = y_1 + y_2 \\ x_2 = y_1 - y_2 \\ x_3 = y_3 \\ \quad\vdots \\ x_n = y_n \end{cases} \tag{5.2.2}$$

则原二次型化为 $\boldsymbol{Y}^{\mathrm{T}}\boldsymbol{B}\boldsymbol{Y}$，其中项 $a_{12}y_1^2$ 的系数不为零，这时可以按照步骤(1)的方法对 y_1 进行配方.

【例 5.2.1】 用非退化线性替换将二次型

$$f(x_1,x_2,x_3) = x_1^2 + 2x_1x_2 + 2x_1x_3 + 2x_2^2 + 8x_2x_3 + 5x_3^2$$

化为标准形.

解 二次型中项 x_1^2 的系数不为零，先对 x_1 配方得

$$\begin{aligned} f(x_1,x_2,x_3) &= x_1^2 + 2x_1x_2 + 2x_1x_3 + 2x_2^2 + 8x_2x_3 + 5x_3^2 \\ &= x_1^2 + 2x_1(x_2+x_3) + (x_2+x_3)^2 - (x_2+x_3)^2 + 2x_2^2 + 8x_2x_3 + 5x_3^2 \\ &= (x_1+x_2+x_3)^2 + x_2^2 + 6x_2x_3 + 4x_3^2 \end{aligned}$$

再对 $x_2^2+6x_2x_3+4x_3^2$ 进行配方得

$$\begin{aligned} f(x_1,x_2,x_3) &= (x_1+x_2+x_3)^2 + x_2^2 + 6x_2x_3 + 4x_3^2 \\ &= (x_1+x_2+x_3)^2 + (x_2+3x_3)^2 - 5x_3^2 \end{aligned}$$

令

$$\begin{cases} y_1 = x_1 + x_2 + x_3 \\ y_2 = \quad\ \ x_2 + 3x_3 \\ y_3 = \qquad\quad\ \ x_3 \end{cases}$$

即

$$\begin{cases} x_1 = y_1 - y_2 + 2y_3 \\ x_2 = \quad\ \ y_2 - 3y_3 \\ x_3 = \qquad\quad\ \ y_3 \end{cases}$$

于是原二次型经过上述非退化线性替换化成标准形

$$y_1^2 + y_2^2 - 5y_3^2$$

【例 5.2.2】 用非退化线性替换将二次型

$$f(x_1, x_2, x_3) = 2x_1x_2 + 2x_1x_3 - 6x_2x_3$$

化为标准形.

解 作非退化线性替换

$$\begin{cases} x_1 = y_1 + y_2 \\ x_2 = y_1 - y_2 \\ x_3 = \qquad\quad y_3 \end{cases}$$

则

$$f(x_1, x_2, x_3) = 2y_1^2 - 2y_2^2 - 4y_1y_3 + 8y_2y_3$$

对 y_1 进行配方得

$$f(x_1,x_2,x_3) = 2y_1^2 - 4y_1y_3 + 2y_3^2 - 2y_2^2 + 8y_2y_3 - 2y_3^2 = 2(y_1 - y_3)^2 - 2y_2^2 + 8y_2y_3 - 2y_3^2$$

再对 $-2y_2^2 + 8y_2 - 2y_3^2$ 配方得

$$f(x_1, x_2, x_3) = 2(y_1 - y_3)^2 - 2(y_2 - 2y_3)^2 + 6y_3^2$$

令

$$\begin{cases} z_1 = y_1 \qquad - y_3 \\ z_2 = \quad\ y_2 - 2y_3 \\ z_3 = \qquad\qquad y_3 \end{cases}$$

即

$$\begin{cases} y_1 = z_1 \qquad + z_3 \\ y_2 = \quad\ z_2 + 2z_3 \\ y_3 = \qquad\qquad z_3 \end{cases}$$

则

$$\begin{pmatrix} x_1 \\ x_2 \\ x_3 \end{pmatrix} = \begin{pmatrix} 1 & 1 & 0 \\ 1 & -1 & 0 \\ 0 & 0 & 1 \end{pmatrix} \begin{pmatrix} 1 & 0 & 1 \\ 0 & 1 & 2 \\ 0 & 0 & 1 \end{pmatrix} \begin{pmatrix} z_1 \\ z_2 \\ z_3 \end{pmatrix} = \begin{pmatrix} 1 & 1 & 3 \\ 1 & -1 & -1 \\ 0 & 0 & 1 \end{pmatrix} \begin{pmatrix} z_1 \\ z_2 \\ z_3 \end{pmatrix}$$

是非退化线性替换，并且原二次型经过这个非退化线性替换化成标准形

$$2z_1^2-2z_2^2+6z_3^2$$

5.2.3 合同变换法

用非退化线性替换 $\boldsymbol{X}=\boldsymbol{CY}$ 将二次型 $f(x_1,x_2,\cdots,x_n)=\boldsymbol{X}^{\mathrm{T}}\boldsymbol{AX}$ 化为标准形 $d_1x_1^2+d_2x_2^2+\cdots+d_nx_n^2$，相当于求可逆矩阵 $\boldsymbol{C}$，使得

$$\boldsymbol{C}^{\mathrm{T}}\boldsymbol{AC}=\boldsymbol{D}$$

其中 $\boldsymbol{D}$ 为对角矩阵

$$\boldsymbol{D}=\begin{pmatrix} d_1 & 0 & \cdots & 0 \\ 0 & d_2 & \cdots & 0 \\ \vdots & \vdots & & \vdots \\ 0 & 0 & \cdots & d_n \end{pmatrix}$$

由于可逆矩阵 $\boldsymbol{C}$ 可以表示成一系列初等矩阵的乘积

$$\boldsymbol{C}=\boldsymbol{P}_1\boldsymbol{P}_2\cdots\boldsymbol{P}_s$$

于是

$$\boldsymbol{C}^{\mathrm{T}}\boldsymbol{AC}=\boldsymbol{P}_s^{\mathrm{T}}\cdots\boldsymbol{P}_2^{\mathrm{T}}\boldsymbol{P}_1^{\mathrm{T}}\boldsymbol{AP}_1\boldsymbol{P}_2\cdots\boldsymbol{P}_s$$

而初等矩阵的转置满足

$$\boldsymbol{P}^{\mathrm{T}}(i,j)=\boldsymbol{P}(i,j),\quad \boldsymbol{P}^{\mathrm{T}}(i(k))=\boldsymbol{P}(i(k)),\quad \boldsymbol{P}^{\mathrm{T}}(i,j(k))=\boldsymbol{P}(j,i(k))$$

因此有

$$\boldsymbol{P}(i,j)^{\mathrm{T}}\boldsymbol{AP}(i,j)=\boldsymbol{P}(i,j)\boldsymbol{AP}(i,j) \tag{5.2.3}$$

$$\boldsymbol{P}(i(k))^{\mathrm{T}}\boldsymbol{AP}(i(k))=\boldsymbol{P}(i(k))\boldsymbol{AP}(i(k)) \tag{5.2.4}$$

$$\boldsymbol{P}(i,j(k))^{\mathrm{T}}\boldsymbol{AP}(i,j(k))=\boldsymbol{P}(j,i(k))\boldsymbol{AP}(i,j(k)) \tag{5.2.5}$$

由定理 3.3.1 可知，式(5.2.3)相当于先交换矩阵 $\boldsymbol{A}$ 的第 i 列与第 j 列，再交换第 i 行与第 j 行，式(5.2.4)相当于先用非零常数 k 乘矩阵 $\boldsymbol{A}$ 的的第 i 列，再用非零常数 k 乘矩阵 $\boldsymbol{A}$ 的第 i 行；式(5.2.5)相当于先将矩阵 $\boldsymbol{A}$ 的第 j 列的 k 倍加到第 i 列，再第 j 行的 k 倍加到第 i 行.

如上所述的一对行列同型的初等变换叫做合同变换，由

$$\boldsymbol{C}=\boldsymbol{P}_1\boldsymbol{P}_2\cdots\boldsymbol{P}_s=\boldsymbol{EP}_1\boldsymbol{P}_2\cdots\boldsymbol{P}_s$$

$$\boldsymbol{C}^{\mathrm{T}}\boldsymbol{AC}=\boldsymbol{P}_s^{\mathrm{T}}\cdots\boldsymbol{P}_2^{\mathrm{T}}\boldsymbol{P}_1^{\mathrm{T}}\boldsymbol{AP}_1\boldsymbol{P}_2\cdots\boldsymbol{P}_s$$

可知，对矩阵 $\begin{pmatrix}\boldsymbol{A}\\ \boldsymbol{E}\end{pmatrix}$ 中的矩阵 $\boldsymbol{A}$ 作合同变换，对单位矩阵 $\boldsymbol{E}$ 只做相应的列变换，当 $\boldsymbol{A}$ 化成对角矩阵 $\boldsymbol{D}$ 时，单位矩阵 $\boldsymbol{E}$ 就化成了 $\boldsymbol{C}$，并且有 $\boldsymbol{C}^{\mathrm{T}}\boldsymbol{AC}=\boldsymbol{D}$. 于是二次型 $f(x_1,x_2,\cdots,x_n)=\boldsymbol{X}^{\mathrm{T}}\boldsymbol{AX}$ 可以经非退化线性替换 $\boldsymbol{X}=\boldsymbol{CY}$ 化为标准形

$$d_1x_1^2+d_2x_2^2+\cdots+d_nx_n^2$$

【例 5.2.3】 用合同变换法将二次型

(1) $f(x_1,x_2,x_3)=2x_1^2+2x_1x_2-4x_1x_3+6x_2x_3+x_3^2$

(2) $f(x_1,x_2,x_3)=2x_1x_2+2x_1x_3-6x_2x_3$

化为标准形，并写出所作的非退化线性替换.

解 (1) 对矩阵$\begin{pmatrix}\boldsymbol{A}\\\boldsymbol{E}\end{pmatrix}$作合同变换

$$\begin{pmatrix}\boldsymbol{A}\\\boldsymbol{E}\end{pmatrix}=\begin{pmatrix}2&1&-2\\1&0&3\\-2&3&1\\\hline 1&0&0\\0&1&0\\0&0&1\end{pmatrix}\to\begin{pmatrix}2&1&0\\1&0&4\\0&4&-1\\\hline 1&0&1\\0&1&0\\0&0&1\end{pmatrix}\to\begin{pmatrix}2&0&0\\0&-\frac{1}{2}&4\\0&4&-1\\\hline 1&-\frac{1}{2}&1\\0&1&0\\0&0&1\end{pmatrix}\to\begin{pmatrix}2&0&0\\0&-\frac{1}{2}&0\\0&0&31\\\hline 1&-\frac{1}{2}&-3\\0&1&8\\0&0&1\end{pmatrix}$$

于是二次型 $f(x_1,x_2,x_3)$经非退化线性替换

$$\begin{pmatrix}x_1\\x_2\\x_3\end{pmatrix}=\begin{pmatrix}1&-\frac{1}{2}&-3\\0&1&8\\0&0&1\end{pmatrix}\begin{pmatrix}y_1\\y_2\\y_3\end{pmatrix}$$

化为标准形

$$2y_1^2-\frac{1}{2}y_2^2+31y_3^2$$

(2) 对矩阵$\begin{pmatrix}\boldsymbol{A}\\\boldsymbol{E}\end{pmatrix}$作合同变换

$$\begin{pmatrix}\boldsymbol{A}\\\boldsymbol{E}\end{pmatrix}=\begin{pmatrix}0&1&1\\1&0&-3\\1&-3&0\\\hline 1&0&0\\0&1&0\\0&0&1\end{pmatrix}\to\begin{pmatrix}2&1&-2\\1&0&-3\\-2&-3&0\\\hline 1&0&0\\1&1&0\\0&0&1\end{pmatrix}\to\begin{pmatrix}2&0&0\\0&-\frac{1}{2}&-2\\0&-2&-2\\\hline 1&-\frac{1}{2}&1\\1&\frac{1}{2}&1\\0&0&1\end{pmatrix}\to\begin{pmatrix}2&0&0\\0&-\frac{1}{2}&0\\0&0&6\\\hline 1&-\frac{1}{2}&3\\1&\frac{1}{2}&-1\\0&0&1\end{pmatrix}$$

于是二次型 $f(x_1,x_2,x_3)$经非退化线性替换

$$\begin{pmatrix}x_1\\x_2\\x_3\end{pmatrix}=\begin{pmatrix}1&-\frac{1}{2}&3\\1&\frac{1}{2}&-1\\0&0&1\end{pmatrix}\begin{pmatrix}y_1\\y_2\\y_3\end{pmatrix}$$

化为标准形

$$2y_1^2-\frac{1}{2}y_2^2+6y_3^2$$

5.2.4 复二次型和实二次型的规范形

系数为复(实)数的二次型叫做复(实)二次型.我们先讨论复二次型的规范形.

设复二次型 $f(x_1,x_2,\cdots,x_n)$ 的标准形为

$$d_1x_1^2+d_2x_2^2+\cdots+d_rx_r^2\quad (d_i\neq 0,i=1,2,\cdots,r),$$

其中 r 是二次型的秩. 由于复数都可以开平方,所以作非退化线性替换

$$\begin{cases} y_1=\dfrac{1}{\sqrt{d_1}}z_1 \\ \quad\vdots \\ y_r=\dfrac{1}{\sqrt{d_r}}z_r \\ y_{r+1}=z_{r+1} \\ \quad\vdots \\ y_n=z_n \end{cases}$$

则二次型 $f(x_1,x_2,\cdots,x_n)$ 可化为

$$z_1^2+z_2^2+\cdots+z_r^2 \tag{5.2.6}$$

这种特殊的标准形称为复二次型 $f(x_1,x_2,\cdots,x_n)$ 的复规范形.

定理 5.2.2　任意复二次型都可以经适当的非退化的线性替换化为复规范形,复规范形是唯一的,由这个二次型的秩确定.

【例 5.2.4】　求二次型

$$f(x_1,x_2,x_3)=x_1^2+2x_1x_2+2x_1x_3+2x_2^2+8x_2x_3+5x_3^2$$

的复规范形.

解　方法一　$f(x_1,x_2,x_3)$ 经非退化线性替换

$$\begin{cases} x_1=y_1-y_2+2y_3 \\ x_2=\quad\quad y_2-3y_3 \\ x_3=\quad\quad\quad\quad y_3 \end{cases}$$

化为标准形

$$y_1^2+y_2^2-5y_3^2$$

再作非退化线性替换

$$\begin{cases} y_1=z_1 \\ y_2=z_2 \\ y_3=\dfrac{1}{\sqrt{-5}}z_3 \end{cases}$$

则二次型 $f(x_1,x_2,x_3)$ 化为规范形为 $z_1^2+z_2^2+z_3^2$.

方法二　由于二次型 $f(x_1,x_2,x_3)$ 的矩阵

$$\boldsymbol{A}=\begin{pmatrix} 1 & 1 & 1 \\ 1 & 2 & 4 \\ 1 & 4 & 5 \end{pmatrix}$$

的秩为 3,所以二次型 $f(x_1,x_2,x_3)$ 的规范形为 $z_1^2+z_1^2+z_3^2$.

下面再讨论实二次型的规范形.

设实二次型 $f(x_1,x_2,\cdots,x_n)$ 的标准形为

$$d_1y_1^2+\cdots+d_py_p^2-d_{p+1}y_{p+1}^2\cdots-d_ry_r^2$$

其中 $d_i>0,i=1,2,\cdots,r$. 作非退化线性替换

$$\begin{cases} y_1=\dfrac{1}{\sqrt{d_1}}z_1 \\ \quad\vdots \\ y_r=\dfrac{1}{\sqrt{d_r}}z_r \\ y_{r+1}=z_{r+1} \\ \quad\vdots \\ y_n=z_n \end{cases}$$

则实二次型 $f(x_1,x_2,\cdots,x_n)$ 化为

$$z_1^2+\cdots+z_p^2-z_{p+1}^2\cdots-z_r^2 \tag{5.2.7}$$

这种特殊的标准形称为实二次型 $f(x_1,x_2,\cdots,x_n)$ 的实规范形.

定义 5.2.1 在实二次型 $f(x_1,x_2,\cdots,x_n)$ 的实规范形中,系数为 1 的平方项的个数称为 $f(x_1,x_2,\cdots,x_n)$ 的正惯性指数;系数数为 -1 的平方项的个数称为 $f(x_1,x_2,\cdots,x_n)$ 的负惯性指数;正惯性指数与负惯性指数的差称为 $f(x_1,x_2,\cdots,x_n)$ 的符号差.

定理 5.2.3 任意实二次型都可经适当的非退化线性替换化为实规范形,规范形是唯一的,由这个二次型的秩和正惯性指数(或正惯性指数和负惯性指数,或正惯性指数和符号差)唯一确定.

事实上,由实二次型的标准形就可以确定这个二次型的正惯性指数、负惯性指数和符号差.

【例 5.2.5】 求下列实二次型的秩、正惯性指数和符号差

(1) $f(x_1,x_2,x_3)=x_1^2+2x_1x_2+2x_1x_3+2x_2^2+8x_2x_3+5x_3^2$.

(2) $f(x_1,x_2,x_3)=2x_1x_2+2x_1x_3-6x_2x_3$.

解 (1) 由 5.2 节 5.2.1 知,二次型 $f(x_1,x_2,x_3)$ 经非退化线性替换

$$\begin{cases} x_1=y_1-y_2+2y_3 \\ x_2=\qquad y_2-3y_3 \\ x_3=\qquad\qquad y_3 \end{cases}$$

化为标准形 $y_1^2+y_2^2-5y_3^2$,所以二次型 $f(x_1,x_2,x_3)$ 的秩是 3,正惯性指数是 2、符号差是 1.

(2) 由 5.2 节 5.2.2 知,二次型 $f(x_1,x_2,x_3)$ 经非退化线性替换

$$\begin{pmatrix} x_1 \\ x_2 \\ x_3 \end{pmatrix}=\begin{pmatrix} 1 & 1 & 0 \\ 1 & -1 & 0 \\ 0 & 0 & 1 \end{pmatrix}\begin{pmatrix} 1 & 0 & 1 \\ 0 & 1 & 2 \\ 0 & 0 & 1 \end{pmatrix}\begin{pmatrix} z_1 \\ z_2 \\ z_3 \end{pmatrix}=\begin{pmatrix} 1 & 1 & 3 \\ 1 & -1 & -1 \\ 0 & 0 & 1 \end{pmatrix}\begin{pmatrix} z_1 \\ z_2 \\ z_3 \end{pmatrix}$$

化为标准形 $2z_1^2-2z_2^2+6z_3^2$,所以二次型 $f(x_1,x_2,x_3)$ 的秩是 3,正惯性指数是 2、符号差是 1.

关于复(实)矩阵的合同问题,利用定理 5.2.2 和定理 5.2.3 可以得到下列结论.

定理 5.2.4 复对称矩阵 $\boldsymbol{A}$ 都合同于对角矩阵 $\begin{pmatrix} \boldsymbol{E}_r & \boldsymbol{0} \\ \boldsymbol{0} & \boldsymbol{0} \end{pmatrix}$,其中 $r=r(\boldsymbol{A})$;从而两个 n

阶复对称矩阵合同的充分必要条件是它们有相同的秩.

定理 5.2.5 实对称矩阵 $\boldsymbol{A}$ 合同于对角阵

$$\begin{pmatrix} \boldsymbol{E}_p & \boldsymbol{0} & \boldsymbol{0} \\ \boldsymbol{0} & -\boldsymbol{E}_{r-p} & \boldsymbol{0} \\ \boldsymbol{0} & \boldsymbol{0} & \boldsymbol{0} \end{pmatrix}$$

其中 p,r 分别为 $f(x_1,x_2,\cdots,x_n)=\boldsymbol{X}^{\mathrm{T}}\boldsymbol{AX}$ 的正惯性指数和秩. 从而两个 n 阶实对称矩阵合同的充分必要条件是它们有相同的秩和相同的正惯性指数.

5.2.5 用正交线性替换化实二次型为标准形

定义 5.2.2 设 $\boldsymbol{P}$ 是一个 n 阶正交矩阵,称线性替换 $\boldsymbol{X}=\boldsymbol{PY}$ 为一个正交线性替换.

用定理 4.3.7 不难证明下述结论.

定理 5.2.6 实二次型 $f(x_1,,x_2,\cdots x_n)=\boldsymbol{X}^{\mathrm{T}}\boldsymbol{AX}$ 可以经正交线性替换 $\boldsymbol{X}=\boldsymbol{PY}$ 化成标准形

$$\lambda_1 y_1^2+\lambda_2 y_2^2+\cdots+\lambda_n y_n^2$$

其中 $\lambda_1,\lambda_2,\cdots,\lambda_n$ 是实对称矩阵 $\boldsymbol{A}$ 的全部特征值.

【例 5.2.6】 用正交线性替换将实二次型

$$f(x_1,x_2,x_3)=4x_1^2+4x_1x_2+4x_1x_3+4x_1x_3+4x_3^2+4x_2x_3$$

化为标准形.

解 实二次型 $f(x_1,x_2,x_3)$ 的矩阵为

$$\boldsymbol{A}=\begin{pmatrix} 4 & 2 & 2 \\ 2 & 4 & 2 \\ 2 & 2 & 4 \end{pmatrix}$$

根据 4.3.5 节例 5 的结果

$$\boldsymbol{P}=(\boldsymbol{\eta}_1,\boldsymbol{\eta}_2,\boldsymbol{\eta}_3)=\begin{pmatrix} -\frac{1}{\sqrt{2}} & -\frac{1}{\sqrt{6}} & \frac{1}{\sqrt{3}} \\ \frac{1}{\sqrt{2}} & -\frac{1}{\sqrt{6}} & \frac{1}{\sqrt{3}} \\ 0 & \frac{2}{\sqrt{6}} & \frac{1}{\sqrt{3}} \end{pmatrix}$$

是一个正交矩阵,并且有

$$\boldsymbol{P}^{\mathrm{T}}\boldsymbol{AP}=\begin{pmatrix} 2 & 0 & 0 \\ 0 & 2 & 0 \\ 0 & 0 & 8 \end{pmatrix}$$

于是二次型 $f(x_1,x_2,x_3)$ 经正交线性替换

$$\begin{pmatrix} x_1 \\ x_2 \\ x_3 \end{pmatrix}=\boldsymbol{P}\begin{pmatrix} y_1 \\ y_2 \\ y_3 \end{pmatrix}$$

化成标准形

$$2y_1^2+2y_2^2+8y_3^2$$

所以当且仅当$\lambda>0,\lambda^2-1>0,\lambda^3-3\lambda+2>0$时二次型$f(x_1,x_2,x_3,x_4)$是正定的，即当且仅当$\lambda>1$时二次型$f(x_1,x_2,x_3,x_4)$是正定的.

习　题　五

1. 用矩阵运算表示下列二次型.

(1) $f(x_1,x_2,x_3)=x_1^2+2x_2^2-4x_1x_2+6x_2x_3$.

(2) $f(x_1,x_2\cdots,x_n)=\sum\limits_{i=1}^{n}x_i^2+\sum\limits_{1\leqslant i<j\leqslant n}x_ix_j$.

2. 写出下列二次型$\boldsymbol{X}^{\mathrm{T}}\boldsymbol{A}\boldsymbol{X}$的矩阵.

(1) $\boldsymbol{X}=\begin{pmatrix}x_1\\x_2\\x_3\end{pmatrix},\boldsymbol{A}=\begin{pmatrix}1&2&4\\6&-1&7\\-2&3&3\end{pmatrix}$

(2) $\boldsymbol{X}=\begin{pmatrix}x_1\\x_2\\x_3\\x_4\end{pmatrix},\boldsymbol{A}=\begin{pmatrix}1&0&2&3\\0&0&4&-5\\2&4&2&3\\3&-5&3&7\end{pmatrix}$

3. 用配方法将下列二次型化成标准形，并写出相应的非退化线性替换.

(1) $f(x_1,x_2,x_3)=-4x_1x_2+2x_1x_3+2x_2x_3$.

(2) $f(x_1,x_2,x_3)=x_1^2+2x_1x_2+2x_2^2+4x_2x_3+4x_3^2$.

(3) $f(x_1,x_2,x_3,x_4)=x_1^2+x_2^2-2x_1x_2+4x_1x_3+2x_2x_4+2x_3x_4$.

(4) $f(x_1,x_2,x_3,x_4)=x_1x_2+x_1x_3+x_1x_4+x_2x_3+x_2x_4+x_3x_4$.

4. 用合同变换法将下列二次型化为标准形，并写出相应的非退化线性替换.

(1) $f(x_1,x_2,x_3,x_4)=3(x_1^2+x_2^2+x_3^2+x_4^2)+2x_1x_2+2x_1x_4-2x_1x_4-2x_2x_3-2x_2x_4-2x_3x_4$.

(2) $f(x_1,x_2,x_3)=x_1^2+x_2^2+3x_3^2+4x_1x_2+2x_1x_3+2x_2x_3$.

(3) $f(x_1,x_2,x_3)=x_1^2-3x_3^2-2x_1x_2+2x_1x_3-8x_2x_3$.

(4) $f(x_1,x_2,x_3)=x_1x_2+x_2x_3-x_1x_4-4x_2x_4+6x_3x_4$.

5. 用非退化线性替换将二次型

$$f(x_1,x_2,x_3)=(-2x_1+x_2+x_3)^2+(x_1-2x_2+x_3)^2+(x_1+x_2-2x_3)^2$$

化为标准形.

6. 求二次型

$$f(x_1,x_2,x_3)=(x_1+x_2)^2+(x_2-x_3)^2+(x_3+x_1)^2$$

的秩.

7. 设实二次型$f(x_1,x_2,x_3)=ax_1^2+ax_2^2+(a-1)x_3^2+2x_1x_3-2x_2x_3$，

(1) 求二次型f的矩阵的所有特征值.

(2) 若二次型f的规范型为$y_1^2+y_2^2$，求a的值.

8. 若n阶实对称矩阵$\boldsymbol{A}$的秩为n.

(1) 证明二次型 $f=\sum_{i=1}^{n}\sum_{j=1}^{n}\frac{\boldsymbol{A}_{ij}}{|\boldsymbol{A}|}x_ix_j$ 的矩阵为 $\boldsymbol{A}^{-1}$.

(2) 二次型 $g=x^{\mathrm{T}}\boldsymbol{A}x$ 与 f 的规范型是否相同？为什么？

9. 设 $\boldsymbol{A}$ 是可逆实对称矩阵，证明：

(1) $\boldsymbol{A}^{-1}$ 与 $\boldsymbol{A}$ 合同.

(2) $\boldsymbol{A}^2$ 与单位矩阵 $\boldsymbol{E}$ 合同.

10. 若可逆矩阵 $\boldsymbol{A}$ 和 $\boldsymbol{B}$ 合同，证明 $\boldsymbol{A}^{-1}$ 和 $\boldsymbol{B}^{-1}$ 也合同.

11. 证明：秩等于 r 的对称矩阵等于 r 个秩为 1 的对称矩阵之和.

12. 如果把 n 阶实对称矩阵按照合同分类，即两个 n 阶实对称矩阵属于同一类当且仅当它们合同，问共有几类？

13. 判定下列二次型的正定性

(1) $f(x_1,x_2,x_3)=x_1^2+x_2^2+x_3^2-2x_2x_3$.

(2) $f(x_1,x_2,x_3)=5x_1^2+8x_2^2+5x_3^2+4x_1x_2-8x_1x_3+4x_2x_3$.

(3) $f(x_1,x_2,x_3)=10x_1^2+8x_1x_2+24x_1x_3+2x_2^2-28x_2x_3+x_3^2$.

(4) $f(x_1,x_2,x_3,x_4)=x_1^2+3x_2^2+9x_3^2+19x_4^2-2x_1x_2+4x_1x_3+2x_1x_4-6x_2x_4-12x_3x_4$.

14. 若下列二次型是正定的，求 λ 的取值范围.

(1) $f(x_1,x_2,x_3)=5x_1^2+x_2^2+\lambda x_3^2+4x_1x_2-2x_1x_3-2x_2x_3$.

(2) $f(x_1,x_2,x_3)=x_1^2+4x_2^2+x_3^2+2\lambda x_1x_2+10x_1x_3+6x_2x_3$.

15. 设 $\boldsymbol{A},\boldsymbol{B}$ 是两个 n 阶正定矩阵，证明 $\boldsymbol{A}+\boldsymbol{B}$ 也是正定矩阵.

16. 设 $\boldsymbol{A}$ 是一个正定矩阵，证明：

(1) 对于任意正实数 k，$k\boldsymbol{A}$ 是正定矩阵.

(2) 对于任意正整数 k，$\boldsymbol{A}^k$ 是正定矩阵.

(3) $\boldsymbol{A}^{-1}$ 是正定矩阵.

(4) $\boldsymbol{A}$ 的伴随矩阵 $\boldsymbol{A}^*$ 是正定矩阵.

17. 设 $\boldsymbol{A}$ 是 n 阶实对称矩阵，证明：$\boldsymbol{A}$ 是正定的当且仅当存在 n 阶实可逆矩阵 $\boldsymbol{P}$，使得 $\boldsymbol{A}=\boldsymbol{P}^{\mathrm{T}}\boldsymbol{P}$.

18. 设 n 阶实对称矩阵 $\boldsymbol{A}$ 是正定的，$\boldsymbol{P}$ 是 n 阶实可逆矩阵，证明：$\boldsymbol{P}^{\mathrm{T}}\boldsymbol{A}\boldsymbol{P}$ 也是正定矩阵.

19. 设 $\boldsymbol{A}$ 是一个 n 阶正定矩阵，$\boldsymbol{B}$ 是一个秩为 m 的 $n\times m$ 实矩阵，证明 $\boldsymbol{B}^{\mathrm{T}}\boldsymbol{A}\boldsymbol{B}$ 是一个正定矩阵.

20. 设 $\boldsymbol{A}$ 为 $m\times n$ 实矩阵，证明：当 $k>0$ 时，$\boldsymbol{B}=k\boldsymbol{E}+\boldsymbol{A}^{\mathrm{T}}\boldsymbol{A}$ 是正定矩阵.

21. 实数 $a_1,a_2,\cdots,a_n$ 满足什么关系时，二次型

$$f=(x_1+a_1x_2)^2+(x_2+a_2x_3)^2+\cdots+(x_{n-1}+a_{n-1}x_n)^2+(x_n+a_nx_1)^2$$

是正定的.

22. 设三阶实对称矩阵 $\boldsymbol{A}$ 的秩为 2，且满足 $\boldsymbol{A}^2+2\boldsymbol{A}=\boldsymbol{0}$，求

(1) $\boldsymbol{A}$ 的特征值.

(2) 当 k 为何值时，$\boldsymbol{A}+k\boldsymbol{E}$ 为正定矩阵.

23. 设矩阵

$$\boldsymbol{A}=\begin{pmatrix}1&0&1\\0&2&0\\1&0&1\end{pmatrix}$$

(1) 求对角矩阵$\boldsymbol{\Lambda}$,使$\boldsymbol{B}=(k\boldsymbol{E}+\boldsymbol{A})^2$与$\boldsymbol{\Lambda}$相似.

(2) 当k为何值时,$\boldsymbol{B}$为正定矩阵.

24. 设$\boldsymbol{A},\boldsymbol{B}$分别为$m,n$阶正定矩阵,$\boldsymbol{C}=\begin{pmatrix}\boldsymbol{A}&\boldsymbol{0}\\\boldsymbol{0}&\boldsymbol{B}\end{pmatrix}$是否是正定矩阵?

25. 设$\boldsymbol{D}=\begin{pmatrix}\boldsymbol{A}&\boldsymbol{C}\\\boldsymbol{C}^{\mathrm{T}}&\boldsymbol{B}\end{pmatrix}$为正定矩阵,$\boldsymbol{P}=\begin{pmatrix}\boldsymbol{E}&-\boldsymbol{A}^{-1}\boldsymbol{C}\\\boldsymbol{0}&\boldsymbol{E}\end{pmatrix}$.

(1) 计算$\boldsymbol{P}^{\mathrm{T}}\boldsymbol{D}\boldsymbol{P}$.

(2) 判断$\boldsymbol{B}-\boldsymbol{C}^{\mathrm{T}}\boldsymbol{A}^{-1}\boldsymbol{C}$是否正定,并证明之.

26. 求正交线性替换$\boldsymbol{X}=\boldsymbol{P}\boldsymbol{Y}$,将下列二次型化为标准形.

(1) $f(x_1,x_2,x_3)=2x_1^2+3x_2^2+3x_3^2+4x_2x_3$.

(2) $f(x_1,x_2,x_3)=x_1^2+2x_2^2+3x_3^2-4x_1x_2-4x_2x_3$.

(3) $f(x_1,x_2,x_3,x_4)=x_1^2+x_2^2+x_3^2+x_4^2+2x_1x_2-2x_1x_4-24x_2x_4+2x_3x_4$.

(4) $f(x_1,x_2,x_3,x_4)=x_1^2+x_2^2+x_3^2+x_4^2-2x_1x_2+6x_1x_3-4x_1x_4-4x_2x_3+6x_2x_4-2x_3x_4$.

27. 已知实二次型$f=x_1^2+x_2^2+x_3^2+2ax_1x_2+2x_1x_3+2bx_2x_3$经正交线性替换$x=\boldsymbol{P}y$化成$f=y_2^2+2y_3^2$,求$a,b$的值.

28. 设$b>0$,实二次型$f=ax_1^2+2x_2^2-2x_3^2+2x_1x_2+2bx_1x_3$的矩阵的特征值之和为1,特征值之积为$-12$,求

(1) a,b的值.

(2) 正交线性替换将二次型f化成标准形.

第 6 章　线性空间与线性变换

线性空间和线性变换是线性代数的重要内容,它不但渗透于自然科学的各个方面,而且在信号处理、编码技术等许多工程技术中也有着广泛的应用.本章只简单介绍线性空间与子空间、线性空间的基、维数与向量的坐标、线性变换及其矩阵等基本内容.

6.1　线性空间的概念与基本性质

6.1.1　线性空间的定义

定义 6.1.1　设 V 是一个非空集合,R 是实数集.V 的元素之间有一个叫做加法的运算,即 $\forall \boldsymbol{\alpha},\boldsymbol{\beta}\in V$,若有唯一的一个元素 $\boldsymbol{\gamma}\in V$ 与它们对应,称 $\boldsymbol{\gamma}$ 为 $\boldsymbol{\alpha}$ 与 $\boldsymbol{\beta}$ 的和,记作 $\boldsymbol{\gamma}=\boldsymbol{\alpha}+\boldsymbol{\beta}$.在实数集 R 与集合 V 的元素之间有一个叫做数量乘法的运算,即 $\forall k\in R$, $\forall \boldsymbol{\alpha}\in V$,有唯一的一个元素 $\boldsymbol{\delta}\in V$ 与它们对应,称 $\boldsymbol{\delta}$ 为 k 与 $\boldsymbol{\alpha}$ 的数量乘积,记作 $\boldsymbol{\delta}=k\boldsymbol{\alpha}$.若 $\forall \boldsymbol{\alpha},\boldsymbol{\beta},\boldsymbol{\gamma}\in V$, $\forall k,l\in R$ 有

(1) $\boldsymbol{\alpha}+\boldsymbol{\beta}=\boldsymbol{\beta}+\boldsymbol{\alpha}$.

(2) $(\boldsymbol{\alpha}+\boldsymbol{\beta})+\boldsymbol{\gamma}=\boldsymbol{\alpha}+(\boldsymbol{\beta}+\boldsymbol{\gamma})$.

(3) 在 V 中存在零元素 $\mathbf{0}$,使得 $\boldsymbol{\alpha}+\mathbf{0}=\boldsymbol{\alpha}$.

(4) $\forall \boldsymbol{\alpha}\in V$,都存在负元素 $\boldsymbol{\beta}\in V$,使得 $\boldsymbol{\alpha}+\boldsymbol{\beta}=\mathbf{0}$.

(5) $1\boldsymbol{\alpha}=\boldsymbol{\alpha}$.

(6) $k(l\boldsymbol{\alpha})=(kl)\boldsymbol{\alpha}$.

(7) $(k+l)\boldsymbol{\alpha}=k\boldsymbol{\alpha}+l\boldsymbol{\alpha}$.

(8) $k(\boldsymbol{\alpha}+\boldsymbol{\beta})=k\boldsymbol{\alpha}+k\boldsymbol{\beta}$.

则称 V 是一个(实)线性空间(或向量空间).

线性空间中的元素可以称为向量.

【例 6.1.1】　设 $R^{m\times n}$ 是由实的 $m\times n$ 矩阵作成的集合,则 $R^{m\times n}$ 对于矩阵的加法和数量乘法作成一个线性空间.

特别地,$V=\{(x_1,x_2,\cdots,x_n)\mid x_1,x_2,\cdots,x_n\in R\}$ 是一个线性空间,叫做 n 维(实)向量空间.

【例 6.1.2】　令

$$R[x]_n=\{a_{n-1}x^{n-1}+\cdots+a_1x+a_0\mid a_{n-1},\cdots,a_1,a_0\in R\},$$

则 $R[x]_n$ 对于多项式的加法、数与多项式的乘法作成一个线性空间.

同样,所有实系数多项式的集合 $R[x]$ 也是一个线性空间.

【例 6.1.3】　对于数的加法与乘法,实数集 R 和复数集 C 都是线性空间.

【例 6.1.4】　设 $C[a,b]$ 是闭区间 $[a,b]$ 上所有连续函数的集合,则 $C[a,b]$ 对于函数

的加法、数与函数的乘法作成一个线性空间.

6.1.2 线性空间的基本性质

性质 6.1.1 一个线性空间的零向量是唯一的.

证明 设 $\mathbf{0}_1,\mathbf{0}_2$ 都是线性空间 V 的零向量,由于 $\mathbf{0}_1$ 是零向量,所以由定义 6.1.1(3)有 $\mathbf{0}_2+\mathbf{0}_1=\mathbf{0}_2$,同样由 $\mathbf{0}_2$ 是零元素有 $\mathbf{0}_1+\mathbf{0}_2=\mathbf{0}_1$,而由定义 6.1.1(2)有 $\mathbf{0}_1+\mathbf{0}_2=\mathbf{0}_2+\mathbf{0}_1$,所以 $\mathbf{0}_1=\mathbf{0}_2$.

性质 6.1.2 线性空间中每个向量的负向量都是唯一的.

证明 设 V 是一个线性空间,$\forall \boldsymbol{\alpha}\in V$,若 $\boldsymbol{\beta},\boldsymbol{\gamma}$ 都是 $\boldsymbol{\alpha}$ 的负向量,则由定义 6.1.1 有

$$\boldsymbol{\beta}=\boldsymbol{\beta}+\mathbf{0}=\boldsymbol{\beta}+(\boldsymbol{\alpha}+\boldsymbol{\gamma})=(\boldsymbol{\beta}+\boldsymbol{\alpha})+\boldsymbol{\gamma}=\mathbf{0}+\boldsymbol{\gamma}=\boldsymbol{\gamma}+\mathbf{0}=\boldsymbol{\gamma}$$

性质 6.1.3 $0\boldsymbol{\alpha}=\mathbf{0},(-1)\boldsymbol{\alpha}=-\boldsymbol{\alpha},k\mathbf{0}=\mathbf{0}$.

证明 因为

$$\boldsymbol{\alpha}+0\boldsymbol{\alpha}=1\boldsymbol{\alpha}+0\boldsymbol{\alpha}=(1+0)\boldsymbol{\alpha}=\boldsymbol{\alpha}$$

所以 $0\boldsymbol{\alpha}=\boldsymbol{\alpha}-\boldsymbol{\alpha}=\mathbf{0}$.

因为

$$\boldsymbol{\alpha}+(-1)\boldsymbol{\alpha}=1\boldsymbol{\alpha}+(-1)\boldsymbol{\alpha}=(1-1)\boldsymbol{\alpha}=0\boldsymbol{\alpha}=\mathbf{0}$$

所以$(-1)\boldsymbol{\alpha}=-\boldsymbol{\alpha}$.

因为

$$k\mathbf{0}+k\mathbf{0}=k(\mathbf{0}+\mathbf{0})=k\mathbf{0}$$

所以 $k\mathbf{0}=k\mathbf{0}-k\mathbf{0}=\mathbf{0}$.

性质 6.1.4 若 $k\boldsymbol{\alpha}=\mathbf{0}$,则 $k=0$ 或 $\boldsymbol{\alpha}=\mathbf{0}$.

证明 若 $k=0$,则结论成立. 若 $k\neq 0$,则由 $k\boldsymbol{\alpha}=\mathbf{0}$,有 $\frac{1}{k}(k\boldsymbol{\alpha})=\mathbf{0}$,而 $\frac{1}{k}(k\boldsymbol{\alpha})=\left(\frac{1}{k}\cdot k\right)\boldsymbol{\alpha}=1\boldsymbol{\alpha}=\boldsymbol{\alpha}$,所以 $\boldsymbol{\alpha}=\mathbf{0}$.

6.1.3 线性子空间

定义 6.1.2 设 V 是一个线性空间,W 是 V 的一个非空子集,如果 W 对于 V 的加法和数量乘法构成线性空间,则称 W 为 V 的子空间.

【例 6.1.5】 线性空间 $R[x]_n$ 是 $R[x]$ 的子空间.

【例 6.1.6】 实数集 R 是复数集 C 的子空间.

【例 6.1.7】 闭区间$[a,b]$上一切可导函数的集合是 $C[a,b]$的子空间.

【例 6.1.8】 线性空间 V 的零向量所成的集合$\{\mathbf{0}\}$是 V 的子空间;线性空间 V 是自己的子空间;这两个子空间称为 V 的平凡子空间.

定理 6.1.1 设 W 是 V 的一个非空子集,则 W 是 V 的子空间的充分必要条件是:$\forall \boldsymbol{\alpha},\boldsymbol{\beta}\in W,\forall k,l\in R$,都有 $k\boldsymbol{\alpha}+l\boldsymbol{\beta}\in W$.

【例 6.1.9】 $W=\{\boldsymbol{A}\mid\boldsymbol{A}\in R^{n\times n},\boldsymbol{A}^{\mathrm{T}}=\boldsymbol{A}\}$是线性空间 $R^{n\times n}$的子空间.

【例 6.1.10】 $W=\{\boldsymbol{A}\mid\boldsymbol{A}\in R^{n\times n},|\boldsymbol{A}|\neq 0\}$不是线性空间 $R^{n\times n}$的子空间.

6.2 维数、基、坐标

6.2.1 基本概念

定义 6.2.1 在线性空间 V 中,若有 n 个线性无关的向量 $\boldsymbol{\alpha}_1,\boldsymbol{\alpha}_2,\cdots,\boldsymbol{\alpha}_n$,并且任意一个向量都可以用它们线性表示,则称 $\boldsymbol{\alpha}_1,\boldsymbol{\alpha}_2,\cdots,\boldsymbol{\alpha}_n$ 是线性空间 V 的一个基.

【例 6.2.1】 在线性空间 R^n 中,$\boldsymbol{e}_1=(1,0,\cdots,0)$,$\boldsymbol{e}_2=(0,1,0,\cdots,0)$,$\cdots$,$\boldsymbol{e}_n=(0,\cdots,0,1)$是一个基. 同样 $\boldsymbol{\alpha}_1=(1,0,\cdots,0)$,$\boldsymbol{\alpha}_2=(1,1,0,\cdots,0)$,$\cdots$,$\boldsymbol{\alpha}_n=(1,1,\cdots,1)$也是一个基.

此例表明,一个线性空间的基一般不是唯一的. 但是每个基所含向量的个数是相同的.

定义 6.2.2 线性空间 V 的基所含向量的个数称为 V 的维数,记为 $\dim V$.

由例 1 可知,$\dim R^n=n$.

【例 6.2.2】 设 $\boldsymbol{A}\in R^{m\times n}$,$W=\{\boldsymbol{\alpha}\mid\boldsymbol{\alpha}\in R^n,\boldsymbol{A}\boldsymbol{\alpha}=\boldsymbol{0}\}$是线性空间 R^n 的一个子空间,称之为方程组 $\boldsymbol{AX}=\boldsymbol{0}$ 的解空间. 方程组 $\boldsymbol{AX}=\boldsymbol{0}$ 的一个基础解系是 W 的一个基;从而 $\dim W=n-r(\boldsymbol{A})$.

【例 6.2.3】 求线性空间 $R[x]_n$ 的维数和一个基.

解 显然 $1,x,x^2,\cdots,x^{n-1}$ 是 $R[x]n$ 中一组线性无关的向量,且 $\forall f(x)\in R[x]_n$,$f(x)$可以由 $1,x,x^2,\cdots x^{n-1}$表示为

$$f(x)=a_0+a_1x+a_2x^2+\cdots+a_{n-1}x^{n-1},$$

所以 $1,x,x^2,\cdots x^{n-1}$是 $R[x]_n$ 的一个基,从而 $\dim R[x]_n=n$.

【例 6.2.4】 求线性空间 $R^{3\times2}$的维数和一个基.

解 显然,

$$\boldsymbol{E}_{11}=\begin{pmatrix}1&0\\0&0\\0&0\end{pmatrix},\quad \boldsymbol{E}_{12}=\begin{pmatrix}0&1\\0&0\\0&0\end{pmatrix},\quad \boldsymbol{E}_{21}=\begin{pmatrix}0&0\\1&0\\0&0\end{pmatrix}$$

$$\boldsymbol{E}_{22}=\begin{pmatrix}0&0\\0&1\\0&0\end{pmatrix},\quad \boldsymbol{E}_{31}=\begin{pmatrix}0&0\\0&0\\1&0\end{pmatrix},\quad \boldsymbol{E}_{32}=\begin{pmatrix}0&0\\0&0\\0&1\end{pmatrix}$$

是线性空间 $R^{3\times2}$ 中一组线性无关的向量,又 $\forall\boldsymbol{A}=\begin{pmatrix}a_{11}&a_{12}\\a_{21}&a_{22}\\a_{31}&a_{32}\end{pmatrix}\in R^{2\times3}$,有

$$\boldsymbol{A}=a_{11}\boldsymbol{E}_{11}+a_{12}\boldsymbol{E}_{12}+a_{21}\boldsymbol{E}_{21}+a_{22}\boldsymbol{E}_{22}+a_{31}\boldsymbol{E}_{31}+a_{32}\boldsymbol{E}_{32}$$

所以 $\boldsymbol{E}_{11},\boldsymbol{E}_{12},\boldsymbol{E}_{21},\boldsymbol{E}_{22},\boldsymbol{E}_{31},\boldsymbol{E}_{32}$ 是 $R^{3\times2}$的一个基,从而 $\dim R^{3\times2}=6$.

一般地,记(i,j)位置上的元素为 1,其余元素都为零的 $m\times n$ 矩阵为$\boldsymbol{E}_{ij}$,则 $\boldsymbol{E}_{ij}$ $(i=1,2,\cdots,m,j=1,2,\cdots,n)$是线性空间 $R^{m\times n}$的一个基,从而 $\dim R^{m\times n}=m\times n$.

【例 6.2.5】 设 V 是 $R^{n\times n}$中全体对称矩阵作成的线性空间,求 V 的维数和一个基.

解 $\forall\boldsymbol{A}=(a_{ij})\in V$,则 $a_{ij}=a_{ji}$,$1\leqslant i,j\leqslant n$,于是有

$$A = \sum_{i=1}^{n} a_{ii} E_{ii} + \sum_{j<k} a_{jk} (E_{jk} + E_{kj})$$

显然,V 中向量组 $E_{ii}(i=1,2,\cdots,n)$,$E_{jk}+E_{kj}(1\leqslant j<k\leqslant n)$ 是线性无关的,所以 $E_{ii}(i=1,2,\cdots,n)$,$E_{jk}+E_{kj}(1\leqslant j<k\leqslant n)$ 是 V 的一个基,从而 $\dim V=\frac{n(n+1)}{2}$.

定义 6.2.3　设 $\boldsymbol{\alpha}_1,\boldsymbol{\alpha}_2,\cdots,\boldsymbol{\alpha}_n$ 是 n 维线性空间 V 的一个基,$\boldsymbol{\alpha}\in V$,$\boldsymbol{\alpha}=k_1\boldsymbol{\alpha}_1+k_2\boldsymbol{\alpha}_2+\cdots+k_n\boldsymbol{\alpha}_n$,则称 $(k_1,k_2,\cdots,k_n)^{\mathrm{T}}$ 为 $\boldsymbol{\alpha}$ 在基 $\boldsymbol{\alpha}_1,\boldsymbol{\alpha}_2,\cdots,\boldsymbol{\alpha}_n$ 下的坐标.

【例 6.2.6】　在线性空间 R^3 中,分别求向量 $\boldsymbol{\alpha}=(3,1,-4)$ 在标准基

$$\boldsymbol{e}_1=(1,0,0),\quad \boldsymbol{e}_2=(0,1,0),\quad \boldsymbol{e}_3=(0,0,1)$$

和在基

$$\boldsymbol{\alpha}_1=(1,1,1),\quad \boldsymbol{\alpha}_2=(0,1,1),\quad \boldsymbol{\alpha}_3=(0,0,1)$$

下的坐标.

解　由于 $\boldsymbol{\alpha}=(3,1,-4)=3\boldsymbol{e}_1+\boldsymbol{e}_2-4\boldsymbol{e}_3$,所以 $\boldsymbol{\alpha}$ 在标准基下的坐标为 $\boldsymbol{\alpha}^{\mathrm{T}}$.

设 $\boldsymbol{\alpha}$ 在基 $\boldsymbol{\alpha}_1,\boldsymbol{\alpha}_2,\boldsymbol{\alpha}_3$ 下的坐标为 $(k_1,k_2,k_3)^{\mathrm{T}}$,即 $\boldsymbol{\alpha}=k_1\boldsymbol{\alpha}_1+k_2\boldsymbol{\alpha}_2+k_3\boldsymbol{\alpha}_3$,比较分量得

$$\begin{cases} k_1 = 3 \\ k_1+k_2 = 1 \\ k_1+k_2+k_3=-4 \end{cases}$$

解得 $k_1=3,k_2=-2,k_3=-5$,所以向量 $\boldsymbol{\alpha}$ 在基 $\boldsymbol{\alpha}_1,\boldsymbol{\alpha}_2,\boldsymbol{\alpha}_3$ 下的坐标为 $(3,-2,-5)^{\mathrm{T}}$.

由此例可知,在线性空间 R^n 中,向量 $\boldsymbol{\alpha}=(a_1,a_2,\cdots,a_n)$ 在标准基 $e_1,e_2,\cdots,e_n$ 下的坐标为 $\boldsymbol{\alpha}^{\mathrm{T}}$.

一般地,一个向量在不同基下的坐标是不同的.

6.2.2　基到基的过渡矩阵

定义 6.2.4　设 $\boldsymbol{\alpha}_1,\boldsymbol{\alpha}_2,\cdots,\boldsymbol{\alpha}_n$ 和 $\boldsymbol{\beta}_1,\boldsymbol{\beta}_2,\cdots,\boldsymbol{\beta}_n$ 是 n 维线性空间 V 的两个基,则向量 $\boldsymbol{\beta}_1,\boldsymbol{\beta}_2,\cdots,\boldsymbol{\beta}_n$ 可以由基 $\boldsymbol{\alpha}_1,\boldsymbol{\alpha}_2,\cdots,\boldsymbol{\alpha}_n$ 线性表示,

$$\begin{cases} \boldsymbol{\beta}_1 = a_{11}\boldsymbol{\alpha}_1+a_{21}\boldsymbol{\alpha}_2+\cdots+a_{n1}\boldsymbol{\alpha}_n \\ \boldsymbol{\beta}_2 = a_{12}\boldsymbol{\alpha}_1+a_{22}\boldsymbol{\alpha}_2+\cdots+a_{n2}\boldsymbol{\alpha}_n \\ \qquad\vdots \\ \boldsymbol{\beta}_n = a_{1n}\boldsymbol{\alpha}_1+a_{2n}\boldsymbol{\alpha}_2+\cdots+a_{nn}\boldsymbol{\alpha}_n \end{cases}$$

即

$$(\boldsymbol{\beta}_1,\boldsymbol{\beta}_2,\cdots,\boldsymbol{\beta}_n)=(\boldsymbol{\alpha}_1,\boldsymbol{\alpha}_2,\cdots,\boldsymbol{\alpha}_n)\begin{pmatrix} a_{11} & a_{12} & \cdots & a_{1n} \\ a_{21} & a_{22} & \cdots & a_{2n} \\ \vdots & \vdots & & \vdots \\ a_{n1} & a_{n2} & \cdots & a_{nn} \end{pmatrix}$$

则称矩阵 $\boldsymbol{A}=(a_{ij})_{n\times n}$ 为由基 $\boldsymbol{\alpha}_1,\boldsymbol{\alpha}_2,\cdots,\boldsymbol{\alpha}_n$ 到基 $\boldsymbol{\beta}_1,\boldsymbol{\beta}_2,\cdots,\boldsymbol{\beta}_n$ 的过渡矩阵.

由定义 6.2.4 容易看出:

(1) 由基 $\boldsymbol{\alpha}_1,\boldsymbol{\alpha}_2,\cdots,\boldsymbol{\alpha}_n$ 到基 $\boldsymbol{\beta}_1,\boldsymbol{\beta}_2,\cdots,\boldsymbol{\beta}_n$ 的过渡矩阵的第 j 列元素为向量 $\boldsymbol{\beta}_j$ 在基 $\boldsymbol{\alpha}_1$,

$\boldsymbol{\alpha}_2,\cdots,\boldsymbol{\alpha}_n$ 下的坐标，$j=1,2,\cdots,n$.

(2) 由基 $\boldsymbol{\alpha}_1,\boldsymbol{\alpha}_2,\cdots,\boldsymbol{\alpha}_n$ 到基 $\boldsymbol{\alpha}_1,\boldsymbol{\alpha}_2,\cdots,\boldsymbol{\alpha}_n$ 的过渡矩阵为单位矩阵 $\boldsymbol{E}_n$.

(3) 若由基 $\boldsymbol{\alpha}_1,\boldsymbol{\alpha}_2,\cdots,\boldsymbol{\alpha}_n$ 到基 $\boldsymbol{\beta}_1,\boldsymbol{\beta}_2,\cdots,\boldsymbol{\beta}_n$ 的过渡矩阵为 $\boldsymbol{A}$，由基 $\boldsymbol{\beta}_1,\boldsymbol{\beta}_2,\cdots,\boldsymbol{\beta}_n$ 到基 $\boldsymbol{\gamma}_1,\boldsymbol{\gamma}_2,\cdots,\boldsymbol{\gamma}_n$ 的过渡矩阵为 $\boldsymbol{B}$，则由基 $\boldsymbol{\alpha}_1,\boldsymbol{\alpha}_2,\cdots,\boldsymbol{\alpha}_n$ 到基 $\boldsymbol{\gamma}_1,\boldsymbol{\gamma}_2,\cdots,\boldsymbol{\gamma}_n$ 的过渡矩阵为 $\boldsymbol{AB}$.

(4) 若由基 $\boldsymbol{\alpha}_1,\boldsymbol{\alpha}_2,\cdots,\boldsymbol{\alpha}_n$ 到基 $\boldsymbol{\beta}_1,\boldsymbol{\beta}_2,\cdots,\boldsymbol{\beta}_n$ 的过渡矩阵为 $\boldsymbol{A}$，则由基 $\boldsymbol{\beta}_1,\boldsymbol{\beta}_2,\cdots,\boldsymbol{\beta}_n$ 到基 $\boldsymbol{\alpha}_1,\boldsymbol{\alpha}_2,\cdots,\boldsymbol{\alpha}_n$ 的过渡矩阵为 $\boldsymbol{A}^{-1}$.

(5) 过渡矩阵是一个可逆矩阵.

【例 6.2.7】 在线性空间 R^3 中，求由基 $\boldsymbol{\alpha}_1=(-3,1,-2)$，$\boldsymbol{\alpha}_2=(1,-1,1)$，$\boldsymbol{\alpha}_3=(2,3,-1)$ 到基 $\boldsymbol{\beta}_1=(1,1,1)$，$\boldsymbol{\beta}_2=(1,2,3)$，$\boldsymbol{\beta}_3=(2,0,1)$ 的过渡矩阵.

解 取标准基 $\boldsymbol{e}_1=(1,0,0)$，$\boldsymbol{e}_2=(0,1,0)$，$\boldsymbol{e}_3=(0,1,1)$，因为

$$(\boldsymbol{\alpha}_1,\boldsymbol{\alpha}_2,\boldsymbol{\alpha}_3)=(\boldsymbol{e}_1,\boldsymbol{e}_2,\boldsymbol{e}_3)\boldsymbol{A},\quad (\boldsymbol{\beta}_1,\boldsymbol{\beta}_2,\boldsymbol{\beta}_3)=(\boldsymbol{e}_1,\boldsymbol{e}_2,\boldsymbol{e}_3)\boldsymbol{B}$$

其中

$$\boldsymbol{A}=\begin{pmatrix}-3 & 1 & 2\\ 1 & -1 & 3\\ -2 & 1 & -1\end{pmatrix},\quad \boldsymbol{B}=\begin{pmatrix}1 & 1 & 2\\ 1 & 2 & 0\\ 1 & 3 & 1\end{pmatrix}$$

所以 $(\boldsymbol{\beta}_1,\boldsymbol{\beta}_2,\boldsymbol{\beta}_3)=(\boldsymbol{\alpha}_1,\boldsymbol{\alpha}_2,\boldsymbol{\alpha}_3)\boldsymbol{A}^{-1}\boldsymbol{B}$，即由基 $\boldsymbol{\alpha}_1,\boldsymbol{\alpha}_2,\boldsymbol{\alpha}_3$ 到基 $\boldsymbol{\beta}_1,\boldsymbol{\beta}_2,\boldsymbol{\beta}_3$ 的过渡矩阵为

$$\boldsymbol{A}^{-1}\boldsymbol{B}=\begin{pmatrix}2 & -3 & -5\\ 5 & -7 & -11\\ 1 & -1 & -2\end{pmatrix}\begin{pmatrix}1 & 1 & 2\\ 1 & 2 & 0\\ 1 & 3 & 1\end{pmatrix}=\begin{pmatrix}-6 & -19 & -1\\ -13 & -42 & -1\\ -2 & -7 & 0\end{pmatrix}$$

6.2.3 坐标变换公式

定理 6.2.1 在线性空间 V 中，由基 $\boldsymbol{\alpha}_1,\boldsymbol{\alpha}_2,\cdots,\boldsymbol{\alpha}_n$ 到基 $\boldsymbol{\beta}_1,\boldsymbol{\beta}_2,\cdots,\boldsymbol{\beta}_n$ 的过渡矩阵为 $\boldsymbol{A}$，向量 $\boldsymbol{\alpha}$ 在这两个基下的坐标分别为 $\boldsymbol{X}=(x_1,x_2,\cdots,x_n)^{\mathrm{T}}$，$\boldsymbol{Y}=(y_1,y_2,\cdots,y_n)^{\mathrm{T}}$，则有

$$\boldsymbol{Y}=\boldsymbol{A}^{-1}\boldsymbol{X}\tag{6.2.1}$$

式(6.2.1)称为基变换下的坐标变换公式.

【例 6.2.8】 在线性空间 R^3 中，求由基 $\boldsymbol{\alpha}_1=(1,1,1)$，$\boldsymbol{\alpha}_2=(0,1,1)$，$\boldsymbol{\alpha}_3=(0,0,1)$ 到标准基 $\boldsymbol{e}_1,\boldsymbol{e}_2,\boldsymbol{e}_3$ 的过渡矩阵，并求向量 $\boldsymbol{\alpha}=(3,1,-4)$ 在基 $\boldsymbol{\alpha}_1,\boldsymbol{\alpha}_2,\boldsymbol{\alpha}_3$ 下的坐标.

解 由于向量 $\boldsymbol{\alpha}$ 在基 $\boldsymbol{e}_1,\boldsymbol{e}_2,\boldsymbol{e}_3$ 下的坐标为 $\boldsymbol{\alpha}$，而由标准基 $\boldsymbol{e}_1,\boldsymbol{e}_2,\boldsymbol{e}_3$ 到基 $\boldsymbol{\alpha}_1,\boldsymbol{\alpha}_2,\boldsymbol{\alpha}_3$ 的过渡矩阵为

$$\boldsymbol{A}=\begin{pmatrix}1 & 0 & 0\\ 1 & 1 & 0\\ 1 & 1 & 1\end{pmatrix}$$

于是由定理 6.2.1，$\boldsymbol{\alpha}$ 在基 $\boldsymbol{\alpha}_1,\boldsymbol{\alpha}_2,\boldsymbol{\alpha}_3$ 下的坐标为

$$\boldsymbol{A}^{-1}\boldsymbol{\alpha}=\begin{pmatrix}1 & 0 & 0\\ -1 & 1 & 0\\ 0 & -1 & 1\end{pmatrix}\begin{pmatrix}3\\ 1\\ -4\end{pmatrix}=\begin{pmatrix}3\\ -2\\ -5\end{pmatrix}$$

6.3　线性变换的概念与运算

6.3.1　线性变换的概念

线性空间 V 到自身的映射称为 V 的变换.

定义 6.3.1　设 σ 是线性空间 V 的一个变换,若

(1) $\forall \boldsymbol{\alpha},\boldsymbol{\beta}\in V$,有 $\sigma(\boldsymbol{\alpha}+\boldsymbol{\beta})=\sigma(\boldsymbol{\alpha})+\sigma(\boldsymbol{\beta})$.

(2) $\forall \boldsymbol{\alpha}\in V,\forall k\in R$,有 $\sigma(k\boldsymbol{\alpha})=k\sigma(\boldsymbol{\alpha})$.

则称 σ 是线性空间 V 的一个线性变换.

容易证明,定义 6.3.1 中的条件(1),(2)等价于

(3) $\forall \boldsymbol{\alpha},\boldsymbol{\beta}\in V,\forall k,l\in R$,有 $\sigma(k\boldsymbol{\alpha}+l\boldsymbol{\beta})=k\sigma(\boldsymbol{\alpha})+l\sigma(\boldsymbol{\beta})$.

【例 6.3.1】　设 V 是一个线性空间,k 是一个固定的实数,定义 $\sigma(\boldsymbol{\alpha})=k\boldsymbol{\alpha}$,则 σ 是 V 的一个线性变换.称之为线性空间 V 的由 k 确定的数乘变换.

当 $k=1$ 时,σ 称为恒等变换,记作 $\boldsymbol{\varepsilon}$.

当 $k=0$ 时,σ 称为零变换,记作 θ.

【例 6.3.2】　对 $\forall \boldsymbol{\alpha}=(x_1,x_2)\in R^2$,规定:$\sigma(\boldsymbol{\alpha})=(x_1,-x_2)$,则 σ 是的 R^2 的一个线性变换.

【例 6.3.3】　设 $\boldsymbol{A}\in R^{n\times n}$,对 $\forall \boldsymbol{\alpha}=(x_1,x_2,\cdots,x_n)^{\mathrm{T}}\in P^n$,规定:$\sigma(\boldsymbol{\alpha})=\boldsymbol{A}\boldsymbol{\alpha}$,则 σ 是 R^n 的一个线性变换.

【例 6.3.4】　对 $\forall f(x)\in C[a,b]$,规定:

$$D(f(x))=f'(x),\quad J(f(x))=\int_a^x f(t)dt$$

则 D 和 J 都是 $C[a,b]$的线性变换,分别叫做微分变换和积分变换.

6.3.2　线性变换的性质

设 σ,τ 是线性空间 V 的线性变换,则

(1) $\sigma(\mathbf{0})=\mathbf{0}$.

(2) $\forall \boldsymbol{\alpha}_1,\boldsymbol{\alpha}_2,\cdots,\boldsymbol{\alpha}_s\in V$,若

$$\boldsymbol{\beta}=k_1\boldsymbol{\alpha}_1+k_2\boldsymbol{\alpha}_2+\cdots+k_s\boldsymbol{\alpha}_s$$

则

$$\sigma(\boldsymbol{\beta})=k_1\sigma(\boldsymbol{\alpha}_1)+k_2\sigma(\boldsymbol{\alpha}_2)+\cdots+k_s\sigma(\boldsymbol{\alpha}_s)$$

即线性变换保持线性组合与线性关系式不变.

特别地,$\sigma(-\boldsymbol{\alpha})=-\sigma(\boldsymbol{\alpha}),\forall \boldsymbol{\alpha}\in V$.

(3) 若 V 中向量组 $\boldsymbol{\alpha}_1,\boldsymbol{\alpha}_2,\cdots,\boldsymbol{\alpha}_s$ 线性相关,则向量组 $\sigma(\boldsymbol{\alpha}_1),\sigma(\boldsymbol{\alpha}_2),\cdots,\sigma(\boldsymbol{\alpha}_s)$也线性相关.即线性变换将线性相关的向量组变成线性相关的向量组.

注意,有的线性变换可以把线性无关的向量组变成线性相关的向量组.如零变换.

(4) $\{\boldsymbol{\alpha} \mid \boldsymbol{\alpha} \in V, \sigma(\boldsymbol{\alpha})=0\}$是线性空间 V 的一个子空间，**称之为线性变换 σ 的核，记为** $\operatorname{Ker}\sigma$.

(5) $\{\sigma(\boldsymbol{\alpha}) \mid \boldsymbol{\alpha} \in V\}$是线性空间 V 的一个子空间，**称之为线性变换 σ 的值域，记为** $\sigma(V)$.

(6) σ,τ 的乘积 $\sigma\tau$ 是 V 的线性变换；若 σ 可逆，则 σ 的逆变换 **σ^{-1} 也是线性变换**.

(7) 若 $\boldsymbol{\alpha}_1, \boldsymbol{\alpha}_2, \cdots, \boldsymbol{\alpha}_n$ 是 V 的一个基，则 $\sigma=\tau$ 的一个充分必要条件是

$$\sigma(\boldsymbol{\alpha}_i) = \tau(\boldsymbol{\alpha}_i), \quad i = 1,2,\cdots,n$$

6.3.3 线性变换的线性运算

线性空间 V 的线性变换集合记为 $L(V)$.

定义 6.3.2 设 $\sigma,\tau \in L(V)$，定义 σ 与 τ 的和 $\sigma+\tau$ 为

$$(\sigma+\tau)(\boldsymbol{\alpha}) = \sigma(\boldsymbol{\alpha}) + \tau(\boldsymbol{\alpha}), \quad \forall \boldsymbol{\alpha} \in V$$

则 $\sigma+\tau$ 是 V 的一个线性变换. 求线性变换的和的运算称为**线性变换的加法**.

线性变换的加法满足下列运算律：$\forall \sigma,\tau,\rho \in L(V)$，

(1) $(\sigma+\tau)+\rho=\sigma+(\tau+\rho)$.

(2) $\sigma+\tau=\tau+\sigma$.

(3) $\sigma+\theta=\sigma$，其中 θ 是 V 的零变换.

(4) $\forall \sigma \in L(V)$，定义 σ 的负变换 $-\sigma$ 为 $(-\sigma)(\boldsymbol{\alpha})=-\sigma(\boldsymbol{\alpha})$，**则 $-\sigma \in L(V)$，且 $\sigma+(-\sigma)=\theta$.**

(5) $(\sigma+\tau)\rho=\sigma\rho+\tau\rho$.

定义 6.3.3 设 $\sigma \in L(V)$，k 是实数，定义 k 与 σ 的数量乘积 $k\sigma$ 为

$$(k\sigma)(\boldsymbol{\alpha}) = k\sigma(\boldsymbol{\alpha}), \quad \forall \boldsymbol{\alpha} \in V$$

则 $k\sigma \in L(V)$. 求数与线性变换的数量乘积的运算称为**数乘运算**.

数乘运算满足下列运算律：$\forall \sigma,\tau \in L(V), \forall k,l \in R$，

(1) $(kl)\sigma=k(l\sigma)$.

(2) $(k+l)\sigma=k\sigma+l\sigma$.

(3) $k(\sigma+\tau)=k\sigma+k\tau$.

(4) $1\sigma=\sigma$.

综上所述可得下面结论.

定理 6.3.1 设 V 是线性空间，则 $L(V)$**对于线性变换的加法、数量乘法作成一个线性空间**.

6.4 线性变换的矩阵

6.4.1 线性变换矩阵的定义

定义 6.4.1 设 $\boldsymbol{\alpha}_1, \boldsymbol{\alpha}_2, \cdots, \boldsymbol{\alpha}_n$ 是线性空间 V 的一个基，$\sigma \in L(V)$，**则向量组 $\sigma(\boldsymbol{\alpha}_1)$，$\sigma(\boldsymbol{\alpha}_2)$**，$\cdots$，$\sigma(\boldsymbol{\alpha}_n)$可以由基 $\boldsymbol{\alpha}_1, \boldsymbol{\alpha}_2, \cdots, \boldsymbol{\alpha}_n$ 线性表示

$$\begin{cases}\sigma(\boldsymbol{\alpha}_1)=a_{11}\boldsymbol{\alpha}_1+a_{21}\boldsymbol{\alpha}_2+\cdots+a_{n1}\boldsymbol{\alpha}_n\\ \sigma(\boldsymbol{\alpha}_2)=a_{12}\boldsymbol{\alpha}_1+a_{22}\boldsymbol{\alpha}_2+\cdots+a_{n2}\boldsymbol{\alpha}_n\\ \quad\vdots\\ \sigma(\boldsymbol{\alpha}_n)=a_{1n}\boldsymbol{\alpha}_1+a_{2n}\boldsymbol{\alpha}_2+\cdots+a_{nn}\boldsymbol{\alpha}_n\end{cases}\tag{6.4.1}$$

记 $\sigma(\boldsymbol{\alpha}_1,\boldsymbol{\alpha}_2,\cdots,\boldsymbol{\alpha}_n)=(\sigma(\boldsymbol{\alpha}_1),\sigma(\boldsymbol{\alpha}_2),\cdots,\sigma(\boldsymbol{\alpha}_n))$，则式(6.4.1)可以写成

$$\sigma(\boldsymbol{\alpha}_1,\boldsymbol{\alpha}_2,\cdots,\boldsymbol{\alpha}_n)=(\boldsymbol{\alpha}_1,\boldsymbol{\alpha}_2,\cdots,\boldsymbol{\alpha}_n)\boldsymbol{A}$$

其中

$$\boldsymbol{A}=\begin{pmatrix}a_{11}&a_{12}&\cdots&a_{1n}\\a_{21}&a_{22}&\cdots&a_{2n}\\\vdots&\vdots&&\vdots\\a_{n1}&a_{n2}&\cdots&a_{nn}\end{pmatrix}\tag{6.4.2}$$

称 $\boldsymbol{A}$ 为线性变换 σ 在基 $\boldsymbol{\alpha}_1,\boldsymbol{\alpha}_2,\cdots,\boldsymbol{\alpha}_n$ 下的矩阵.

由定义 6.4.1 可知，线性变换 σ 在基 $\boldsymbol{\alpha}_1,\boldsymbol{\alpha}_2,\cdots,\boldsymbol{\alpha}_n$ 下矩阵的第 j 列是 $\sigma(\boldsymbol{\alpha}_j)$ 在基 $\boldsymbol{\alpha}_1,\boldsymbol{\alpha}_2,\cdots,\boldsymbol{\alpha}_n$ 下的坐标. 从而由坐标的唯一性可知，线性变换在给定基下的矩阵是唯一确定的.

【例 6.4.1】 在线性空间 $P[x]_4$ 中，微分变换 $D(f(x))=f'(x)$ 在基 $1,x,x^2,x^3$ 下的矩阵为

$$\begin{pmatrix}0&1&0&0\\0&0&2&0\\0&0&0&3\\0&0&0&0\end{pmatrix}$$

【例 6.4.2】 设 V 是一个 n 维线性空间，σ 是由实数 k 确定的数乘变换，则 σ 在任意一个基下的矩阵都是数量矩阵 $k\boldsymbol{E}$.

特别地，恒等变换在任意一个基下的矩阵都是单位矩阵；零变换在任意一个基下的矩阵都是零矩阵.

【例 6.4.3】 在线性空间 R^3 中，定义线性变换 σ 为

$$\sigma(a,b,c)=(2a+c,a-4b,3a)$$

求 σ 在基 $\boldsymbol{\alpha}_1=(1,1,1),\boldsymbol{\alpha}_2=(1,1,0),\boldsymbol{\alpha}_3=(1,0,0)$ 下的矩阵.

解 取标准基 $\boldsymbol{e}_1,\boldsymbol{e}_2,\boldsymbol{e}_3$，则

$$\sigma(\boldsymbol{\alpha}_1)=(3,-3,3)=3\boldsymbol{e}_1-3\boldsymbol{e}_2+3\boldsymbol{e}_3$$
$$\sigma(\boldsymbol{\alpha}_2)=(2,-3,3)=2\boldsymbol{e}_1-3\boldsymbol{e}_2+3\boldsymbol{e}_3$$
$$\sigma(\boldsymbol{\alpha}_3)=(0,1,3)=\boldsymbol{e}_2+3\boldsymbol{e}_3$$

即 $\sigma(\boldsymbol{\alpha}_1,\boldsymbol{\alpha}_2,\boldsymbol{\alpha}_3)=(\boldsymbol{e}_1,\boldsymbol{e}_2,\boldsymbol{e}_3)\boldsymbol{A}$，其中

$$\boldsymbol{A}=\begin{pmatrix}3&2&0\\-3&-3&1\\3&3&3\end{pmatrix}$$

而由基 $\boldsymbol{\alpha}_1,\boldsymbol{\alpha}_2,\boldsymbol{\alpha}_3$ 到标准基 $\boldsymbol{e}_1,\boldsymbol{e}_2,\boldsymbol{e}_3$ 的过渡矩阵为

$$B=\begin{pmatrix}1&1&1\\1&1&0\\1&0&0\end{pmatrix}$$

则由标准基 $\boldsymbol{e}_1,\boldsymbol{e}_2,\boldsymbol{e}_3$ 到基 $\boldsymbol{\alpha}_1,\boldsymbol{\alpha}_2,\boldsymbol{\alpha}_3$ 的过渡矩阵为

$$\boldsymbol{B}^{-1}=\begin{pmatrix}0&0&1\\0&1&-1\\1&-1&0\end{pmatrix}$$

即 $(\boldsymbol{e}_1,\boldsymbol{e}_2,\boldsymbol{e}_3)=(\boldsymbol{\alpha}_1,\boldsymbol{\alpha}_2,\boldsymbol{\alpha}_3)\boldsymbol{B}^{-1}$，于是

$$\sigma(\boldsymbol{\alpha}_1,\boldsymbol{\alpha}_2,\boldsymbol{\alpha}_3)=(\boldsymbol{e}_1,\boldsymbol{e}_2,\boldsymbol{e}_3)\boldsymbol{A}=(\boldsymbol{\alpha}_1,\boldsymbol{\alpha}_2,\boldsymbol{\alpha}_3)\boldsymbol{B}^{-1}\boldsymbol{A}$$

即 σ 在基 $\boldsymbol{\alpha}_1,\boldsymbol{\alpha}_2,\boldsymbol{\alpha}_3$ 下的矩阵为

$$\boldsymbol{B}^{-1}\boldsymbol{A}=\begin{pmatrix}3&3&3\\-6&-6&-2\\6&5&-1\end{pmatrix}$$

6.4.2 线性变换运算结果的矩阵

定理 6.4.1 设 $\boldsymbol{\alpha}_1,\boldsymbol{\alpha}_2,\cdots,\boldsymbol{\alpha}_n$ 是线性空间 V 的一个基，$\sigma,\tau\in L(V)$，若 σ,τ 在基 $\boldsymbol{\alpha}_1,\boldsymbol{\alpha}_2,\cdots,\boldsymbol{\alpha}_n$ 下的矩阵分别为 $\boldsymbol{A},\boldsymbol{B}$，则

(1) $\sigma+\tau$ 在基 $\boldsymbol{\alpha}_1,\boldsymbol{\alpha}_2,\cdots,\boldsymbol{\alpha}_n$ 下的矩阵为 $\boldsymbol{A}+\boldsymbol{B}$.

(2) $k\sigma$ 在基 $\boldsymbol{\alpha}_1,\boldsymbol{\alpha}_2,\cdots,\boldsymbol{\alpha}_n$ 下的矩阵为 $k\boldsymbol{A}$.

(3) $\sigma\tau$ 在基 $\boldsymbol{\alpha}_1,\boldsymbol{\alpha}_2,\cdots,\boldsymbol{\alpha}_n$ 下的矩阵为 $\boldsymbol{AB}$.

(4) 若 σ 可逆，则 σ^{-1} 在基 $\boldsymbol{\alpha}_1,\boldsymbol{\alpha}_2,\cdots,\boldsymbol{\alpha}_n$ 下的矩阵为 $\boldsymbol{A}^{-1}$.

6.4.3 线性变换在两个基下矩阵的关系

利用矩阵的相似可以给出线性变换在两组基下矩阵间的关系.

定理 6.4.2 线性变换在两个基下的矩阵是相似的.

证明 设线性变换 σ 在基 $\boldsymbol{\alpha}_1,\boldsymbol{\alpha}_2,\cdots,\boldsymbol{\alpha}_n$ 和 $\boldsymbol{\beta}_1,\boldsymbol{\beta}_2,\cdots,\boldsymbol{\beta}_n$ 下的矩阵分别为 $\boldsymbol{A}$ 和 $\boldsymbol{B}$，且由基 $\boldsymbol{\alpha}_1,\boldsymbol{\alpha}_2,\cdots,\boldsymbol{\alpha}_n$ 到基 $\boldsymbol{\beta}_1,\boldsymbol{\beta}_2,\cdots,\boldsymbol{\beta}_n$ 的过渡矩阵为 $\boldsymbol{P}$，则

$$\sigma(\boldsymbol{\alpha}_1,\boldsymbol{\alpha}_2,\cdots,\boldsymbol{\alpha}_n)=(\boldsymbol{\alpha}_1,\boldsymbol{\alpha}_2,\cdots,\boldsymbol{\alpha}_n)\boldsymbol{A}$$
$$\sigma(\boldsymbol{\beta}_1,\boldsymbol{\beta}_2,\cdots,\boldsymbol{\beta}_n)=(\boldsymbol{\beta}_1,\boldsymbol{\beta}_2,\cdots,\boldsymbol{\beta}_n)\boldsymbol{B}$$
$$(\boldsymbol{\beta}_1,\boldsymbol{\beta}_2,\cdots,\boldsymbol{\beta}_n)=(\boldsymbol{\alpha}_1,\boldsymbol{\alpha}_2,\cdots,\boldsymbol{\alpha}_n)\boldsymbol{P}$$

于是

$$(\boldsymbol{\alpha}_1,\boldsymbol{\alpha}_2,\cdots,\boldsymbol{\alpha}_n)=(\boldsymbol{\beta}_1,\boldsymbol{\beta}_2,\cdots,\boldsymbol{\beta}_n)\boldsymbol{P}^{-1}$$

从而有

$$\sigma(\boldsymbol{\beta}_1,\boldsymbol{\beta}_2,\cdots,\boldsymbol{\beta}_n)=\sigma(\boldsymbol{\alpha}_1,\boldsymbol{\alpha}_2,\cdots,\boldsymbol{\alpha}_n)\boldsymbol{P}(\boldsymbol{\alpha}_1,\boldsymbol{\alpha}_2,\cdots,\boldsymbol{\alpha}_n)\boldsymbol{AP}=(\boldsymbol{\beta}_1,\boldsymbol{\beta}_2,\cdots,\boldsymbol{\beta}_n)\boldsymbol{P}^{-1}\boldsymbol{AP}$$

所以 $\boldsymbol{B}=\boldsymbol{P}^{-1}\boldsymbol{AP}$.

【例 6.4.4】 设三维线性空间的线性变换 σ 在基 $\boldsymbol{\alpha}_1,\boldsymbol{\alpha}_2,\boldsymbol{\alpha}_3$ 下的矩阵为

$$\boldsymbol{A}=\begin{pmatrix}15 & -11 & 5\\ 20 & -15 & 8\\ 8 & -7 & 6\end{pmatrix}$$

(1) 求 σ 在基 $\boldsymbol{\beta}_1=2\boldsymbol{\alpha}_1+3\boldsymbol{\alpha}_2+\boldsymbol{\alpha}_3$，$\boldsymbol{\beta}_2=3\boldsymbol{\alpha}_1+4\boldsymbol{\alpha}_2+\boldsymbol{\alpha}_3$，$\boldsymbol{\beta}_3=\boldsymbol{\alpha}_1+2\boldsymbol{\alpha}_2+2\boldsymbol{\alpha}_3$ 下的矩阵.

(2) 设 $\boldsymbol{\xi}=2\boldsymbol{\alpha}_1+\boldsymbol{\alpha}_2-\boldsymbol{\alpha}_3$，求 $\sigma(\xi)$在基 $\boldsymbol{\beta}_1,\boldsymbol{\beta}_2,\boldsymbol{\beta}_3$ 下的坐标.

解　(1) 由于

$$(\boldsymbol{\beta}_1,\boldsymbol{\beta}_2,\boldsymbol{\beta}_3)=(\boldsymbol{\alpha}_1,\boldsymbol{\alpha}_2,\boldsymbol{\alpha}_3)\begin{pmatrix}2 & 3 & 1\\ 3 & 4 & 2\\ 1 & 1 & 2\end{pmatrix}$$

$$\sigma(\boldsymbol{\alpha}_1,\boldsymbol{\alpha}_2,\boldsymbol{\alpha}_3)=(\boldsymbol{\alpha}_1,\boldsymbol{\alpha}_2,\boldsymbol{\alpha}_3)\begin{pmatrix}15 & -11 & 5\\ 20 & -15 & 8\\ 8 & -7 & 6\end{pmatrix}$$

所以由定理 6.4.2 知 σ 在基 $\boldsymbol{\beta}_1,\boldsymbol{\beta}_2,\boldsymbol{\beta}_3$ 下的矩阵为

$$\begin{pmatrix}2 & 3 & 1\\ 3 & 4 & 2\\ 1 & 1 & 2\end{pmatrix}^{-1}\boldsymbol{A}\begin{pmatrix}2 & 3 & 1\\ 3 & 4 & 2\\ 1 & 1 & 2\end{pmatrix}=\begin{pmatrix}1 & 0 & 0\\ 0 & 2 & 0\\ 0 & 0 & 3\end{pmatrix}$$

(2)

$$\sigma(\boldsymbol{\xi})=\sigma(\boldsymbol{\alpha}_1,\boldsymbol{\alpha}_2,\boldsymbol{\alpha}_3)\begin{pmatrix}2\\ 1\\ -1\end{pmatrix}=(\boldsymbol{\alpha}_1,\boldsymbol{\alpha}_2,\boldsymbol{\alpha}_3)\boldsymbol{A}\begin{pmatrix}2\\ 1\\ -1\end{pmatrix}$$

$$=(\boldsymbol{\beta}_1,\boldsymbol{\beta}_2,\boldsymbol{\beta}_3)\begin{pmatrix}2 & 3 & 1\\ 3 & 4 & 2\\ 1 & 1 & 2\end{pmatrix}^{-1}\boldsymbol{A}\begin{pmatrix}2\\ 1\\ -1\end{pmatrix}=(\boldsymbol{\beta}_1,\boldsymbol{\beta}_2,\boldsymbol{\beta}_3)\begin{pmatrix}-5\\ -8\\ 0\end{pmatrix}$$

所以 $\sigma(\boldsymbol{\xi})$在基 $\boldsymbol{\beta}_1,\boldsymbol{\beta}_2,\boldsymbol{\beta}_3$ 下的坐标为$(-5,8,0)^{\mathrm{T}}$.

【例 6.4.5】　在线性空间 R^3 中定义线性变换 σ 如下：

$$\sigma(\boldsymbol{\eta}_1)=(-5,0,3),\quad \sigma(\boldsymbol{\eta}_2)=(0,-1,6),\quad \sigma(\boldsymbol{\eta}_3)=(-5,-1,9)$$

其中，$\boldsymbol{\eta}_1=(-1,0,2)$，$\boldsymbol{\eta}_2=(0,1,1)$，$\boldsymbol{\eta}_3=(3,-1,0)$，求 σ 在标准基 $\boldsymbol{e}_1,\boldsymbol{e}_2,\boldsymbol{e}_3$ 下的矩阵.

解　由于$(\boldsymbol{\eta}_1,\boldsymbol{\eta}_2,\boldsymbol{\eta}_3)=(\boldsymbol{e}_1,\boldsymbol{e}_2,\boldsymbol{e}_3)\boldsymbol{X}$，$\sigma(\boldsymbol{\eta}_1,\boldsymbol{\eta}_2,\boldsymbol{\eta}_3)=(\boldsymbol{e}_1,\boldsymbol{e}_2,\boldsymbol{e}_3)\boldsymbol{A}$，其中

$$\boldsymbol{A}=\begin{pmatrix}-5 & 0 & -5\\ 0 & -1 & -1\\ 3 & 6 & 9\end{pmatrix},\quad \boldsymbol{X}=\begin{pmatrix}-1 & 0 & 3\\ 0 & 1 & -1\\ 2 & 1 & 0\end{pmatrix}$$

于是$(\boldsymbol{e}_1,\boldsymbol{e}_2,\boldsymbol{e}_3)=(\boldsymbol{\eta}_1,\boldsymbol{\eta}_2,\boldsymbol{\eta}_3)\boldsymbol{X}^{-1}$，从而

$$\sigma(\boldsymbol{e}_1,\boldsymbol{e}_2,\boldsymbol{e}_3)=\sigma(\boldsymbol{\eta}_1,\boldsymbol{\eta}_2,\boldsymbol{\eta}_3)\boldsymbol{X}^{-1}=(\boldsymbol{e}_1,\boldsymbol{e}_2,\boldsymbol{e}_3)\boldsymbol{A}\boldsymbol{X}^{-1}$$

即 σ 在基 $\boldsymbol{e}_1,\boldsymbol{e}_2,\boldsymbol{e}_3$ 下的矩阵为

$$\boldsymbol{A}\boldsymbol{X}^{-1}=\frac{1}{7}\begin{pmatrix}-5 & 20 & -20\\ -4 & -5 & -2\\ 27 & 18 & 24\end{pmatrix}$$

习 题 六

1. 对于矩阵的加法和数量乘法，下列集合是否作成线性空间？

(1) n 阶上三角实矩阵的集合.

(2) n 阶实反对称矩阵的集合.

(3) n 阶实可逆矩阵的集合.

(4) 行列式为 1 的 n 阶实矩阵的集合.

2. 对于指定的运算，下列集合是否作成线性空间？

(1) 次数等于 $n(n\geqslant1)$ 的实系数多项式的集合，对于多项式的加法与实数与多项式的乘法.

(2) n 维向量的集合 R^n，对于通常的向量加法和如下定义的数量乘法

$$k(a_1,a_2,\cdots,a_n)=(a_1,a_2,\cdots,a_n)$$

(3) 平面上全体向量的集合 V，对于通常的加法及如下定义的数量乘法：$k\boldsymbol{\alpha}=\mathbf{0}$.

(4) 区间 $[0,1]$ 上可导函数的集合 $D[0,1]$，对于函数的加法及数量乘法.

(5) 正实数集合 R^+，加法 $\oplus$ 和数量乘法 $\circ$ 定义为

$$a\oplus b=b;k\circ a=a^k$$

3. 若线性空间 V 中含有非零向量，证明 V 中一定有无限多个向量.

4. 在线性空间 R^4 中，下列子集中哪些是子空间？

(1) $V_1=\{(a_1,0,0,a_4)\mid a_1,a_4\in R\}$.

(2) $V_2=\left\{(a_1,a_2,a_3,a_4)\mid \sum\limits_{i=1}^{4}a_i=0\right\}$.

(3) $V_3=\left\{(a_1,a_2,a_3,a_4)\mid \sum\limits_{i=1}^{4}a_i=1\right\}$.

(4) $V_4=\{(a_1,a_2,a_3,a_4)\mid a_1\geqslant0\}$.

5. 证明：线性空间 V 的两个子空间的交集还是子空间.

6. 设 V 是 n 阶实对角矩阵的集合，证明：对于矩阵的加法及数量乘法，V 是一个线性空间，并求 V 的维数与一个基.

7. 设 V 是四阶实反对称矩阵作成的线性空间，求 V 的维数与一个基.

8. 设 W_1,W_2 是线性空间 V 的两个子空间，如果 $W_1\subseteq W_2$，且 $\dim W_1=\dim W_2$，证明 $W_1=W_2$.

9. 在线性空间 R^3 中，求由基

$$\boldsymbol{\alpha}_1=(1,2,-1),\quad \boldsymbol{\alpha}_2=(0,-1,3),\quad \boldsymbol{\alpha}_3=(1,-1,0)$$

到基

$$\boldsymbol{\beta}_1=(2,1,5),\quad \boldsymbol{\beta}_2=(-2,3,1),\quad \boldsymbol{\beta}_3=(1,3,2)$$

的过渡矩阵.

10. 在线性空间 $R[x]_3$ 中，求向量 $f(x)=3-2x-x^2$ 分别在基 $1,x,x^2$，$1,1-x$ 和 $(1-x)^2$ 下的坐标.

11. 在线性空间 R^n 中，求向量 $\boldsymbol{\alpha}=(a_1,a_2,\cdots,a_n)$ 在基

$$\boldsymbol{\beta}_1=(1,1,\cdots 1,1),\quad \boldsymbol{\beta}_2=(1,1,\cdots 1,0),\quad \cdots,\quad \boldsymbol{\beta}_n=(1,0,\cdots 0,0)$$

下的坐标.

12. 在线性空间 $R^{2\times 2}$ 中，求矩阵 $\boldsymbol{A}=\begin{pmatrix}0&0\\0&1\end{pmatrix}$ 在基

$$\boldsymbol{A}_1=\begin{pmatrix}1&1\\0&1\end{pmatrix},\quad \boldsymbol{A}_2=\begin{pmatrix}2&1\\3&1\end{pmatrix},\quad \boldsymbol{A}_3=\begin{pmatrix}1&1\\0&0\end{pmatrix},\quad \boldsymbol{A}_4=\begin{pmatrix}0&1\\-1&-1\end{pmatrix}$$

下的坐标.

13. 在线性空间 R^4 中，求

(1) 由基 $\boldsymbol{\alpha}_1=(1,1,1,1),\boldsymbol{\alpha}_2=(1,1,-1,-1),\boldsymbol{\alpha}_3=(1,-1,1,-1),\boldsymbol{\alpha}_4=(1,-1,-1,1)$ 到基 $\boldsymbol{\beta}_1=(1,1,0,1),\boldsymbol{\beta}_2=(2,1,3,1),\boldsymbol{\beta}_3=(1,1,0,0),\boldsymbol{\beta}_4=(0,1,-1,-1)$ 的过渡矩阵.

(2) 向量 $\boldsymbol{\alpha}=(1,0,0,-1)$ 在基 $\boldsymbol{\alpha}_1,\boldsymbol{\alpha}_2,\boldsymbol{\alpha}_3,\boldsymbol{\alpha}_4$ 下的坐标.

(3) 向量 $\boldsymbol{\alpha}=(1,0,0,-1)$ 在基 $\boldsymbol{\beta}_1,\boldsymbol{\beta}_2,\boldsymbol{\beta}_3,\boldsymbol{\beta}_4$ 下的坐标.

14. 设 $\boldsymbol{A}\in\boldsymbol{R}^{n\times n}$，试完成下列要求.

(1) 证明：全体与 $\boldsymbol{A}$ 可交换的矩阵作成 $R^{n\times n}$ 的一个子空间 $C(\boldsymbol{A})$.

(2) 当 $\boldsymbol{A}=\boldsymbol{E}$ 时，求 $C(\boldsymbol{A})$.

(3) 当

$$\boldsymbol{A}=\begin{pmatrix}1&0&\cdots&0\\0&2&\cdots&0\\\vdots&\vdots&\vdots&\vdots\\0&0&\cdots&n\end{pmatrix}$$

时，求 $C(\boldsymbol{A})$ 的维数及一组基.

15. 下列变换中，哪些是线性变换，哪些不是？

(1) 在线性空间 R^2 中，线性变换为

$$\sigma(x,y)=(x,1+y)$$
$$\tau(x,y)=(0,y)$$

(2) 在线性空间 R^3 中，线性变换为

$$\sigma_1(x_1,x_2,x_3)=(x_1^2,x_2+x_3,x_3^2)$$
$$\sigma_2(x_1,x_2,x_3)=(x_1,x_2,1)$$
$$\sigma_3(x_1,x_2,x_3)=(x_1+x_2,x_2+x_3,x_3+x_1)$$
$$\sigma_4(x_1,x_2,x_3)=(0,x_2,|x_3|)$$

(3) 在 $R^{n\times n}$ 中，$\sigma(\boldsymbol{X})=\boldsymbol{AXB}$，其中 $\boldsymbol{A},\boldsymbol{B}$ 是 $R^{n\times n}$ 中固定的矩阵.

(4) 在线性空间 V 中，线性变换为

$$\sigma(\boldsymbol{\eta})=\boldsymbol{\eta}+\boldsymbol{\alpha}$$
$$\tau(\boldsymbol{\eta})=\boldsymbol{\alpha}$$

其中 $\boldsymbol{\alpha}$ 是 V 中固定的向量.

16. 已知

$$\sigma(x,y)=(y,x),\quad \tau(x,y)=(0,x)$$

是线性空间 R^2 的线性变换,求 $2\sigma-5\tau,\sigma^2,\sigma\tau^3\sigma$.

17. 在线性空间 $R[x]$中,$\sigma(f(x))=f'(x),\tau(f(x))=xf(x)$,证明 $\sigma\tau-\tau\sigma$ 是单位变换.

18. 在线性空间 R^3 中,求线性变换

$$\sigma(x,y,z)=(2x-y,y+z,x))$$

在基 $\boldsymbol{e}_1=(1,0,0),\boldsymbol{e}_2=(0,1,0),\boldsymbol{e}_3=(0,0,1)$下的矩阵.

19. 证明:$1,x+1,x^2+x+1$ 是线性空间 $R[x]_3$ 的一个基.并求线性变换

$$\sigma(f(x))=f'(x)$$

在这个基下的矩阵.

20. 在线性空间 $R^{2\times 2}$ 中,分别求线性变换

$$\sigma_1(\boldsymbol{X})=\begin{pmatrix}a & b\\ c & d\end{pmatrix}\boldsymbol{X}$$

$$\sigma_2(\boldsymbol{X})=\boldsymbol{X}\begin{pmatrix}a & b\\ c & d\end{pmatrix}$$

$$\sigma_3(\boldsymbol{X})=\begin{pmatrix}a & b\\ c & d\end{pmatrix}\boldsymbol{X}\begin{pmatrix}a & b\\ c & d\end{pmatrix}$$

在基 $\boldsymbol{E}_{11},\boldsymbol{E}_{12},\boldsymbol{E}_{21},\boldsymbol{E}_{22}$下的矩阵.

21. 设线性空间 V 上的线性变换 σ 在基 $\boldsymbol{\alpha}_1,\boldsymbol{\alpha}_2,\boldsymbol{\alpha}_3$ 下的矩阵为

$$\boldsymbol{A}=\begin{pmatrix}1 & 2 & 3\\ 4 & 5 & 6\\ 7 & 8 & 9\end{pmatrix}$$

分别求 σ 在下列基下的矩阵:

(1) $\boldsymbol{\alpha}_3,\boldsymbol{\alpha}_2,\boldsymbol{\alpha}_1$.

(2) $\boldsymbol{\alpha}_1,k\boldsymbol{\alpha}_2,\boldsymbol{\alpha}_3$,其中 $k\neq 0$.

(3) $\boldsymbol{\alpha}_1+\boldsymbol{\alpha}_2,\boldsymbol{\alpha}_2,\boldsymbol{\alpha}_3$.

22. 设 $\boldsymbol{\alpha}_1,\boldsymbol{\alpha}_2$ 和 $\boldsymbol{\beta}_1,\boldsymbol{\beta}_2$ 是线性空间 V 的两个基,由基 $\boldsymbol{\alpha}_1,\boldsymbol{\alpha}_2$ 到基 $\boldsymbol{\beta}_1,\boldsymbol{\beta}_2$ 的过渡矩阵为

$$\boldsymbol{X}=\begin{pmatrix}1 & -1\\ -1 & 2\end{pmatrix}$$

线性变换 σ 在基 $\boldsymbol{\alpha}_1,\boldsymbol{\alpha}_2$ 下的矩阵为

$$\boldsymbol{A}=\begin{pmatrix}2 & 1\\ -1 & 0\end{pmatrix}$$

(1) 求线性变换 σ 在基 $\boldsymbol{\beta}_1,\boldsymbol{\beta}_2$ 下的矩阵.

(2) 求 $\boldsymbol{A}^k$,其中 k 为正整数.

第 7 章　线性经济模型

大多数经济分析是以线性经济模型实现的，涉及联立的线性方程组. 与真实经济现象相比，模型可能仅是合理可行的近似. 经济学家使用这些模型的原因在于其数学便利性，能够获得支撑这些方程组的矩阵代数的大量知识，其误差也是能够估计的. 线性方程组的数学理论为人们熟知，求解也相对容易.

7.1　基本概念

线性经济模型中的方程可分为两类：第一类为定义方程，其表达的变量之间的关系根据定义而成立. 例如在封闭经济的简单凯恩斯模型中，我们有如下确定性方程：

$$Y = C + I + G.$$

这个方程给出了一种定义国民生产总值 Y 的方法，其为消费 C、投资 I 和政府支出 G 的总和. 第二类方程被称为行为方程，这种方程旨在告诉我们关于某些“经济实体”行为的某种信息. 例如在简单凯恩斯模型中，我们可以有如下行为方程：

$$C = a + bY, \quad a, b \text{ 为常数.}$$

这一方程告诉我们的是消费者作为一个整体如何确定其消费支出. 另一个例子，假定单个市场的微观经济模型中需求方程为

$$Q = a + bP + cY, \quad a, b, c \text{ 为常数.}$$

该方程也是告诉我们市场中的消费者是如何确定其购买数量的.

在线性经济模型中的方程里，涉及两类变量：内生变量和外生变量. 内生变量是模型的焦点. 当线性方程组求解时，内生变量为所要求的未知变量，外生变量则是那些就我们经济分析目的而言视为给定的变量.

外生变量通常为三种之中的一种. 第一，它们可以是非经济变量. 例如，设农业产品模型中供给函数为

$$Q = e + fP + gR, \quad e, f, g \text{ 为常数.}$$

这里，R 为降雨量，可以看成外生变量. 第二，它们可以是由非经济力量确定的经济变量. 例如，在凯恩斯模型中，政府支出 G 可以被看成外生变量. 这一经济变量的值往往由政治力量决定. 凯恩斯本人认为投资 I 是由商业人士的预期决定，这些预期主要是心理上的，因此 I 也是外生变量. 最后一种，外生变量可以是并不由本模型所决定，而是由模型外其他经济力量所决定的经济变量. 如单个市场的微观经济模型，主要关注的是微观经济变量，而需求方程中的国民收入 Y 是由构成经济状况的数以千计的市场相互作用决定，是观测对象外的宏观经济变量，因此可以看成外生变量.

模型本身可以有两种形式：结构形式和简化形式. 结构形式是模型的原始形式，简化形式是模型的解，是用给定的外生变量求解内生变量所得结果. 如果在模型的结构形式中

方程的个数等于未知变量即内生变量的个数,并且方程存在唯一解,则称此模型为完备的.

在简化形式中给出的解或者我们得到的内生变量的值被称为内生变量的均衡值. 这些值是由方程和外生变量的给定值所决定的.

模型的比较静态分析关心的是当外生变量变化时,内生变量的均衡值如何发生相应变动.

综上所述,利用矩阵表示,我们有以下形式.

结构形式:

$$\boldsymbol{Ax} = \boldsymbol{b} \tag{7.1.1}$$

简化形式:

$$\boldsymbol{x} = \boldsymbol{A}^{-1}\boldsymbol{b} \tag{7.1.2}$$

比较静态分析:

$$\Delta\boldsymbol{x} = \boldsymbol{A}^{-1}\Delta\boldsymbol{b} \tag{7.1.3}$$

【例 7.1.1】 简单供求模型

微观经济学认为,商品的价格是由其供需关系决定的. 如果市场上某种商品的价格使得该种商品的总需求量等于总供给量,则称这一商品市场达到均衡,这时的价格称为均衡价格. 在此价格下,商品的供给量(需求量)称为均衡数量.

假设商品的需求与供给量均为线性的.

结构形式:

$$\text{需求函数}: Q_d = a - bP, \quad (a,b > 0). \tag{7.1.4}$$

$$\text{供给函数}: Q_s = c + d(P + S), \quad (c,d > 0). \tag{7.1.5}$$

在此模型中,当需求和供给均衡时,有两个行为方程,两个内生变量,数量 $Q=Q_d=Q_s$ 和价格 P,和一个外生变量,补贴 S. 将内生变量单独放在等式的左边,可以得到线性方程组:

$$\begin{cases} Q + bP = a \\ Q - dP = c + dS \end{cases}$$

或者用矩阵表示

$$\begin{pmatrix} 1 & b \\ 1 & -d \end{pmatrix}\begin{pmatrix} Q \\ P \end{pmatrix} = \begin{pmatrix} a \\ c + dS \end{pmatrix}$$

因为方程的个数等于内生变量的个数,且系数矩阵的行列式

$$\begin{vmatrix} 1 & b \\ 1 & -d \end{vmatrix} = -d - b < 0$$

故此模型是完备的.

简化形式:

方程系数矩阵的逆矩阵

$$\boldsymbol{A}^{-1} = \begin{pmatrix} 1 & b \\ 1 & -d \end{pmatrix}^{-1} = \begin{pmatrix} -d & -b \\ -1 & 1 \end{pmatrix} \Big/ (-d-b)$$

故方程的解可由 $\boldsymbol{A}^{-1}\boldsymbol{b}$ 求出. 这个解也可以由克莱姆法则求得.

$$Q=\frac{\begin{vmatrix} a & b \\ c+dS & -d \end{vmatrix}}{\begin{vmatrix} 1 & b \\ 1 & -d \end{vmatrix}}=\frac{ad+b(c+dS)}{b+d} \tag{7.1.6}$$

$$P=\frac{\begin{vmatrix} 1 & a \\ 1 & c+dS \end{vmatrix}}{\begin{vmatrix} 1 & b \\ 1 & -d \end{vmatrix}}=\frac{a-c-dS}{b+d} \tag{7.1.7}$$

它们就是供求模型中的均衡值.

比较静态分析：

假设现在政府决定增加补贴 ΔS,此政策对均衡价格和数量的影响如何？在此，

$$\Delta \boldsymbol{b}=\begin{pmatrix} 0 \\ \Delta S \end{pmatrix}$$

则

$$\Delta \boldsymbol{x}=\begin{pmatrix} \Delta Q \\ \Delta P \end{pmatrix}=\frac{1}{-d-b}\begin{pmatrix} -d & -b \\ -1 & 1 \end{pmatrix}\begin{pmatrix} 0 \\ d\Delta S \end{pmatrix}=\frac{1}{b+d}\begin{pmatrix} bd\Delta S \\ -d\Delta S \end{pmatrix} \tag{7.1.8}$$

现在由 $b,d,\Delta S>0$,我们可以知道补贴增加将使得需求增加,价格减少.

7.2　简单国民收入模型

7.2.1　简单凯恩斯国民收入模型

简单凯恩斯收入模型由两个方程组成：

$$Y=C+I+G$$
$$C=a+bY$$

其中包含两个内生变量:国民收入 Y 和(计划)消费支出 C. 两个外生变量:决定投资 I 和政府支出 G.

整理为标准形：

$$Y-C=I+G$$
$$-bY+C=a$$

由克莱姆法则解得：

$$Y=\frac{\begin{vmatrix} I+G & -1 \\ a & 1 \end{vmatrix}}{\begin{vmatrix} 1 & -1 \\ -b & 1 \end{vmatrix}}=\frac{I+G+a}{1-b}$$

$$C=\frac{\begin{vmatrix} 1 & I+G \\ -b & a \end{vmatrix}}{\begin{vmatrix} 1 & -1 \\ -b & 1 \end{vmatrix}}=\frac{a+b(I+G)}{1-b}$$

7.2.2 希克斯-汉森模型：封闭经济

希克斯-汉森模型（"IS-LM"模型），是由英国现代著名的经济学家约翰·希克斯和美国凯恩斯学派的创始人汉森，在凯恩斯宏观经济理论基础上概括出的一个经济分析模型，是反映产品市场和货币市场同时均衡条件下，国民收入和利率关系的模型．"IS-LM"中 I 是指投资，S 是指储蓄，L 是货币需求，M 是货币供给．作为经济的一个线性模型，我们可以把经济看成由两个部门组成：实际商品部门和货币部门．

商品市场中有如下等式：

$$\begin{aligned} Y &= C+I+G \\ C &= a+b(1-t)Y \\ I &= d-ei \\ G &= G_0 \end{aligned}$$

这里内生变量为 Y,C,I,i（i 通常为利率），外生变量是 G_0,a,b,e,d,t 为结构参数，均为常数．

在货币市场中有如下等式：

均衡条件：$M_d=M_s$．

货币需求：$M_d=kY-li$．

货币供给：$M_s=M_0$．

这里 M_0 指货币存量，为外生变量，k,l 为参数．这三个等式可以合并写成：

$$M_0 = kY - li$$

这两个部门合并就构成下列的方程组：

$$\begin{cases} Y-C-I=G_0 \\ b(1-t)Y-C=-a \\ I+ei=d \\ kY-li=M_0 \end{cases}$$

利用克莱姆法则求出均衡收入 Y^*：

$$Y^* = \frac{\begin{vmatrix} G_0 & -1 & -1 & 0 \\ -a & -1 & 0 & 0 \\ d & 0 & 1 & e \\ M_0 & 0 & 0 & -l \end{vmatrix}}{\begin{vmatrix} 1 & -1 & -1 & 0 \\ b(1-t) & -1 & 0 & 0 \\ 0 & 0 & 1 & e \\ k & 0 & 0 & -l \end{vmatrix}} = \frac{eM_0+l(a+d+G_0)}{ek+l[1-b(1-t)]}$$

因为对于外生变量而言，解 Y^* 是线性的，所以我们可以把 Y^* 写成：

$$Y^* = \frac{e}{ek+l[1-b(1-t)]}M_0 + \frac{l}{ek+l[1-b(1-t)]}(a+d+G_0)$$

在这一表达式中，我们可以看到对于货币供给和政府支出的凯恩斯政策乘数，他们分别是货币存量 M_0 和政府支出 G_0 的系数，即：

货币供给乘数：

$$\frac{e}{ek+l[1-b(1-t)]}$$

政府支出乘数：

$$\frac{l}{ek+l[1-b(1-t)]}$$

7.3　关联商品市场模型

在 7.1 节中，我们讨论了简单的供求模型，其中商品的供给和需求都仅仅是该商品价格的函数. 在实际的商品市场中，许多商品的供求是相互关联的. 例如某种商品价格上涨过高时，人们就会需求这种商品的替代物. 因此对一种商品的需求和供给函数更为实际的描述不仅要考虑到商品自身价格的影响，也需要考虑到相关产品价格的影响. 一旦将其他商品价格纳入考虑范围，模型的结构就需要扩充，多种商品的价格和数量变量必须一并作为内生变量纳入模型. 在本节里，我们讨论一种仅包含两种相互关联的商品的简单模型. 为简化起见，假设两种商品的需求与供给量均达到均衡，需求和供给函数均为线性的.

这种模型可以写成：

$$\begin{aligned} Q_1 &= a_0 + a_1 P_1 + a_2 P_2 \\ Q_1 &= b_0 + b_1 P_1 + b_2 P_2 \\ Q_2 &= \alpha_0 + \alpha_1 P_1 + \alpha_2 P_2 \\ Q_2 &= \beta_0 + \beta_1 P_1 + \beta_2 P_2 \end{aligned}$$

在这一模型里，P_1，P_2 分别表示两种商品的价格，Q_1，Q_2 分别表示两种商品的均衡数量，这四个变量为模型的内生变量. 系数 a,b,α,β 为常数，为外生变量. 在求解这一模型时，我们可以利用变量消去法对模型进行简化.

$$\begin{cases} (a_1-b_1)P_1+(a_2-b_2)P_2 = b_0-a_0 \\ (\alpha_1-\beta_1)P_1+(\alpha_2-\beta_2)P_2 = \beta_0-\alpha_0 \end{cases}$$

由于系数 a,b,α,β 总是联系在一起，为了避免解的形式过于复杂，我们通常利用简写符号使方程的形式更为简洁.

令

$$\begin{cases} c_i = a_i - b_i, \\ \gamma_i = \alpha_i - \beta_i, \end{cases} \quad i = 0,1,2$$

这样方程可以改写成：

$$\begin{cases} c_1 P_1 + c_2 P_2 = -c_0 \\ \gamma_1 P_1 + \gamma_2 P_2 = -\gamma_0 \end{cases}$$

由克莱姆法则,解之得:

$$\begin{cases} P_1 = \dfrac{c_2\gamma_0 - c_0\gamma_2}{c_1\gamma_2 - c_2\gamma_1} \\ P_2 = \dfrac{c_0\gamma_1 - c_1\gamma_0}{c_1\gamma_2 - c_2\gamma_1} \end{cases}$$

为了让这一模型使用时有意义,我们需要让上式中的分母不为0,即 $c_1\gamma_2 \neq c_2\gamma_1$. 求出均衡价格之后,将之代入原方程中即可求出均衡数量.(实际计算过程作为习题,见习题七第4题.)

【例 7.3.1】 在两种关联产品的简单市场模型中,假设需求和供给函数取下列数值形式:

$$\begin{aligned} Q_1 &= 7 - 2P_1 + 3P_2 \\ Q_1 &= -4 + 5P_1 \\ Q_2 &= 5 - 2P_1 + 3P_2 \\ Q_2 &= -1 + 4P_2 \end{aligned}$$

求均衡价格.

解

$$\begin{cases} c_0 = a_0 - b_0 = 11 \\ c_1 = a_1 - b_1 = -7, \\ c_2 = a_2 - b_2 = 3 \end{cases} \quad \begin{cases} \gamma_0 = \alpha_0 - \beta_0 = 6 \\ \gamma_1 = \alpha_1 - \beta_1 = -2 \\ \gamma_2 = \alpha_2 - \beta_2 = -1 \end{cases}$$

由于 $c_1\gamma_2 - c_2\gamma_1 = 7 - (-6) = 13 \neq 0$,故均衡价格为

$$\begin{cases} P_1 = \dfrac{29}{13} \\ P_2 = \dfrac{20}{13} \end{cases}$$

7.4 价格弹性矩阵

本节中我们给出另一种在已知多种商品价格、销售量相互关联情况时的经济模型:价格弹性矩阵. 我们假设市场已经达到均衡,供给量等于需求量,因此我们在模型中只考虑需求量.

定义 7.4.1 价格的变化会影响消费需求. 产品 i 的需求受产品 j 的价格的影响程度可以用 j 对 i 的交叉价格弹性来衡量,其定义为:

$$e_{ij} = \frac{i\text{需求提高的百分比}}{j\text{ 价格提高的百分比}}, \quad i,j = 1,2,\cdots,n$$

e_{ii}(即产品 i 的需求受自身价格影响的程度)称为产品 i 的价格弹性. (e_{ij})构成了一个 n 阶价格弹性矩阵.

【例 7.4.1】 我们用某奶牛场作为例子描述价格弹性矩阵. 设某奶牛场生产三种产

品：牛奶、奶粉、奶油. 去年市场消费量和价格如下：

产　品	牛　奶	奶　粉	奶　油
消费量(吨)	300	60	3
价格(元/千克)	6	50	100

奶牛场要制订今年的生产计划，使销售总收入为最大. 假定政府规定价格升降幅度不得超过 10%，市场统计数据表明三种产品的价格弹性矩阵如下：

$$\boldsymbol{E}=(e_{ij})=\begin{pmatrix}-1.2 & 0.1 & 0.1\\ 0.1 & -0.9 & 0.1\\ 0.4 & 0.2 & -3\end{pmatrix}$$

试为奶牛场制定生产计划.

我们以例 1 为示范描述 $n=3$ 时价格弹性矩阵的运用，读者可以容易地将这一模型拓广到 $n>3$ 的情形.

我们用 $p_i,q_i,(i=1,2,3)$ 表示去年三种产品的价格和产量(假定产品无积压，产量等于消费量)，用 $x_i,(i=1,2,3)$ 表示今年各种产品价格增长的比例，则今年三种产品的价格为 $p_i(1+x_i),(i=1,2,3)$. 产品 i 的需求量由于产品 j 价格的提高，将会增长的比例为 $e_{ij}x_j$，它的销量将会是 $q_i\left(1+\sum\limits_{j=1}^{3}e_{ij}x_j\right)$. 所以今年的销售总收入将是

$$\begin{aligned}R(x_1,x_2,x_3)&=\sum_{i=1}^{3}p_i(1+x_i)q_i\left(1+\sum_{j=1}^{3}e_{ij}x_j\right)\\&=\sum_{i=1}^{3}p_iq_i(1+x_i)+\sum_{j=1}^{3}\left(\sum_{i=1}^{3}p_iq_ie_{ij}\right)x_j\\&\quad+(x_1,x_2,x_3)\begin{pmatrix}p_1q_1 & 0 & 0\\ 0 & p_2q_2 & 0\\ 0 & 0 & p_3q_3\end{pmatrix}\begin{pmatrix}e_{11} & e_{12} & e_{13}\\ e_{21} & e_{22} & e_{23}\\ e_{31} & e_{32} & e_{33}\end{pmatrix}\begin{pmatrix}x_1\\ x_2\\ x_3\end{pmatrix}\end{aligned}$$

将本问题中的数据代入，可以发现上式中的二次型为负定二次型. 函数不存在最小值，只存在最大值. 利用微积分中的知识我们可以知道上式的最大值在

$$\frac{\partial R}{\partial x_k}=0,\quad k=1,2,3$$

处取到，即

$$\sum_{i=1}^{3}p_iq_i(1+x_i)e_{ik}+p_kq_k\left(1+\sum_{j=1}^{3}e_{kj}x_j\right)=0$$

根据本题数据可得

$$\begin{pmatrix}-4320 & 480 & 300\\ 480 & -5400 & 360\\ 300 & 360 & -1800\end{pmatrix}\begin{pmatrix}x_1\\ x_2\\ x_3\end{pmatrix}=\begin{pmatrix}-60\\ -540\\ 120\end{pmatrix}$$

解得(近似值)：$x_1=0.022,x_2=0.099,x_3=-0.043$.

即牛奶应涨价 2.2%，奶粉应涨价 9.9%，奶油应降价 4.4%. 相应的牛奶应减产 2.1%，奶粉应减产 9.1%，奶油应增产 15.8%，总销售收入为 513 万元，比去年增长 3

万元.

若求出的奶粉涨价幅度超过政府规定的10%，则按奶粉涨价10%，再计算其他产品的价格.虽然本题中的计算只能使收入比前一年增加不到1%，但重要的是，通过这一模型可以把握市场动态，并根据市场调整自己的生产安排，这才能适应激烈的市场竞争.

物理上的应力矩阵、应变矩阵等，都和价格弹性矩阵类似.

7.5 投入产出模型

国民经济各部门之间存在某种连锁关系.一个经济部门依赖于其他经济部门的产品或半成品，同时它也为其他部门的生产提供条件.如何在特定的经济形势下确定各经济部门的产出水平以满足整个社会的经济需要是一个非常重要的问题.投入产出模型就是利用数学方法综合地描述各经济部门间产品的生产和消耗关系的一种经济模型.这种数学模型是由1973年诺贝尔经济学奖得主、美国经济学家列昂惕夫首先提出的.多年来被各国广泛采用，在编制经济计划、经济预测以及研究污染、人口等社会问题中发挥了很大作用.

投入产出模型是一种宏观的经济模型，在建立模型时，将经济系统划分成若干个较大的部门，每个部分的产品综合成一种产品.

列昂惕夫提出如下假设：

假设一：国民经济被划分成几个生产部门，每个部门生产一种产品.

假设二：每个生产部门将其他部门的产品经过加工变为本部门的产品，在这一过程中，消耗的其他部门为“投入”，生产的本部门产品为产出.

根据以上假设，一个模型中有几个部门就有几种产品，它们是一一对应的.我国第一个投入产出模型曾将国民经济归并为61个部门.这里我们用一个将国民经济仅仅划分为农业、工业、服务业3个部门的简单情形为例，说明投入产出模型的应用.

每个部门直接出售一部分产品给公众，称为最终需求.每个部门还要消耗一定比例的自身产品，此外又将一部分产品出售给另外两个部门作为投入.

【例7.5.1】 假设各部门的投入和产出由下表给出：

投入/产出	农　业	工　业	服务业	最终需求	总产出
农业	15	20	30	35	100
工业	30	10	45	115	200
服务业	20	60	0	70	150

表中数字为产值，单位为亿元.第一行表示农业的总产值为100亿元，其中15亿元产品用于农业本身，20亿元和30亿元产品分别用于工业和服务业，还有35亿产品用于公众需要.第二、三行的含义与之类似.第一列则表示农业部门为了生产100亿的产品需要投入15亿元的农业产品，30亿元的工业产品和20亿元的服务业产值.第二、三列也可以做类似的解释.

令

$$A=(a_{ij})=\begin{pmatrix}15&20&300\\30&10&45\\20&60&0\end{pmatrix},\quad d=\begin{pmatrix}d_1\\d_2\\d_3\end{pmatrix}=\begin{pmatrix}35\\115\\70\end{pmatrix},\quad x=\begin{pmatrix}x_1\\x_2\\x_3\end{pmatrix}=\begin{pmatrix}100\\200\\150\end{pmatrix}$$

称 d 为最终需求向量，x 为总产出向量. 显然有

$$a_{i1}+a_{i2}+a_{i3}+d_i=x_i,\quad i=1,2,3$$

再引入矩阵

$$T=(t_{ij}),\quad t_{ij}=\frac{a_{ij}}{x_j},\quad i,j=1,2,3$$

称 T 为直接消耗系数矩阵，t_{ij} 为直接消耗系数. 它的第一列表示生产 1 亿元的农产品需要 t_{11} 的农产品的投入，t_{21} 的工业产品的投入，t_{31} 的服务业产值的投入. 另外两列的含义类似. 直接消耗系数可以在实际生活中用统计方法得到，在短期内变化不大，在计算中视作已知的常数矩阵. 在 t_{ij} 代入方程组，整理之后可以得到矩阵形式的方程

$$Tx+d=x$$

或者

$$(E_3-T)x=d$$

这里 E_3 为三阶单位矩阵. 这就是投入-产出模型.

生活中的实际问题为：若直接消耗系数保持不变，根据确定的社会最终需求，如何确定各部门的总产生；或者社会总需求发生改变，相应的总产出应如何改变. 为解决这些问题，需要求解线性方程组 $(E_3-T)x=d$.

定义 7.5.1　若对任何的社会总需求 d（其元素必然为非负值），方程组总有非负解，就称此投入产出模型表征的经济系统是可行的.

对例 7.5.1 中给出的数据，可以得到

直接消耗系数矩阵：

$$T=(t_{ij})=\begin{pmatrix}0.15&0.1&0.2\\0.3&0.05&0.3\\0.2&0.3&0\end{pmatrix}$$

则

$$E_3-T=\begin{pmatrix}0.85&-0.1&-0.2\\-0.3&0.95&-0.3\\-0.2&-0.3&1\end{pmatrix}$$

$$(E_3-T)^{-1}=\begin{pmatrix}1.3459&0.2504&0.3443\\0.5634&1.2676&0.4930\\0.4382&0.4304&1.2267\end{pmatrix}$$

其元素全部非负，因此对任何社会最终需求向量，解得的总产出向量的元素也全部非负，因此经济系统是可行的.

例如，若最终需求向量为

$$d=\begin{pmatrix}100\\200\\300\end{pmatrix}$$

可以求出相应的总产出向量：

$$x=(E_3-T)^{-1}d=\begin{pmatrix}287.96\\457.76\\494.91\end{pmatrix}$$

7.6 状态转移矩阵

矩阵代数在经济学、管理学等领域的另一个主要应用是马尔科夫过程或者马尔科夫链. 马尔科夫过程是用来测量或者估计随着时间的推移观察对象发生的状态改变. 这种改变涉及马尔科夫转移矩阵. 在本书中我们称之为状态转移矩阵. 观察对象的初始状态定义为初始向量，状态转移矩阵中的值描述了观察对象从一种状态向另一种状态转移的可能性. 通过反复用状态转移矩阵乘以初始向量，我们就可以估计不同时间上状态的变化.

7.6.1 市场占有率转移

在某地区销售某种产品的共有 k 个公司，调查市场上顾客购买该产品的比例. 假设当前 k 个公司的市场占有率向量为

$$\boldsymbol{X}_0=(p_1,\cdots,p_k)^{\mathrm{T}}$$

类似地，可以设 n 月之后 k 个公司的市场占有率为向量 $\boldsymbol{X}_n$. 在调查中发现有一些购买了某公司产品的顾客在继续购买时选择了其他公司. 我们用 $p_{ij}(i,j=1,\cdots,k)$ 表示原来购买第 j 公司产品的顾客在继续购买时，选择了第 i 公司产品的比例. 令 $\boldsymbol{P}=(p_{ij})$，且满足 $0\leqslant p_{ij}\leqslant 1,\sum\limits_{i=1}^{k}p_{ij}=1,j=1,\cdots,k$. 则该产品市场占有率的动态状态方程为

$$\boldsymbol{X}_k=\boldsymbol{P}\boldsymbol{X}_{k-1}=\boldsymbol{P}^k\boldsymbol{X}_0=\boldsymbol{P}^k\begin{pmatrix}p_1\\p_2\\\vdots\\p_k\end{pmatrix} \tag{7.6.1}$$

矩阵 $\boldsymbol{P}$ 就是状态转移矩阵. 利用状态转移矩阵可以非常容易的计算出未来一段时间的市场占有率情况.

【例 7.6.1】 在某地区销售某种产品的共有甲、乙、丙三个公司，调查市场上顾客购买该产品的比例. 假设当前三个公司的市场占有率向量为

$$\boldsymbol{X}_0=(0.5,0.2,0.3)^{\mathrm{T}}$$

顾客购买倾向的状态转移矩阵为

$$\boldsymbol{P}=\begin{pmatrix}0.7&0.2&0.1\\0.2&0.5&0.1\\0.1&0.3&0.8\end{pmatrix}$$

求一个月之后、三个月之后三个公司的市场占有率情况.

解

$$\boldsymbol{X}_1=\boldsymbol{P}\boldsymbol{X}_0=(0.42,0.23,0.35)^{\mathrm{T}}$$

一个月后甲、乙、丙三个公司的市场占有率分别为 42%，23%，35%.

$$\boldsymbol{X}_3 = \boldsymbol{P}\boldsymbol{X}_0 = (0.3484, 0.2311, 0.4205)^{\mathrm{T}}$$

三个月后甲、乙、丙三个公司的市场占有率分别为 34.84%，23.11%，42.05%.

7.6.2　企事业人员结构控制

许多企事业的人员是分级别的，如软件公司的初级程序员，中级程序员和高级程序员，又如大学里的助教、讲师、副教授、教授等. 关心企事业人员组成结构，控制各类人员比例，达到一种比较合理的人员结构，是许多企事业管理者很重视的问题. 这也是一类可以利用状态转移矩阵求解的问题.

设某单位有 k 种不同级别的人员，并设晋升、招聘均按年度进行. 我们用 $n_i(t), i=1, 2, \cdots, k$ 表示第 t 年第 i 级员工的总数. 假设每年从第 i 级晋升或转移到第 j 级的人员的比例为 p_{ji}，第 i 级人员离开单位的比例为 w_i 于是有

$$w_i + \sum_{j=1}^{k} p_{ji} = 1$$

设单位人员总数是固定的，第 t+1 年招聘的总人数 $R(t+1)$ 应该等于离开单位的总人数. 即

$$R(t+1) = \sum_{j=1}^{k} w_j n_j(t)$$

设新招聘人员中分属各级的比例为 r_i，$\sum_{i=1}^{k} r_i = 1$.

综上所述，我们可以得到第 t+1 年单位第 i 级人员的人数方程

$$n_i(t+1) = \sum_{j=1}^{k} p_{ij} n_j(t) + r_i R(t+1) = \sum_{j=1}^{k} (p_{ij} + r_i w_j) n_j(t), i = 1, 2, \cdots, k$$

令向量

$$\boldsymbol{n}(t) = \begin{pmatrix} n_1(t) \\ \vdots \\ n_k(t) \end{pmatrix}, \quad \boldsymbol{w} = \begin{pmatrix} w_1 \\ \vdots \\ w_k \end{pmatrix}, \quad \boldsymbol{r} = \begin{pmatrix} r_1 \\ \vdots \\ r_k \end{pmatrix}$$

由此可得矩阵形式的方程：

$$\boldsymbol{n}(t+1) = \begin{pmatrix} n_1(t+1) \\ \vdots \\ n_k(t+1) \end{pmatrix} = (\boldsymbol{P} + \boldsymbol{r}\boldsymbol{w}^{\mathrm{T}}) \begin{pmatrix} n_1(t) \\ \vdots \\ n_k(t) \end{pmatrix}$$

令 $\boldsymbol{Q} = \boldsymbol{P} + \boldsymbol{r}\boldsymbol{w}^{\mathrm{T}}$，$\boldsymbol{Q}$ 就是一个状态转移矩阵.

n 年后，单位的人员结构可表示为

$$\boldsymbol{n}(s) = \boldsymbol{Q}^n \boldsymbol{n}(0) \tag{7.6.2}$$

这里 $\boldsymbol{n}(0)$ 为当前单位人员结构向量.

若单位希望人员结构保持不变，则应成立

$$\boldsymbol{n}(t+1) = \boldsymbol{Q}\boldsymbol{n}(t) = \boldsymbol{n}(t)$$

我们可以调节 $\boldsymbol{P}, \boldsymbol{r}, \boldsymbol{w}$ 使此式成立，但是矩阵 $\boldsymbol{P}$ 表示升迁概率，一般不随意变动. $\boldsymbol{w}$ 表示人

员离开单位的概率，如果单位想采取人性化管理手段，不随意解雇员工，也不能用改变它作为调节控制手段. 因此通常将 $\boldsymbol{r}$ 作为控制变量. 由

$$\boldsymbol{n}=(\boldsymbol{P}+\boldsymbol{r}\boldsymbol{w}^{\mathrm{T}})\boldsymbol{n}$$

得

$$\boldsymbol{r}=\frac{1}{\boldsymbol{w}^{\mathrm{T}}\boldsymbol{n}}(\boldsymbol{E}-\boldsymbol{P})\boldsymbol{n}$$

【例 7.6.2】 设某单位的人员分为 3 个等级，由低至高排列. 单位的的初始人员结构、离职概率、招聘分配和升迁概率分别为 $\boldsymbol{n}(0)=(300,100,50)^{\mathrm{T}}$，$\boldsymbol{w}=(0.2,0.1,0.2)^{\mathrm{T}}$，$\boldsymbol{r}=(0.75,0.25,0)$，

$$\boldsymbol{P}=\begin{pmatrix}0.6 & 0 & 0\\ 0.2 & 0.7 & 0\\ 0 & 0.2 & 0.8\end{pmatrix}$$

考查 10 年后的人员结构.

解

$$\boldsymbol{Q}=\boldsymbol{P}+\boldsymbol{r}\boldsymbol{w}^{\mathrm{T}}=\begin{pmatrix}0.75 & 0.075 & 0.15\\ 0.25 & 0.725 & 0.05\\ 0 & 0.2 & 0.8\end{pmatrix}$$

$$\boldsymbol{n}(10)=\boldsymbol{Q}^{10}\boldsymbol{n}(0)=(138.96,158.61,152.4)^{\mathrm{T}}$$

【例 7.6.3】 设某单位的人员分为 3 个等级，由低至高排列. 单位的的初始人员结构比例为 $\boldsymbol{n}(0)=(0.3,0.3,0.4)^{\mathrm{T}}$，单位的的离职概率和升迁概率分别为 $\boldsymbol{w}=(0.1,0.1,0.2)^{\mathrm{T}}$，

$$\boldsymbol{P}=\begin{pmatrix}0.6 & 0 & 0\\ 0.3 & 0.7 & 0\\ 0 & 0.2 & 0.8\end{pmatrix}$$

如果希望单位人员总数不变，$\boldsymbol{r}$ 应当取何向量?

解

$$\boldsymbol{r}=\frac{1}{\boldsymbol{w}^{\mathrm{T}}\boldsymbol{n}}(\boldsymbol{E}-\boldsymbol{P})\boldsymbol{n}=(0.86,0,0.14)$$

即每年招聘人数 86％为最低级别人员，14％为最高级别人员.

7.6.3 矩阵幂次的计算

在涉及状态转移矩阵的问题中，经常需要用到矩阵幂次的计算，这里我们给出当矩阵可对角化时，计算矩阵较高幂次的一种方法.

若矩阵 $\boldsymbol{P}$ 可对角化，即存在可逆阵 $\boldsymbol{Q}$，使

$$\boldsymbol{Q}^{-1}\boldsymbol{P}\boldsymbol{Q}=\begin{pmatrix}\lambda_1 & & 0\\ & \ddots & \\ 0 & & \lambda_n\end{pmatrix}$$

这里 $\lambda_1,\cdots,\lambda_n$ 为 $\boldsymbol{P}$ 的特征值. 则

$$\boldsymbol{P}^m = \boldsymbol{Q}(\boldsymbol{Q}^{-1}\boldsymbol{PQ})\cdots(\boldsymbol{Q}^{-1}\boldsymbol{PQ})\boldsymbol{Q}^{-1} = \boldsymbol{Q}(\boldsymbol{Q}^{-1}\boldsymbol{PQ})^m\boldsymbol{Q}^{-1}$$

即

$$\boldsymbol{P}^m = \boldsymbol{Q}\begin{pmatrix}\lambda_1^m & & 0\\ & \ddots & \\ 0 & & \lambda_n^m\end{pmatrix}\boldsymbol{Q}^{-1}$$

习　题　七

1. 考虑简单凯恩斯国民收入模型：

$$Y = C + I + G$$
$$C = a + bY$$

现将消费函数变成 $C=a+b(Y-T)$，其中税收 T 是一个新的外生变量. 求该模型的简化形式.

2. 假设本地农业市场可被模型化为

需求：　$Q=\alpha+\beta(P+T)$，

供给：　$Q=a+bP+cR$.

这里税收 T 和降雨量 R 为外生变量，我们对模型参数有以下信息：

$$\alpha, a, b, c > 0,\quad \beta < 0$$

进行比较静态分析，求出下列变化的效应：

(1) 政府增加税收 ΔT.

(2) 降雨量下降 ΔR.

3. 考虑下列凯恩斯宏观经济模型：

$$Y = C + I + G + X - M$$
$$C = a + bY,\quad 0 < b < 1$$
$$M = c + dY,\quad d > 0$$

在这一模型中，收入 Y，消费 C 和进口 M 为内生变量，投资 I，政府支出 G 和出口 X 为外生变量.

(1) 求该模型的简化形式.

(2) 现在假设出口增加 ΔX，描述其对均衡收入、消费和出口的影响.

4. 求出两种关联产品的简单市场模型中的均衡数量 Q_1, Q_2.

5. 在两种关联产品的简单市场模型中，假设需求和供给函数取下列数值形式：

$$Q_{d1} = 10 - 2P_1 + P_2$$
$$Q_{s1} = -2 + 3P_1$$
$$Q_{d2} = 15 + P_1 - P_2$$
$$Q_{s2} = -1 + 2P_2$$

求其均衡解 P_1, P_2, Q_1, Q_2.

6. 某汽车厂生产三种类型汽车,已知今年的销售量与价格如下:

型　号	Ⅰ型	Ⅱ型	Ⅲ型
销售量(千辆)	5	8	10
单价(万元)	25	16	12

如估计价格弹性矩阵为

$$\begin{pmatrix} -3 & 0.3 & 0.2 \\ 0.4 & -2 & 0.6 \\ 0.3 & 0.5 & -1.5 \end{pmatrix}$$

试计划明年的产量与价格,使销售收入最大.

7. 设直接消耗系数矩阵为

$$\begin{pmatrix} 0.2 & 0.3 & 0.2 \\ 0.4 & 0.1 & 0.3 \\ 0.3 & 0.5 & 0.3 \end{pmatrix}$$

问该经济系统是否可行.

8. 设 $\boldsymbol{T}$ 是某经济系统的直接消耗系数矩阵,若 $\boldsymbol{T}^n$ 当 n 趋向无穷大时,趋向于零矩阵,试证明该经济系统是可行的.

9. 证明式(7.6.2)中矩阵 $\boldsymbol{Q}$ 的每列元素之和为 1.

10. 某农场饲养某种动物.假设该动物寿命按 5 年分为三个阶段.第一阶段的动物 5 年内有 1/4 死亡,第二阶段的动物五年内有 1/2 死亡,第三阶段的生物五年内全部死亡.第二、三阶段的动物每对在五年内平均繁殖 3 对新生动物.现该农场三阶段动物各有 1000 对.问:

(1) 5 年后,该农场有三个阶段的动物各多少?

(2) 20 年后,该农场有三个阶段的动物各有多少?

(3) 农场可以每隔一段时间卖出三个阶段的动物各若干,试设计一种方案,使得该农场三个阶段的动物数量长期保持稳定.

11. 某金融机构有一笔总额 500 万元的基金分存于 A、B 两地的分公司用于支付.每周末结算一次,保证两公司基金总额等于 500 万元.经一段时间的运行,发现正常情况下每周 A 地分公司有 20%的基金流动到 B 地分公司,B 地分公司有 12%的基金流动到 A 地分公司.若最初 A 地,B 地分公司分别有基金 240、260 万元,问:

(1) A 地,B 地两公司基金额的变化趋势是什么?

(2) 若要求每家公司的基金额不得低于 180 万元,该金融机构需不需要在未来的某一时刻做特别的基金调度?

第 8 章　工程技术与管理中的线性模型

在众多工程技术、管理科学的问题中，都需要使用线性代数知识. 在本章中，我们将给出一些具体的应用实例.

8.1　交通流量模型

【例 8.1.1】 已知某一地区局部公路交通网络如图 8.1.1 所示，图中道路均为单向车道(箭头方向)，且道上不能停车，网络进入和流出的总车辆数相同，图中所标示的数字为高峰期进出该区域的车辆数量(单位：百辆).

试问这一交通网络是否可行?

类似于例 1 这样的问题，我们可以利用线性方程组来解决.

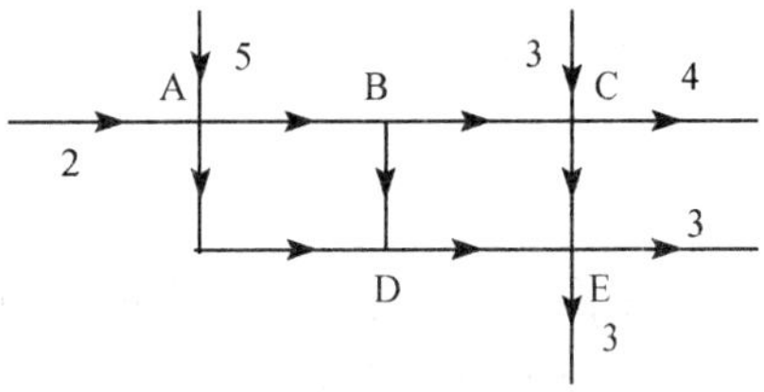

图 8.1.1　某地局部交通网络图

8.1.1　线性方程组的建立

我们主要的观察对象为图中所设置的各节点间的车流情况，将允许通行的节点间路段的车流量为未知数 x. 如在图 8.1.1 中，允许通行的路段有 AB 段、AD 段、BC 段、BD 段、CE 段、DE 段，分别设这些路段的车流量为 x_1、x_2、x_3、x_4、x_5、x_6.

由于在每一个节点处进入的车辆数等于离开的车辆数，由此可以建立线性方程组. 方程的个数等于节点的个数.

节点 A 处，进入的车辆数为 $5+2=7$ 百辆，离开的的车辆数为 AB 段、AD 段车辆数之和，即

$$7 = x_1 + x_2$$

类似的，

节点 B：　$x_1=x_3+x_4$；

节点 C：　$x_3+3=x_5+4$；

节点 D：　$x_2+x_4=x_6$；

节点 E：　$x_5+x_6=3+3$.

以上的等式整理即可得到线性方程组：

$$\begin{cases} x_1+x_2 = 7 \\ x_1 - x_3 - x_4 = 0 \\ x_3 - x_5 = 1 \\ x_2 + x_4 - x_6 = 0 \\ x_5+x_6 = 6 \end{cases} \tag{8.1.1}$$

这样的方程组被称为流量平衡方程组.

8.1.2 方程组解的意义

流量平衡方程组并不一定可解,即使可解,解也不一定有意义.在实际生活中,在每个路段上,车辆的通行量都有最大限制.方程组的解必须在限制以内.由于在计算中,往往将交通图设置为有向图,这就要求方程组的解均为非负值.

定义 8.1.1 如果交通流量问题建立的线性方程组存在所有路段均不超过最大限制的非负解,那么称这样的解为可行解,称此交通网络是可行的.

方程组(8.1.1)的解为

$$\begin{cases} x_1 = 1 + t_1 + t_2 \\ x_2 = 6 - t_1 - t_2 \\ x_3 = 1 + t_2 \\ x_4 = t_1 \\ x_5 = t_2 \\ x_6 = 6 - t_2 \end{cases} \tag{8.1.2}$$

设图 8.1.1 中每一路段的通行量最大限制为 y_k,$k=1,\cdots,6$,可以给出验证交通网络是否可行的不等式组:

$$0 \leqslant x_k \leqslant y_k, \quad k = 1,\cdots,6 \tag{8.1.3}$$

例如,当图 8.1.1 中每一路段的通行量最大限制 y_k 均为 6 时,不等式组(8.1.3)的解为

$$\begin{cases} t_1 \geqslant 0 \\ t_2 \geqslant 0 \\ t_1 + t_2 \leqslant 5 \end{cases} \tag{8.1.4}$$

满足(8.1.4)的 t_1,t_2 代入(8.1.2)中,都可以得到可行解.因此图 8.1.1 表示的交通网络是可行的.

【例 8.1.2】 如果图 8.1.1 中的 AD 段因故需要维修,维修期间禁止通行,问此时该交通网络是否可行?

解 此时 $x_2=0$,代入(8.1.2)可知 $t_1+t_2=6$,从而 $x_1=1+t_1+t_2=7>y_1$,因此该方程组无可行解,交通网络不可行.

交通网络不可行时,网络上的某些地区路段就会出现塞车.交通管理部门需要采取其他解决方案.

8.2 GOOGLE 与网页排序算法

谢尔盖·布林(Sergey Brin)及拉里·佩奇(Larry Page)建立了一个网页排序算法,根据这一算法开发了搜索引擎 GOOGLE,由此创立了 GOOGLE 公司.这一算法被命名为"PageRank"(以创建人 Larry Page 的名字命名).

我们定义 PR(A)为 A 网页的价值(称为 PageRank,简写为 PR)以便于排序.PageRank

算法是基于“从许多优质的网页链接过来的网页，必定还是优质网页”的思想，利用网页间的链接关系来判定所有网页的重要性. 这一思想可以利用状态转移矩阵给出数学表达. 在一次状态转移中，一个网页将自己的价值转移给它所链接的网页. 令所有网页的总价值为 1.

【例 8.2.1】 图 8.2.1 为 4 个网站 A、B、C、D 组成的一个小网络. 假设初始时它们的 PageRank 都是 1/4. 若 B、C、D 的网站上都有且仅有 A 的链接，那么它们每个人都为 A 贡献了 0.25 的 PageRank.

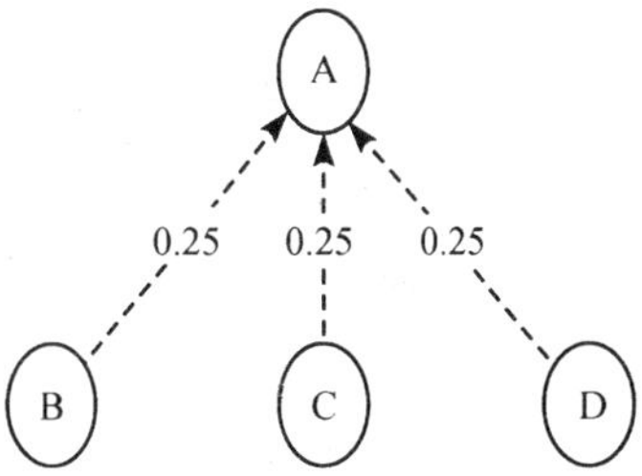

图 8.2.1　网页链接关系图Ⅰ

$$PR(\mathrm{A}) = PR(\mathrm{B}) + PR(\mathrm{C}) + PR(\mathrm{D}) = 0.75$$

如果一个网页链接到了多个网页，就将它的价值在这些网页中平均分配，这就得到了一个网页 u 的 PageRank 的简单表达式为

$$PR(u) = \sum_{v \in B_u} \frac{PR(v)}{L(v)}$$

其中 B_u 是所有链接到 u 的网站的集合. v 为相应网站所链接到的网站总数.

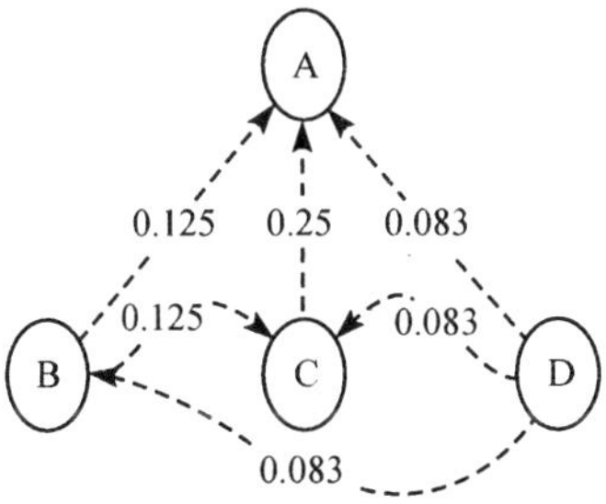

图 8.2.2　网页链接关系图Ⅱ

【例 8.2.2】 如图 8.2.2 所示，假设 B 网站上还有 C 的链接，网站 D 上有其他三个网站的链接. 初始时它们的 PageRank 都是 1/4. 此时，对于 B 来讲，它把自己的总价值分散转移给了两个网站 A 和 C，那么每个网站就应该得到一半的 PageRank，即 0.125. 只有 1/3 的 $PR(\mathrm{D})$ 给了 A. 在这种情况下，

$$PR(\mathrm{A}) = \frac{PR(\mathrm{B})}{2} + \frac{PR(\mathrm{C})}{1} + \frac{PR(\mathrm{D})}{3}$$

这样的价值转移关系很容易利用状态转移矩阵给出表达式，但是还不足以给出令人信服的网页排序. PageRank 的计算公式可以多次迭代，每次都可能有新的序列. 如果将状态转移关系的极限作为网页价值的排序，又不能保证每一个网页关系网给出的状态转移矩阵的幂次序列收敛. 为了解决这一问题，Brin 和 Page 提出的解决方案是：(1)如果某个网页没有链接到任何其他网页，就将这一网页的价值在所有网页中平均分配；(2)每次价值状态转移时，网页回收一部分 PageRank，而不全部转移给它的链接目标网页，这部分将在系统中所有的网页平分(他们建议保留 15%). Page 在他的博士学位论文中证明了这样的状态转移矩阵迭代结果必有唯一的极限，网页的价值可根据这一极限进行排序.

定理 8.2.1(PageRank 定理)　对标记 k 个网页间链接关系的有向图，令 L_j 为第 j 个网页所链接到的网页总数，取 n 阶方阵 $\boldsymbol{M}$ 满足：

$$\boldsymbol{M}_{ij} = \begin{cases} \dfrac{1}{L_j} & \text{从网页 } j \text{ 到网页 } i \text{ 有链接} \\ \dfrac{1}{k} & \text{网页 } j \text{ 没有到其他网页的链接} \\ 0 & \text{其他} \end{cases}$$

对任意一组初始 PageRank 向量 $\boldsymbol{P}_0 = (p_1, \cdots, p_k)^{\mathrm{T}}, p_1 + \cdots + p_k = 1$，令

$$\boldsymbol{P}_n = 0.15\begin{pmatrix}1/k\\ \vdots\\ 1/k\end{pmatrix} + 0.85\boldsymbol{M}\boldsymbol{P}_{n-1}, n = 1,2,\cdots \tag{8.2.1}$$

则$\lim\limits_{n\to\infty}P_n$存在. 令$\lim\limits_{n\to\infty}P_n = \boldsymbol{Q} = (q_1,\cdots,q_k)^{\mathrm{T}}$,向量$\boldsymbol{Q}$中的各分量即为各网页的 PageRank 值,可以为网页排序.

由定理 8.2.1 可知,

$$\boldsymbol{Q} = 0.15\begin{pmatrix}1/k\\ \vdots\\ 1/k\end{pmatrix} + 0.85\boldsymbol{M}\boldsymbol{Q}$$

从而有

$$(\boldsymbol{E}_k - 0.85\boldsymbol{M})\boldsymbol{Q} = 0.15\begin{pmatrix}1/k\\ \vdots\\ 1/k\end{pmatrix}$$

故

$$\boldsymbol{Q} = 0.15(\boldsymbol{E}_4 - 0.85\boldsymbol{M})^{-1}\begin{pmatrix}1/k\\ \vdots\\ 1/k\end{pmatrix} \tag{8.2.2}$$

在例 8.2.2 中,$k=4$,状态转移矩阵

$$\boldsymbol{M} = \begin{pmatrix}1/4 & 1/2 & 1 & 1/3\\ 1/4 & 0 & 0 & 1/3\\ 1/4 & 1/2 & 0 & 1/3\\ 1/4 & 0 & 0 & 0\end{pmatrix}$$

代入式(8.2.5)得:$\boldsymbol{Q} = (0.4514, 0.1712, 0.2440, 0.1334)^{\mathrm{T}}$.

因此 4 个网页的价值排名为 A>C>B>D.

8.3 基因遗传

无论是人,还是动、植物,都会将本身的特征遗传到下一代,这主要是因为后代继承了双亲的基因,形成了自己的基因对,而基因对确定了后代所表现的特征. 逐代遗传的基因型概率分布问题,也可以利用状态转移矩阵进行计算. 本节我们以常染色体遗传问题为例,介绍这一线性模型.

8.3.1 亲体基因遗传方式

在常染色体遗传中,后代是从每个亲体的基因对中各遗传一个基因,从而形成自己的基因对. 基因对也可以称为基因型. 如果所考查的遗传特征是由两个基因 A 和 a 控制的,那么就有三种可能的基因对,分别可记为 AA,Aa 与 aa. AA 或 aa 基因对的亲体,传给后代的基因是固定的. Aa 基因对的亲体,传给后代的基因是随机的,其后代得到基因 A 或 a

的可能性是相等的，各为$\frac{1}{2}$. 运用简单的概率计算，可以得到如表 8.3.1 所示的双亲体基因型的结合及其后代基因型的概率分布.

表 8.3.1　双亲体基因型的结合及其后代基因型的概率分布

后代基因对	父体-母体基因对					
	AA-AA	AA-Aa	AA-aa	Aa-Aa	Aa-aa	aa-aa
AA	1	$\frac{1}{2}$	0	$\frac{1}{4}$	0	0
Aa	0	$\frac{1}{2}$	1	$\frac{1}{2}$	$\frac{1}{2}$	0
aa	0	0	0	$\frac{1}{4}$	$\frac{1}{2}$	1

8.3.2　随机交配情形

记 a_n, b_n, c_n 分别表示第 n 代的亲体中基因对为 AA、Aa、aa 的所占比例，$n=1,2,\cdots$. 我们记 $p_n=a_n+\frac{1}{2}b_n, q_n=c_n+\frac{1}{2}b_n$. 显然 $p_n=1-q_n$. 为了计算方便，不妨假设，父体与母体中各基因对所占比率是相等的. 第 $n-1$ 代与第 n 代基因对分布关系由表 8.3.1 确定. 则：

第 n 代中基因对 AA 所占比例为：

$$a_n = a_{n-1}a_{n-1} + \frac{1}{2}a_{n-1}b_{n-1} + \frac{1}{4}b_{n-1}b_{n-1} = \left(a_{n-1} + \frac{1}{2}b_{n-1}\right)^2 = p_{n-1}^2$$

第 n 代中基因对 aa 所占比例为：

$$c_n = c_{n-1}c_{n-1} + \frac{1}{2}c_{n-1}b_{n-1} + \frac{1}{4}b_{n-1}b_{n-1} = \left(c_{n-1} + \frac{1}{2}b_{n-1}\right)^2 = q_{n-1}^2$$

显然第 n 代中基因对 Aa 所占比例为：

$$b_n = 1 - a_n - c_n = 1 - p_{n-1}^2 - q_{n-1}^2 = 2p_{n-1}q_{n-1}$$

则

$$p_n = a_n + \frac{1}{2}b_n = p_{n-1}^2 + p_{n-1}q_{n-1} = p_{n-1}$$

那么很自然的，

$$q_n = 1 - p_n = q_{n-1}$$

所以第 n 代中 p_n, q_n 的数值与第 $n-1$ 代中 p_{n-1}, q_{n-1} 的数值是一致的，为恒定值，设为 p, q.

无论第一代亲代中，基因对为 AA、Aa、aa 的所占比例为多少，p, q 确定之后，第二次代继承者中基因对为 AA、Aa、aa 的比例必为 $p^2, 2pq, q^2$，而今后每一代中基因对为 AA、Aa、aa 的比例也均为 $p^2, 2pq, q^2$. 这一关系构成恒等式

$$\begin{pmatrix} p^2 \\ 2pq \\ q^2 \end{pmatrix} = \begin{pmatrix} p & \frac{p}{2} & 0 \\ q & \frac{1}{2} & p \\ 0 & \frac{q}{2} & q \end{pmatrix} \begin{pmatrix} p^2 \\ 2pq \\ q^2 \end{pmatrix} \tag{8.3.1}$$

这表明在随机交配方式中,种群数量足够大时第一代继承者的基因类型比例将永远不变,这在遗传学中被称为 Hardy-Weinberg 平稳定律.

8.3.3 固定母体基因对

假定繁殖时,母体固定取 aa 型基因对,而最初的父体为随机选择. 这一农业研究中经常使用的繁殖方式. 经若干代后,这种生物的基因型将如何分布?

记 a_n, b_n, c_n 分别表示第 n 代的父代中基因对为 AA、Aa、aa 的所占比例,$n=1,2,\cdots$. 第 $n-1$ 代与第 n 代基因对分布关系由上表确定. 则:

第 n 代中基因对 AA 所占比例为:

$$a_n = 0a_{n-1} + 0b_{n-1} + 0c_{n-1}$$

第 n 代中基因对 Aa 所占比例为:

$$b_n = 1a_{n-1} + \frac{1}{2}b_{n-1} + 0c_{n-1}$$

第 n 代中基因对 aa 所占比例为:

$$c_n = 0a_{n-1} + \frac{1}{2}b_{n-1} + 1c_{n-1}$$

即:

$$\begin{pmatrix} a_n \\ b_n \\ c_n \end{pmatrix} = \begin{pmatrix} 0 & 0 & 0 \\ 1 & \frac{1}{2} & 0 \\ 0 & \frac{1}{2} & 1 \end{pmatrix} \begin{pmatrix} a_{n-1} \\ b_{n-1} \\ c_{n-1} \end{pmatrix}$$

由此得状态转移矩阵:

$$\boldsymbol{M} = \begin{pmatrix} 0 & 0 & 0 \\ 1 & \frac{1}{2} & 0 \\ 0 & \frac{1}{2} & 1 \end{pmatrix}$$

从而有

$$\begin{pmatrix} a_n \\ b_n \\ c_n \end{pmatrix} = \boldsymbol{M} \begin{pmatrix} a_{n-1} \\ b_{n-1} \\ c_{n-1} \end{pmatrix} = \cdots = \boldsymbol{M}^{n-1} \begin{pmatrix} a_1 \\ b_1 \\ c_1 \end{pmatrix}$$

这表明历代基因型分布可由初始分布和矩阵 $\boldsymbol{M}$ 决定.

可计算得,$\boldsymbol{M}$ 的三个特征根分别为 $0, \frac{1}{2}, 1$. 有可逆矩阵

$$\boldsymbol{P} = \begin{pmatrix} 1 & 0 & 0 \\ -2 & -1 & 0 \\ 1 & 1 & 1 \end{pmatrix} = \boldsymbol{P}^{-1}$$

使得

$$M=PDP^{-1}=P\begin{pmatrix}0&0&0\\0&\frac{1}{2}&0\\0&0&1\end{pmatrix}P^{-1}$$

从而

$$M^n=(PDP^{-1})^n=P\begin{pmatrix}0&0&0\\0&\left(\frac{1}{2}\right)^n&0\\0&0&1\end{pmatrix}P^{-1}=\begin{pmatrix}0&0&0\\\left(\frac{1}{2}\right)^{n-1}&\left(\frac{1}{2}\right)^n&0\\1-\left(\frac{1}{2}\right)^{n-1}&1-\left(\frac{1}{2}\right)^n&1\end{pmatrix}$$

由于当 $n\to\infty$ 时，$\left(\frac{1}{2}\right)^n\to 0$，所以如果无限繁殖下去，培育的生物会逐渐变为全是 aa 型.

8.4　密码与解密中的线性模型

对于有保密要求的双方通信，密码通信是一种常见的通信方式，已经被人类使用了上千年. 当某方 A 通过公共信道向另一方 B 传送信息 M 时，由于公共信道缺乏足够的安全保护，为了防止信息被窃取和篡改，在信息进入公共信道前需要把它变成秘密形式（即加密过程），当 B 方接到信息后又需要解开其中的秘密（即解密过程）.

在密码研究中，一般使用以下术语.

明文：将要变成秘密形式被送入公共信道的信息.

密文：明文的秘密形式.

加密：把明文变成密文的过程.

解密：把密文变为明文的过程.

密钥：密码中的关键信息.

8.4.1　线性置换密码系统

所谓置换密码，即将每个字母由某个其他的字母来替换而形成密文，其规律可以是随机的或者是系统的. 当加密对象是 26 个字母 A—Z 时，可以有 26！种可能的密码.

线性置换密码，是通过数字的线性对应来置换密码中的信息，具体方法是：

将字母 A—Z 编号为 1—26，按公式

$$y\equiv ax+b(\mathrm{mod}26)，a 与 26 互素，0\leqslant b\leqslant 25 \tag{8.4.1}$$

计算，再按取值转为密字. 这里 $y\equiv\cdot(\mathrm{mod}26)$ 运算的含义是 y 取右段运算结果除以 26 的余数. 余数为 0 时则将其取为 26. 26 称为运算的模.

公元前 1 世纪，古罗马时期的《高卢战记》中描述了恺撒曾经用来传递信息的密码，即所谓的“恺撒密码”. 这一密码就是 $a=1,b=3$ 时的移位置换密码.

表 8.4.1 $a=1,b=3$ 时的移位置换字母值表

字母	A	B	C	D	E	F	G	H	I	J	K	L	M
x	1	2	3	4	5	6	7	8	9	10	11	12	13
y	4	5	6	7	8	9	10	11	12	13	14	15	16
密字	D	E	F	G	H	I	J	K	L	M	N	O	P
字母	N	O	P	Q	R	S	T	U	V	W	X	Y	Z
x	14	15	16	17	18	19	20	21	22	23	24	25	26
y	17	18	19	20	21	22	23	24	25	26	1	2	3
密字	Q	R	S	T	U	V	W	X	Y	Z	A	B	C

在这一密码系统下,"time"就被加密为了"wlph".根据现有的记载,当时也没有任何技术能够解决这一最基本、最简单的替换密码.现存最早的破解方法记载在公元9世纪阿拉伯的阿尔·肯迪的有关发现频率分析的著作中.

当密文长度足够大的情况下,可以先分析密文中每个字母出现的频率,然后将这一频率与正常情况下的该语言字母表中所有字母的出现频率做比较.例如在英语中,正常明文中字母E和T出现的频率特别高,而字母Q和Z出现的频率特别低.可以通过这一特点,分析密文字母出现的频率,从而估计出正确的偏移量.此外,有时还可以将频率分析从字母推广到单词,例如英语中,出现频率最高的单词是:the,of,and,a,to,in,….我们可以通过将最常见的单词的所有可能的25组密文,编组成字典,进行分析.比如QEB可能是the,MPQY可能是单词know(当然也可能是aden).但是频率分析也有其局限性,它对于较短或故意省略元音字母或者其他缩写方式写成的明文加密出来的密文进行解密并不适用.

8.4.2 Hill 密码系统

Hill密码系统的密钥是可逆整数矩阵.任何一个元素均为整数、行列式的值与26互素的矩阵,都可以用来加密.我们用使用二阶可逆整数矩阵的Hill-2密码作为示例.

Hill-2密码加密过程.

(1) 将明文字母的表值用数字表示.

(2) 选择一个二阶可逆整数矩阵 $\boldsymbol{A}$ 作为密钥.

(3) 将明文字母依此逐对分组,Hill-2密码为2个一组(Hill-n 密码为 n 个一组,使用 n 阶可逆整数矩阵).若最后一组字母数不足,则任意补充一些没有实际意义的字母.查出每个明文字母的表值,构成二维向量 α.

(4) $\boldsymbol{A}$ 乘以二维向量 $\boldsymbol{\alpha}$,得到二维向量 $\boldsymbol{\beta}$,

$$\boldsymbol{\beta}=\boldsymbol{A}\boldsymbol{\alpha} \tag{8.4.2}$$

由 $\boldsymbol{\beta}$ 的两个分量查字母表值得到的两个字母就是密文字母.

【例 8.4.1】 明文为SHUXUE,加密矩阵为

$$\boldsymbol{A}=\begin{pmatrix}1 & 2\\ 0 & 3\end{pmatrix}$$

将字母按相邻 2 个字母分组:SH、UX、UE,构造 2 维列向量

$$\begin{pmatrix}19\\8\end{pmatrix},\begin{pmatrix}21\\24\end{pmatrix},\begin{pmatrix}21\\5\end{pmatrix}$$

各向量左乘矩阵 $\boldsymbol{A}$,并取其除以 26 的余数,得到:

$$\begin{pmatrix}9\\24\end{pmatrix},\begin{pmatrix}17\\20\end{pmatrix},\begin{pmatrix}5\\15\end{pmatrix}$$

查字母表得:IX、QT、EO. 这就是原明文的密文.

Hill 密码解密时,只要在密文对应的二维向量左乘 $\boldsymbol{A}^{-1}$ 即可. 但要求 $\boldsymbol{A}^{-1}$ 也是一个整数矩阵. 利用伴随矩阵,我们知道例 1 中加密矩阵对应的逆矩阵为

$$\boldsymbol{A}^{-1}\equiv\frac{1}{|\boldsymbol{A}|}\begin{pmatrix}a_{22}&-a_{21}\\-a_{12}&a_{11}\end{pmatrix}=\frac{1}{3}\begin{pmatrix}3&-1\\0&1\end{pmatrix}$$

由于 $\boldsymbol{A}^{-1}$ 是整数矩阵,我们需要把 1/3 转换为整数形式. 在模 26 的运算中 $1/n$ 对应的整数为使 $nx\equiv1(\mathrm{mod}26)$ 成立的整数 x. 不难算出

$$3\cdot9=27\equiv1(\mathrm{mod}26),\quad 即\frac{1}{3}\equiv9(\mathrm{mod}26)$$

因此

$$\boldsymbol{A}^{-1}\equiv9\begin{pmatrix}3&-1\\0&1\end{pmatrix}=\begin{pmatrix}27&-9\\0&9\end{pmatrix}\equiv\begin{pmatrix}1&17\\0&9\end{pmatrix}(\mathrm{mod}26)$$

对密文对应的二维向量左乘 $\boldsymbol{A}^{-1}$ 即可解密.

如果明确知道一段明文和密文的对应关系,也可以利用(8.4.2)求出加密矩阵,从而对 *Hill* 密码实现破译. 这一过程我们作为习题留给读者(习题八第 8 题).

8.5　最小二乘法

最小二乘法问题:线性方程组

$$\begin{cases}a_{11}x_1+a_{12}x_2+\cdots+a_{1s}x_s=b_1\\a_{21}x_1+a_{22}x_2+\cdots+a_{2s}x_s=b_2\\\qquad\vdots\\a_{n1}x_1+a_{n2}x_2+\cdots+a_{ns}x_s=b_n\end{cases}$$

可能无解,即任何一组数 $x_1,x_2,\cdots,x_s$ 均使得

$$\sum_{i=1}^{n}(a_{i1}x_1+a_{i2}x_2+\cdots+a_{is}x_s-b_i)^2\tag{8.5.1}$$

不等于零. 但我们可以找到一组数 $x_1^0,x_2^0,\cdots,x_s^0$,使得(8.5.1)最小. 这样的 $x_1^0,x_2^0,\cdots,x_s^0$ 称为方程组的最小二乘解. 这种问题就叫最小二乘法问题. 下面我们利用线性空间里的概念来表达最小二乘法,并给出最小二乘解所满足的条件. 令

$$\boldsymbol{A}=\begin{pmatrix}a_{11}&a_{12}&\cdots&a_{1s}\\a_{21}&a_{22}&\cdots&a_{2s}\\\vdots&\vdots&&\vdots\\a_{n1}&a_{n2}&\cdots&a_{ns}\end{pmatrix},\quad\boldsymbol{B}=\begin{pmatrix}b_1\\b_2\\\vdots\\b_n\end{pmatrix},\quad\boldsymbol{X}=\begin{pmatrix}x_1\\x_2\\\vdots\\x_s\end{pmatrix},\quad\boldsymbol{Y}=\boldsymbol{AX}\tag{8.5.2}$$

式(8.5.1)就是

$$\|\boldsymbol{Y}-\boldsymbol{B}\|^2=|(\boldsymbol{Y}-\boldsymbol{B})^{\mathrm{T}}(\boldsymbol{Y}-\boldsymbol{B})|=(\boldsymbol{Y}-\boldsymbol{B},\boldsymbol{Y}-\boldsymbol{B}) \tag{8.5.3}$$

最小二乘法问题就是找 $x_1^0,x_2^0,\cdots,x_n^0$ 使(8.5.3)最小. 而向量 $\boldsymbol{Y}$ 是 $\boldsymbol{A}$ 的各列向量的线性组合. 将 $\boldsymbol{A}$ 的各列向量记为 $\boldsymbol{\alpha}_1,\boldsymbol{\alpha}_2,\cdots,\boldsymbol{\alpha}_s$, 由它们生成的子空间记为 $\mathrm{L}(\boldsymbol{\alpha}_1,\boldsymbol{\alpha}_2,\cdots,\boldsymbol{\alpha}_s)$. 向量 $\boldsymbol{Y}$ 是 $\mathrm{L}(\boldsymbol{\alpha}_1,\boldsymbol{\alpha}_2,\cdots,\boldsymbol{\alpha}_s)$ 中的向量, 最小二乘法问题也就是在 $\mathrm{L}(\boldsymbol{\alpha}_1,\boldsymbol{\alpha}_2,\cdots,\boldsymbol{\alpha}_s)$ 中找一向量 $\boldsymbol{Y}$, 使得 $\boldsymbol{Y}-\boldsymbol{B}$ 的长度比 $\boldsymbol{B}$ 与子空间 $\mathrm{L}(\boldsymbol{\alpha}_1,\boldsymbol{\alpha}_2,\cdots,\boldsymbol{\alpha}_s)$ 中其他向量的长度差都小. 应用线性空间中的知识, 我们知道向量 $\boldsymbol{Y}-\boldsymbol{B}$ 与子空间 $\mathrm{L}(\boldsymbol{\alpha}_1,\boldsymbol{\alpha}_2,\cdots,\boldsymbol{\alpha}_s)$ 中向量均正交时, 即

$$\boldsymbol{\alpha}_1^{\mathrm{T}}(\boldsymbol{B}-\boldsymbol{Y})=\boldsymbol{\alpha}_2^{\mathrm{T}}(\boldsymbol{B}-\boldsymbol{Y})=\cdots=\boldsymbol{\alpha}_s^{\mathrm{T}}(\boldsymbol{B}-\boldsymbol{Y})=0$$

时, $\boldsymbol{Y}$ 恰为所求. 而 $\boldsymbol{\alpha}_1^{\mathrm{T}},\boldsymbol{\alpha}_2^{\mathrm{T}},\cdots,\boldsymbol{\alpha}_s^{\mathrm{T}}$ 恰好排成矩阵 $\boldsymbol{A}^{\mathrm{T}}$, 因此我们有

$$\boldsymbol{A}^{\mathrm{T}}(\boldsymbol{B}-\boldsymbol{A}\boldsymbol{X})=\boldsymbol{0} \quad \text{或} \quad \boldsymbol{A}^{\mathrm{T}}\boldsymbol{A}\boldsymbol{X}=\boldsymbol{A}^{\mathrm{T}}\boldsymbol{B} \tag{8.5.4}$$

这是一个线性方程组. 由于矩阵 $\boldsymbol{A}^{\mathrm{T}}\boldsymbol{A}$ 和矩阵 $\boldsymbol{A}^{\mathrm{T}}$ 的秩是相等的, 这一方程组必定有解. 所以我们可以求出方程组的最小二乘解. 矩阵 $\boldsymbol{A}^{\mathrm{T}}\boldsymbol{A}$ 为 s 阶方阵, 如果 $\boldsymbol{A}^{\mathrm{T}}\boldsymbol{A}$ 是可逆的, 那么最小二乘解是唯一的.

【例 8.5.1】 已知某种材料在生产过程中的废品率 y 与使用的某种化学成分 x 有关, 下列表中记载了某工厂生产中 y 与相应的 x 的几次数值:

y(%)	1.0	0.9	0.9	0.81	0.60	0.56	0.35
x(%)	3.6	3.7	3.8	3.9	4.0	4.1	4.2

找出 y 对 x 的一个近似公式.

解 对表中数值画图, 可以发现它的变化趋势近于一条直线. 因此选取一次式

$$y=ax+b$$

来表达. 利用最小二乘法, 易知

$$\boldsymbol{A}=\begin{pmatrix}3.6 & 1.0\\3.7 & 0.9\\3.8 & 0.9\\3.9 & 0.81\\4.0 & 0.6\\4.1 & 0.56\\4.2 & 0.35\end{pmatrix},\quad \boldsymbol{B}=\begin{pmatrix}1.0\\0.9\\0.9\\0.81\\0.6\\0.56\\0.35\end{pmatrix}$$

最小二乘解 a,b 所满足的方程就是

$$\boldsymbol{A}^{\mathrm{T}}\boldsymbol{A}\begin{pmatrix}a\\b\end{pmatrix}-\boldsymbol{A}^{\mathrm{T}}\boldsymbol{B}=0$$

即为

$$\begin{cases}106.75a+27.3b=19.675\\27.3a+7b=5.12\end{cases}$$

解得(近似值)

$$a=-1.05,b=4.81$$

习　题　八

1. 下图为有 6 个节点的某地交通网络有向图，2-5，4-3 路段交叉点可以认为是立交桥，若进入 1 和离开 6 的交通流量均为 6 百辆/小时，每个路段最大交通流量限制均为 4 百辆/小时，问该交通网络是否可行.

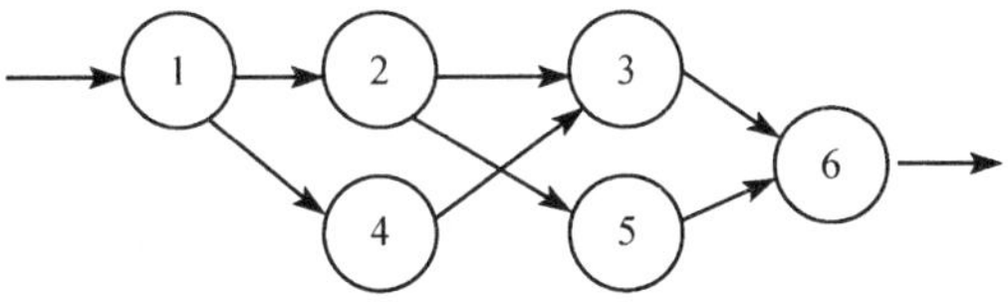

2. 下图为有 9 个节点的某地交通网络有向图，若进入 1 的交通流量为 12 百辆/小时，离开 5、7、9 的交流流量分别为 3、4、5 百辆/小时.

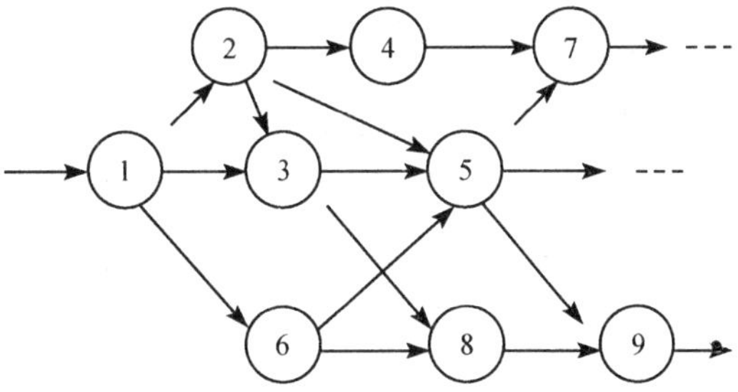

(1) 若每个路段最大交通流量限制均为 5 百辆/小时，问该交通网络是否可行.

(2) 若 3-5 因故需要限制交通，要保证交通网络可行，该路段最小交通流可为多少.

3. 若某几个网页的相互链接关系如下图所示，试利用 PageRank 算法给出网页价值的排序.

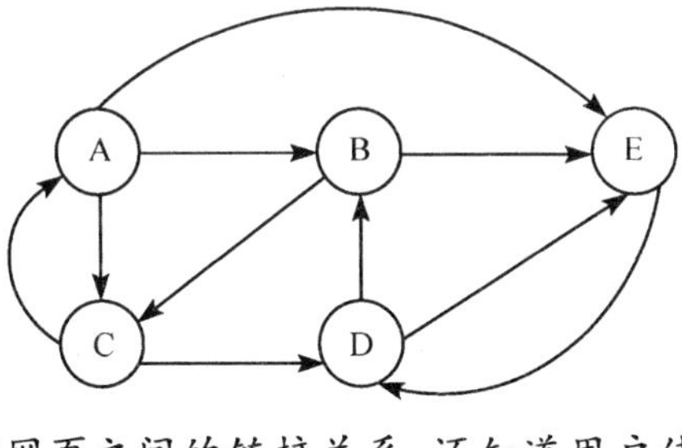

4. 如果我们不仅知道网页之间的链接关系，还知道用户使用这些链接的信息(例如 A 网页链接到 B、C 网页，浏览 A 网页的用户有 60%浏览了 B 网页，10%浏览了 C 网页，30%没有浏览其他网页)，能否利用这些信息对 PageRank 排序算法进行修改.

5. 在基因遗传过程中，考虑 3 种基因对类型：dd，dr，rr. 若对于任意的个体，每次用混种 dr 与之交配，所得后代仍用混种 dr 与之交配，说明其后代基因类型的演变情况.

6. 近亲繁殖，从同一对父母的大量后代中，随即抽取一雄一雌进行交配，产生后代，如此继续下去，考查一系列后代的基因类型演变情况.

7. 甲方收到乙方的一个密文信息，密文内容如下：fopwkswl，已知密钥

$$A=\begin{pmatrix}1 & 2\\0 & 3\end{pmatrix}$$

问该段密文信息.

8. 甲方截获了一段密文:szubuo,经分析,这段密文的字母 ubuo 依次代表 near,这段密码是用 Hill-2 密码编译的,能否破译这段密文的内容.

9. 中国 1995~2004 年的人均 GDP(元/人,用 Y 表示)与人均钢产量(千克/人,用 X 表示)如下表所示:

年 度	人均 GDP Y(元/人)	人均钢产量 X(千克/人)
1995	5046	79.15
1996	5846	83.15
1997	6420	88.57
1998	6796	93.05
1999	7159	99.12
2000	7858	101.77
2001	8622	119.22
2002	9398	142.43
2003	10542	172.57
2004	12336	218.28

(1) 试给出 Y 和 X 满足的线性方程.

(2) 若 2005 年中国人均钢产量为 270.95 千克/人,试预测 2005 年中国的人均 GDP.

附录 MATLAB 简介

MATLAB(Matrix Labortary)是 MathWorks 公司于 1984 年推出的一套高性能的数值计算可视化软件,目前已经发展到 7.0 版以后. MATLAB 广泛应用于工程计算、控制设计、信号处理与通信、图像处理、信号检测、金融建模设计与分析等领域,可以方便地进行矩阵运算、绘制函数和数据、实现算法、创建用户界面、连接其他编程语言的程序等. 它将数值分析、矩阵计算、科学数据可视化以及非线性动态系统的建模和仿真等诸多强大功能集成在一个易于使用的视窗环境中,为科学研究、工程设计以及必须进行有效数值计算的众多科学领域提供了一种全面的解决方案.

A MATLAB 基础

A.1 操作界面

单击桌面上的 MATLAB 图标,或是选择"开始"→"程序"→"MATLAB 6.5→MATLAB 6.5"命令,运行进入 MATLAB,如图 A.1 所示.

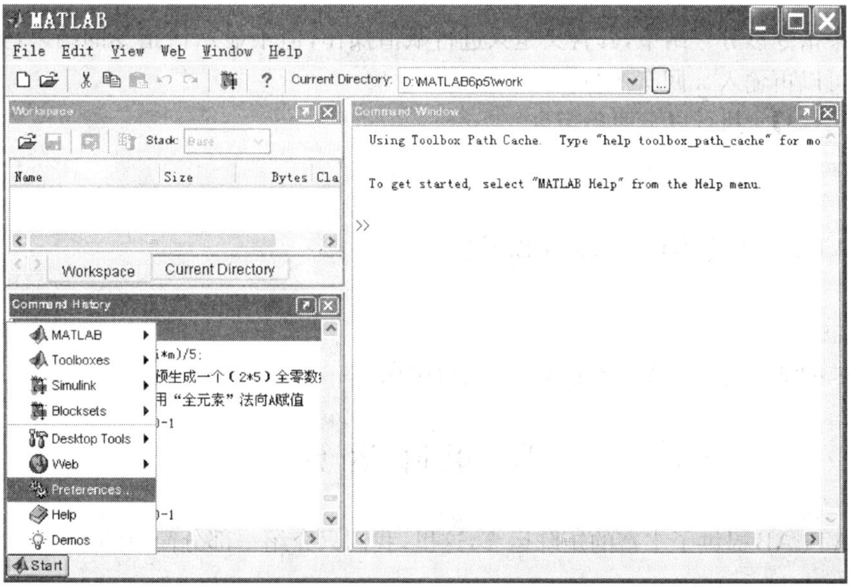

图 A.1 MATLAB 操作界面

画面右方呈现出来标题为 Command Window 的窗口就是命令窗口. 命令窗口是与 MATLAB 编译器相联接的主窗口,当其中显示符号">>"时,就代表系统已处于接受命令的状态(">>"就是命令提示符),这时就可以直接在该窗口输入所编写的命令或源程序,然后按回车键运行.

A.2 简易计算器用法

【例 A.1】 求$[21+2\times(7-4)]\div3^2$运算结果.

(1) 用键盘在MATLAB命令窗口中输入以下内容:

```
>>(21+2*(7-4))/3^2
```

(2) 在上述表达式输入完成后,按回车键,该指令就被执行.

(3) 在指令执行后,MATLAB命令窗口中将显示以下结果:

```
ans=
   3
```

A.3 变量的赋值

MATLAB的赋值语句只用等号.

【例 A.2】 将2+3的运算结果赋值给变量x.

用键盘在MATLAB命令窗口中输入以下内容

```
>>x=2+3
```

按回车键执行指令后,MATLAB命令窗口中将显示以下结果:

```
x=
   5
```

如果指令以分号结束,其含义是只进行赋值操作,但不显示该指令的结果,如果想知道结果可以再输入x回车执行.

【例 A.3】 执行以下两条指令.

```
>>x=2+3;
>>y=x*x
```

MATLAB命令窗口中将显示以下结果:

```
y=
   25
```

x=5的结果将不显示,但在软件的后台中保存.

B 矩阵运算

MATLAB提供了丰富的矩阵运算,这里,我们只介绍一部分简单的.

B.1 矩阵输入

【例 B.1】 在命令窗口中输入一个3*3的矩阵:

```
>>A=[1 2 3;4 5 6;7 8 9]
```

按回车键,MATLAB就会返回如下结果:

```
A=
    1     2     3
    4     5     6
    7     8     9
```

本例中“;”表示矩阵的这一行到此结束.

【例 B. 2】 矩阵的分行输入.

在命令窗口中输入

```
>>A=[1  2  3
     4  5  6
     7  8  10]
```

按回车键,MATLAB 就会返回如下结果:

```
A=
    1     2     3
    4     5     6
    7     8     10
```

B. 2 矩阵的运算

现将常用的矩阵运算和矩阵函数列表如表 B. 1 所示。

表 B. 1 常用的矩阵运算和矩阵函数

$\boldsymbol{A}+\boldsymbol{B}$	矩阵加法
$\boldsymbol{A}-\boldsymbol{B}$	矩阵减法
$\boldsymbol{A}*\boldsymbol{B}$	矩阵乘法
$\boldsymbol{A}$^n	$\boldsymbol{A}$ 的 n 次幂
k * $\boldsymbol{A}$	数 k 与矩阵 $\boldsymbol{A}$ 的数乘
$\boldsymbol{A}+k$	矩阵 $\boldsymbol{A}$ 每个元素加 k
$\boldsymbol{A}'$	实矩阵转置、复矩阵的转置共轭
inv($\boldsymbol{A}$)	$\boldsymbol{A}$ 的逆矩阵
$\boldsymbol{A}/\boldsymbol{B}$	相当于 $\boldsymbol{A}$ * inv($\boldsymbol{B}$),但算法更简捷
$\boldsymbol{A}\backslash\boldsymbol{B}$	相当于 inv($\boldsymbol{A}$) * $\boldsymbol{B}$,但算法更简捷
det($\boldsymbol{A}$)	$\boldsymbol{A}$ 的行列式
rank($\boldsymbol{A}$)	$\boldsymbol{A}$ 的秩
trace($\boldsymbol{A}$)	$\boldsymbol{A}$ 的迹
poly($\boldsymbol{A}$)	$\boldsymbol{A}$ 的特征多项式,行向量表示多项式从 0 次到 n 次项的系数
eig($\boldsymbol{A}$)	$\boldsymbol{A}$ 的特征值,n 个特征值构成列向量表示
[$\boldsymbol{V}$,$\boldsymbol{D}$]=eig($\boldsymbol{A}$)	求矩阵 $\boldsymbol{A}$ 的特征值和特征向量,结果中矩阵 $\boldsymbol{D}$ 的对角元为特征值,$\boldsymbol{V}$ 每一列为对应特征向量,满足 $\boldsymbol{CV}=\boldsymbol{VD}$
[$\boldsymbol{Q}$,$\boldsymbol{R}$]=qr($\boldsymbol{A}$)	将实满秩矩阵分解为正交矩阵 $\boldsymbol{Q}$ 和上三角矩阵 $\boldsymbol{R}$ 的乘积:$\boldsymbol{A}=\boldsymbol{QR}$
null($\boldsymbol{A}$)	求 $\boldsymbol{AX}=0$ 的基础解系

续表

zeros(n)	返回 n 阶方阵，每个元素为零
zeros(m,n)	返回 m 行 n 列矩阵，每个元素为零
eye(n)	返回 n 阶单位阵
eye(m,n)	返回 m 行 n 列矩阵，主对角元为 1，其他元素为零
ones(n)	返回 n 阶方阵，每个元素为 1
ones(m,n)	返回 m 行 n 列矩阵，每个元素为 1
orth($\boldsymbol{A}$)	返回与 $\boldsymbol{A}$ 列向量组等价的标准正交向量组

B.3 矩阵运算示例

【例 B.3】 求下列矩阵的逆矩阵：

$$\boldsymbol{A}=\begin{pmatrix}-2 & 3 & -1\\ 0 & 7 & 4\\ 1 & 5 & 6\end{pmatrix}$$

在命令窗口中输入下列指令并回车执行：

```
>>A=[-2 3 -1;0 7 4;1 5 6];
>>inv(A)
```

MATLAB 命令窗口中将显示以下结果：

```
ans=
    -0.8800    0.9200    -0.7600
    -0.1600    0.4400    -0.3200
     0.2800   -0.5200     0.5600
```

【例 B.4】 求下列矩阵的特征多项式：

$$\boldsymbol{A}=\begin{pmatrix}-2 & 3 & -1\\ 0 & 7 & 4\\ 1 & 5 & 6\end{pmatrix}$$

在命令窗口中输入下列指令并回车执行：

```
>>A=[-2 3 -1;0 7 4;1 5 6];
>>poly(A)
```

MATLAB 命令窗口中将显示以下结果：

```
ans=
    1.0000   -11.0000   -3.0000   25.0000
```

根据这一结果我们就知道 $\boldsymbol{A}$ 的特征多项式为

$$1-11\lambda-3\lambda^2+25\lambda^3$$

【例 B.5】 求下列矩阵的特征值与特征向量：

$$\boldsymbol{A}=\begin{pmatrix}-2 & 3 & -1\\ 0 & 7 & 4\\ 1 & 5 & 6\end{pmatrix}$$

在命令窗口中输入下列指令并回车执行：

```
>>A=[-2 3 -1;0 7 4;1 5 6];
>>[V,D]=eig(A)
```

MATLAB命令窗口中将显示以下结果：

```
V=
   -0.9781  -0.5950  -0.1058
   -0.0882  -0.4711  -0.6973
    0.1883   0.6513  -0.7089
D=
   -1.5368  0        0
    0       1.4699   0
    0       0       11.0670
```

C 求解线性方程组

C.1 解线性方程组或矩阵方程

已知矩阵A与向量b，求方程组Ax=b的解用下列语句即可：

```
X=A\b
```

该语句使用中要注意：

(1) 用除法语句比先求逆矩阵再乘的速度更快，精度更高.

(2) 当方程有唯一解时，将返回所求解.

(3) 当方程有无穷多解时，只返回其中一个解.

(4) 当方程组无解时，将返回方程组的最小二乘解.

【例C.1】 解线性方程组

$$\begin{cases} 2x_1 - x_2 + 3x_3 = 1 \\ 4x_1 + 2x_2 + 5x_3 = 4 \\ 2x_1 + 2x_3 = 6 \end{cases}$$

在命令窗口中输入下列指令并回车执行：

```
>>A=[2 -1 3;4 2 5;2 0 2];
>>b=[1;4;6];
>>X=A\b
```

MATLAB命令窗口中将显示以下结果：

```
X=
   9
   -1
   -6
```

C. 2 求齐次线性方程组 $\boldsymbol{Ax}=\mathbf{0}$ 的基础解系

可以使用下列语句求齐次线性方程组 $\boldsymbol{A}x=0$ 的基础解系：

```
X=null(A)
```

得到的矩阵的各列就是基础解系，且为标准正交向量组.

【例 C. 2】 求齐次线性方程组

$$\begin{cases} x_1+2x_2+3x_3-x_4=0 \\ 3x_1+2x_2+x_3-x_4=0 \end{cases}$$

的一个基础解系.

在命令窗口中输入下列指令并回车执行：

```
>>A=[1 2 3 -1;3 2 1 -1];
>>X=null(A)
```

MATLAB 命令窗口中将显示以下结果：

```
X=
    0.4051   0.1680
   -0.8194   0.1443
    0.4051   0.1680
   -0.0186   0.9606
```

如果希望得到的结果能够容易转换成有理数形式，可以使用下列语句：

```
>>A= [1 2 3 -1;3 2 1 -1];
>>X=null(A,'r')
```

MATLAB 命令窗口中将显示以下结果：

```
X=
    1.0000   0
   -2.0000   0.5000
    1.0000   0
    0        1.0000
```

D 程序文件的建立

D. 1 M 文件的编辑和运行

在命令窗口中单击 File 菜单中的 New→M-file，或直接单击上面一排工具栏中最左边的空白纸“New M-file”按钮. 或者直接在命令窗口中输入 edit 命令，就可以打开空白的 MATLAB 编辑/调试器窗口，开始编写并最后保存. m 文件了.

注意：保存. m 文件所用的文件名不能以数字开头，其中不能包含中文字，也不能包含＋－^空格等特殊字符(但可以包含下划线)，也不能与当前工作空间中的参数、变量、元素同名，而且也不能与 MATLAB 系统固有的内部函数(如 sin，exp 等)同名，否则运行时